普通高等教育创新型人才培养规划教材

简明高等光学

屈晓声　何云涛　编著

U0429462

北京航空航天大学出版社

内容简介

本书介绍了高等光学的基本内容和发展方向，以现代光学的基本概念和处理方法来讨论高等物理光学现象及规律。全书共10章，主要内容有光的波动现象、电磁本质、光的偏振、干涉、衍射、部分相干性、晶体光学、导波光学、傅里叶光学及其在光学仪器中的应用等。本书理论分析深入浅出，不拘泥于形式，简洁明了地阐述高等光学的本质内涵是其一大特色。

本书可作为高等院校光电类专业开设的高等光学课程的教材或参考书，也可供相关专业技术人员参考。

图书在版编目(CIP)数据

简明高等光学 / 屈晓声，何云涛编著. -- 北京 ：北京航空航天大学出版社，2016.5

ISBN 978-7-5124-2104-2

Ⅰ. ①简… Ⅱ. ①屈… ②何… Ⅲ. ①光学－高等学校－教材 Ⅳ. ①043

中国版本图书馆 CIP 数据核字(2016)第 070754 号

简明高等光学

屈晓声 何云涛 编著

责任编辑 孙兴芳

*

北京航空航天大学出版社出版发行

北京市海淀区学院路 37 号(邮编 100191) http://www.buaapress.com.cn

发行部电话:(010)82317024 传真:(010)82328026

读者信箱: goodtextbook@126.com 邮购电话:(010)82316936

北京泽宇印刷有限公司印装 各地书店经销

*

开本:710×1 000 1/16 印张:10.25 字数:218 千字

2016 年 6 月第 1 版 2016 年 6 月第 1 次印刷 印数:3 000 册

ISBN 978-7-5124-2104-2 定价:29.00 元

前　言

高等光学是高等院校光电类专业高年级本科生和研究生的必修课程，同时也是从事光学和光电子领域学科研究及产品开发的科技人员必须具备的理论基础。本书的适用对象主要是需要很快掌握物理光学理论的高年级本科生、研究生，也可供广大科技工作者参考。

2015 年是联合国确立的国际光学年，用以纪念人类在光学领域的重大发现和进展，其强调推动可持续发展，以及解决能源、教育、农业和卫生等世界性问题的光技术的重要性。2015 年刚好是阿拉伯学者海斯木(Ibn Al-Haytham)的五卷本光学著作诞生 1 000 年。1815 年菲涅耳提出了光波的概念；1865 年麦克斯韦提出了光的电磁波概念；1905 年爱因斯坦提出了光电效应的完美解释，1915 年的广义相对论则把光作为宇宙学的内在要素加以阐述；1965 年彭齐斯和威尔逊发现了宇宙 3K 背景辐射。因此，2015 年是这些光学领域的里程碑的纪念年。作者谨以此书献给过去的 2015 国际光学年，希望更多的人能认识和了解光的本质，掌握光学技术，促进人类社会的发展。

作者长期从事高等光学的教学工作，深深体会到在有限的时间内完整地讲述一门传承悠久、发展活跃学科的不易。因此，突出物理概念，揭示数学公式背后的物理思想，对学习者是相当重要的。本书的特点：简明扼要地叙述高等光学的主要内容，使读者在尽量短的时间内完成从基础光学知识到掌握近代光学理论的升华；以电磁理论为基础，分析和讨论光波场在各种不同环境中光的传播特性；以明确物理概念为主线，辅以理论推导，力求在较短的时间内使读者清晰地把握现代光学脉络；尽量反映现代光学的较新内容，特别是以信息传输为主的光传播与处理。

本书主要内容包括：光波场，介绍无限大均匀各向同性介质中的光波场；光的电磁理论基础；光的相干性；光波的叠加，菲涅耳衍射以及夫琅禾费衍射；成像理论；空间滤波；光全息与光反射；光波导；晶体光学等。各章都配有相应的思考题，以便读者学习。总之，本书以简洁为特色，突出概念的物理特性以及逻辑关系，使读者能尽快掌握光学的精髓。

在此，作者要感谢张静等同学的全力支持，他们有益的建议和认真负责的案头工作，对本书的圆满完成起了很大的作用。

光学是一个不断进步发展的学科，由于时间有限，以及作者水平所限，本书可能有些不足之处，望广大读者赐教。

作　者

2015 年 12 月

目　录

第1章　绪　论 …… 1

1.1　发展历史回顾 …… 1

1.2　现代光学的进展 …… 2

1.3　本书特色及内容 …… 4

第2章　光的波动性 …… 6

2.1　波动描述 …… 6

2.1.1　波动方程的导出 …… 6

2.1.2　波动方程解的意义 …… 7

2.1.3　波动方程的一般表示 …… 8

2.1.4　平面波与球面波 …… 8

2.2　简谐波 …… 10

2.2.1　简谐平面波 …… 11

2.2.2　简谐球面波 …… 12

2.2.3　球面波的二次曲面近似 …… 12

2.3　空间频率 …… 13

2.4　群速度 …… 15

2.4.1　不同频率波列叠加 …… 15

2.4.2　群速色散引起的高斯脉冲展宽 …… 17

2.4.3　基模高斯光束 …… 19

思考题 …… 21

第3章　光的电磁理论与光的偏振 …… 22

3.1　电磁波 …… 22

3.1.1　麦克斯韦方程组的波动性与独立性 …… 22

3.1.2　简谐平面电磁波 …… 24

3.1.3　电磁波能量 …… 26

3.2　光在无吸收介质中的反射与透射 …… 29

3.2.1　反射与透射 …… 29

3.2.2　入射光振动与入射面的影响 …… 29

3.3 光的偏振性 …… 30
3.3.1 偏振光及起偏和检偏 …… 30
3.3.2 完全偏振光分析 …… 32
3.3.3 偏振光的琼斯表示 …… 33
3.3.4 斯托克斯参数和庞加莱球表示 …… 35
思考题 …… 38

第4章 表面光学 …… 39

4.1 光在不同介质表面的传播 …… 39
4.1.1 边界条件 …… 39
4.1.2 界面上的反射与折射 …… 40
4.2 菲涅耳公式 …… 41
4.2.1 菲涅耳公式的导出 …… 41
4.2.2 菲涅耳公式的应用 …… 42
4.3 全反射 …… 43
4.3.1 倏逝波 …… 43
4.3.2 全反射时的能量关系与相位关系 …… 44
4.4 薄膜的反射与透射 …… 45
4.4.1 介质膜的膜系矩阵 …… 45
4.4.2 单膜的反射与透射 …… 47
4.4.3 双 1/4 波长薄膜与 1/4 波长玻堆 …… 48
思考题 …… 50

第5章 导波光学 …… 51

5.1 波导内的光传播 …… 51
5.1.1 波导中光场的表示 …… 51
5.1.2 光场的纵向分量 …… 52
5.2 平面波导 …… 53
5.2.1 传播条件 …… 53
5.2.2 波导中的电磁波 …… 54
5.2.3 本征值方程 …… 55
5.2.4 矩形波导 …… 56
5.3 光纤波导 …… 57
5.3.1 光纤中的传输 …… 57
5.3.2 光纤波动方程 …… 58
思考题 …… 63

第 6 章 光的干涉 ········ 64

6.1 一般干涉 ········ 64

6.1.1 双光束的干涉 ········ 64

6.1.2 干涉装置 ········ 66

6.2 光的相干性讨论 ········ 69

6.2.1 光的时间相干性 ········ 70

6.2.2 光的空间相干性 ········ 72

6.2.3 可见度 ········ 74

6.3 部分相干理论 ········ 75

6.3.1 互相干函数 ········ 75

6.3.2 扩展光源的相干性 ········ 76

6.3.3 高阶干涉 ········ 80

6.4 相关数学运算 ········ 82

6.4.1 相关与卷积 ········ 82

6.4.2 傅里叶变换 ········ 84

6.5 光学全息 ········ 87

6.5.1 波前记录 ········ 87

6.5.2 波前再现 ········ 88

思考题 ········ 90

第 7 章 光的衍射 ········ 91

7.1 衍射的解释 ········ 91

7.1.1 惠更斯-菲涅耳原理 ········ 91

7.1.2 衍射理论 ········ 94

7.2 菲涅耳衍射 ········ 96

7.2.1 衍射的菲涅耳近似 ········ 96

7.2.2 菲涅耳方形孔衍射 ········ 97

7.3 夫琅禾费衍射 ········ 99

7.3.1 夫琅禾费近似 ········ 99

7.3.2 矩形孔衍射 ········ 100

7.3.3 圆形孔衍射 ········ 101

7.3.4 光栅衍射 ········ 104

思考题 ········ 106

第 8 章　系统衍射成像…… 107

8.1　系统成像变换及点光源成像 …… 107

8.1.1　透镜成像过程中的相位变换 …… 107

8.1.2　透镜成像中的傅里叶变换 …… 109

8.1.3　透镜对点光源成像 …… 111

8.2　系统成像及相干传递函数 …… 114

8.2.1　系统成像 …… 114

8.2.2　相干传递函数 …… 116

8.3　系统的光学传递函数 …… 118

8.3.1　非相干系统成像及光学传递函数 …… 118

8.3.2　调制度传递函数与相位传递函数 …… 119

8.3.3　调制度传递函数在摄影中的应用 …… 121

8.3.4　光学传递函数的特性及计算 …… 123

思考题…… 127

第 9 章　空间滤波…… 128

9.1　阿贝成像理论 …… 128

9.1.1　二次衍射成像 …… 128

9.1.2　阿贝-波特实验…… 128

9.1.3　相衬显微 …… 130

9.2　空间滤波应用 …… 132

9.2.1　空间滤波器 …… 132

9.2.2　简单滤波运算 …… 133

9.2.3　线性光栅成像分析 …… 134

9.2.4　多重像产生 …… 135

9.2.5　图像之间的相减运算 …… 135

9.2.6　图像特征识别 …… 137

思考题…… 139

第 10 章　晶体光学 …… 140

10.1　晶体双折射…… 141

10.1.1　双折射现象…… 141

10.1.2　介电张量…… 141

10.1.3　折射率椭球…… 143

10.2　晶体中的电磁波…… 145

10.2.1　晶体中的电磁场方向…………………………………………………… 145
10.2.2　波法线菲涅耳方程……………………………………………………… 146
10.2.3　晶体中的偏振态………………………………………………………… 147
10.2.4　晶体中的电场强度……………………………………………………… 148
10.3　线性电光效应………………………………………………………………… 148
10.3.1　电光效应………………………………………………………………… 148
10.3.2　折射率椭球的改变……………………………………………………… 149
10.3.3　线性电光系数…………………………………………………………… 150
思考题…………………………………………………………………………………… 152

参考文献……………………………………………………………………………… 153

第1章　绪　论

光学是一门古老而又年轻的学科，其历史几乎和人类文明史本身一样久远，近半个世纪以来，它以令人炫目的速度发展，奇迹般层出不穷的研究成果，以及所蕴含的巨大潜力，跻身于现代科学技术的前沿。光学研究的是光的本性、光的产生与控制、光的传输与检测、光与物质的相互作用及其各种应用的科学。

1.1　发展历史回顾

正式开讲之前，有必要回顾一下整个光学的发展，可以粗略地将其分为3个比较大的历史阶段：经典光学阶段、近代光学阶段以及现代光学阶段。

经典光学的历史阶段最长，20世纪以前都属于此阶段。在这一阶段对光本性的探索存在着光的微粒性和光的波动性两种互相排斥的不同观点，并经历了此消彼长的历史过程。在经典光学历史阶段的初期，牛顿的光微粒说比惠更斯的光波动说占优势。19世纪初，杨氏和菲涅耳等人对干涉和衍射现象的成功解释为波动说的成功奠定了基础。19世纪60年代，麦克斯韦总结出一组描述电磁场变化规律的方程组，并且预言存在着传播速度等于光速的电磁波。1888年，赫兹用实验证实了电磁波的存在并证明了它具有与光一样的传播特性，其速度等于光速，这使人们认识到光是一种电磁波，从而光的波动理论变成电磁理论的一部分，光的波动本性可由麦克斯韦方程组完美地描述出来，它成功地解释了有关光传播的一系列现象（反射、折射、干涉、衍射、偏振、双折射等），这是光的波动说的全盛时期。但是，在这一时期，人们又发现了一些用麦克斯韦电磁理论无法解释的现象，其中最著名的是黑体辐射、光电效应以及原子的线状光谱等。为了解释这些现象，1900年普朗克提出了量子化假设，同时爱因斯坦进一步提出了光量子理论。20世纪初，光学研究进入到第二个大的历史阶段——近代光学阶段。

近代光学以光量子假说、光子统计学与量子电动力学理论为标志，在这一阶段人们看到，一方面，在光的传播过程中，其波动性表现得最为明显；另一方面，光与物质相互作用过程中（如光的发射、吸收、散射、色散、各种光谱学效应、光电效应、磁光效应等）又充分表现出其粒子特性。此时，人们必须承认光同时具有波动和微粒双重属性，即它具有波粒二象性。20世纪20年代末到30年代初期创立的量子电动力学理论能够对光场的波动-粒子二象性给出严格、合理的表述，但它所采用的数学过程相当复杂，往往得不到简单的解析结果。实际上，只要限制在一定的近似条件下，由量子电动力学理论可以派生出一些非常简单适用的专门理论，如光子统计理论、激光理论中经常采用的主方程理论等。量子电动力学将经典波动光学视为它的一个特殊情况,即光子数目很大、很密集的情况。

在近代光学发展阶段,经典的波动、粒子观点的光学绝没有因为量子电动力学的发展而被取代,它们被看作近代光学的某种近似,从而合理地纳入到近代光学领域之中。

现代光学阶段是从1935年荷兰光学家范·泽尼克(F. Zernike)提出相衬原理时开始的,接着是1948年全息术的提出,1955年光学传递函数理论的建立,特别是1960年第一台红宝石激光器的成功问世则成为其标志。目前,现代光学以量子光学、激光理论与技术、非线性光学以及现代光学信息处理技术与光电子技术等为标志,是门综合性很强的交叉学科。在现代光学阶段,人们更深刻地认识到光的基本属性是波粒二象性,而且量子电动力学也全面地反映了光的这一基本属性,并经受了一系列精确实验的检验,它是现代光学的理论基础。

1.2 现代光学的进展

由于激光的诞生,人们终于找到了能从实验上实现伽博(Gabor)在1948年提出的全息术思想的方法,并在1955年被引入光学系统中,作为成像质量评价过程中光学傅里叶变换的较为理想的光源。在此之前,光作为信息的载体,一直是以其空间域的强度形式被加以利用的。

建立在携带信息的物光波与用于调制该信号的参考光波的衍射和相干叠加基础上的全息术,使得被记录下的不仅包含光信息的空间强度分布,而且还包含空间相位分布。光学傅里叶变换则使得在空间频率域中描述和处理光学信息成为可能。

良好的相干性是指参与叠加的光波之间,除了具有相同振动方向之外,还能够具有与时间无关的相位关系。光波间的相干性有空间和时间之分:来自光源不同点在同一时刻发出的光波间的相干性称为空间相干性(横向相干性);来自光源同一点不同时刻发出的光波间的相干性称为时间相干性(纵向相干性)。一个光源的空间相干性和时间相干性的优劣,微观上由其发光机制决定,宏观上则由其空间发光面积和单色性决定。只有通过受激辐射过程,才能获得具有高度相干性的光源。发光面积越小,光源的空间相干性越好;单色性越高,光源的时间相干性越好。激光正是这样一种由物质原子或分子通过受激辐射而产生的具有高度方向性和单色性的光源,因此,它是一种较为理想的相干光源。

需要采用相干光照明或将其作为信息载体的光学成像系统,称为相干光学成像系统。相干光学成像的理论基础是光波场的标量衍射理论,按照这一理论,衍射被认为是传播中的相干光波场的波前受到某种调制的必然结果;也就是说,无论对于在空间传播中的相干光波用何种手段作何种调制,都会引起光波场产生相应的衍射效应。由此出发,便可以将光波在空间或任何一个光学系统中的传播过程,看作是一系列不同衍射过程的累积，其所经过的每一种光学器件，都可以看作是一种专用的光调制器或处理器。傅里叶变换的思想在光波衍射理论中的成功运用，使得我们可以从一个全新的角度来认识光波的传播与衍射规律。按照傅里叶光学思想，任何一个复杂的相干光波场，都可以看成是由一系列方向不同的基元平面波场在空间的线性相干叠加，每一个方向的基元平面波表征该复杂波场的一个空间频率成分。光学傅里叶变换的意义就是将这些不同的空间频率成分分开，以便能对其进行分析、调制和改善，其线性变换性质还保证了光学信息在变换过程中具有线性和空间不变的特性。在近轴条件下，一个薄透镜就具有把不同方向的平面波汇聚到其像方焦平面上不同点的能力。因此，近轴条件下的透镜作为一个线性傅里叶变换器便成为相干光学处理系统中最基本且最重要的一种光学处理器。

现代光学的另一个重大贡献是，以晶体光学为基础的非线性光学的诞生。按照经典的电磁场理论，构成物质的大量原子或分子可以看成是在其各自平衡位置附近随机振荡的偶极振子，宏观上仍处于电中性。外场（如电场、磁场）的施加将使得这些偶极振子受到极化，极化强度与作用场的一次方成正比，并且无须时间的累积。同样，当光波进入某种透明介质时，具有极高频率的光波电磁场将使得处于随机振荡状态的介质原子或分子极化，并产生受迫的高频振荡，同时产生相同频率的偶极辐射。光波场与物质的这种相互作用过程被称为线性光学效应，这种线性效应构成了晶体光学的理论基础。然而，激光在带给人们高相干度光源的同时，也带来了一系列在此之前所未曾遇到过的新的光学效应，如二次谐波效应、光折变效应以及相位共轭效应等。这些新的效应表明，当具有一定强度的单束或多束激光通过某些光学介质时，光波场与该介质原子或分子间的相互作用变成了一种非线性过程。介质的极化不仅包含光波场的一次方的作用（线性作用），而且还包含了二次、三次甚至更高次方的作用（非线性作用），并且与极化的历史或者说极化过程有关。最早得益于光学非线性效应的是信息光学，因为从这些非线性效应中，人们受到了启示，进而发现或发明了一系列可用于光学信息处理的非线性光学器件。

光调制器是光信息处理和光计算中光束控制与光信息记录的关键器件。非线性光调制器是根据非线性光学材料的折射率变化设计的。在二阶非线性光学材料中施加外电场或在三阶材料中施加光场即可产生折射率的变化，这种折射率的变化使得输出光信号的电场或光场相对于输入光波引起相移，相移的大小与材料的电光系数成正比，运用这一方法便可以改变光信号的强度、偏振态、频率和方向。此外，基于材料在多波混频过程中的三阶光学非线性效应或光折变效应而设计的相位共轭器件，实际上也是一种折射率调制器件，可用于畸变补偿、图像信号放大、相干与非相干转换、相关运算等。

最后，现代光学对现代社会的最大贡献是，它催生了以光纤为基础的现代光通信技术的诞生。1966年，33岁的高锟博士首次提出，直径仅几微米的透明玻璃纤维有可能作为导光与光信号传输的有效手段。1970年，美国康宁玻璃公司首次拉制出了第一根可实用的光纤，将光波限制在一个只有几微米的狭窄范围内，使其通过在界面处的全反射而将光信号从光纤的一端传送至光纤的另一端。光纤通信技术的出现，一方面促使了一门新的学科——导波光学的诞生，另一方面又使传统的电信业焕发了青春。光纤所具有的大容量、超高速以及强抗干扰传输特性，奠定了当代互联网技术和数字化地球的基础，正在不断地缩短地球上不同地域及人群之间的距离。光纤除用作通信光缆外，还可以构成各种元件，如光纤面板、微通道板、光纤传光束和传像束以及各种光纤传感器，并且已成功地用于微光夜视仪、X 射线光增强器、工业和医用内窥镜及安全监测系统和高灵敏度非接触测量。光纤制导已成为加强现代军事装备的关键技术之一。此外，光纤还可以做成各种有源微型器件，如光纤激光器、光纤放大器、光纤倍频器等。

1.3 本书特色及内容

现代光学是光学、光学工程等专业研究生及相关专业高年级本科生的重要专业基础课程，是现代光学和光电子学的理论基础。作者希望能在短暂的几十个学时内，在一本书中把现代光学的主要思想和内容讲述清楚。

本书的特色是以电磁理论为基础，分析和讨论光波场在各种不同环境中光的传播特性；以明确物理概念为主，辅以理论推导，力求在较短的时间内使读者清晰地把握现代光学脉络；尽量反映现代光学的较新内容，特别是以信息传输为主的光传播与处理。

本书的主要内容有：光波场，介绍了无限大均匀各向同性介质中的光波场，重点介绍了平面光波、球面光波、高斯球面光波等在无限大均匀各向同性介质中的基本传播特性以及光波场的色散特性；光的电磁理论基础，重点介绍麦克斯韦方程组以及无源和有源空间的电磁波动方程；光的相干性，主要介绍相干性理论，着重介绍光的空间相干性和时间相干性理论及实验方面的成果，并且引申出近代量子理论对相干性的解释，以及利用相干性理论制作的各类相干仪器；光波的叠加，从惠更斯原理出发阐述了光的衍射现象以及光波的叠加原理，利用光波复振幅方法推出了两类常用的衍射——菲涅耳衍射和夫琅禾费衍射，采用激励与系统响应、傅里叶变换及卷积的方法从数学上对两类衍射进行了分类，最后进行了方孔圆孔的衍射讨论；成像理论，集中讨论了信息光学中的几个问题，如透镜的傅里叶变换、光学系统的成像、衍射受限系统的光传输以及光学系统的相干传递函数和光学传递函数；空间滤波，在阿贝波特理论基础上，详细讲解了 4F 系统，提出了空间滤波的概念，并且列举了一维光栅、相位滤波、振幅滤波、多重像产生、特征识别、图像相减、消模糊以及非相干光的处理等信息光学处理内容；光全息与光反射，介绍了光全息的原理以及制作光全息的步骤，并且讨论了菲涅耳全息图。在光反射中，首先利用麦克斯韦方程讨论了光的反射、折射、半波损失、全反射以及多重膜的反射与折射及古斯-汉位移等概念；波导光学，讨论了金属波导的产生与边界条件，介质波导中的电磁场、一维平面波导、二维矩形波导、阶跃波导；晶体光学，从晶体的对称操作出发，重点讨论了晶体的双折射、介电张量、折射率椭球、波法线，描述了光在晶体中的传播、单轴晶体及双轴晶体、光在晶体中的偏振现象，最后讨论了线性电光效应。

第 2 章　光的波动性

既然认为光是一种波，那么就从一般的波动现象出发，讨论各种常见的波动形式，并推导出标量波的表达式。

2.1　波动描述

2.1.1　波动方程的导出

光之所以称为光波，是因为它与一般的波动现象一致，满足描述波动的一般数学规律形式，本小节通过机械波的描述引出波动方程，并与光波进行比较。

最典型的波是一段弦上传播的横波，即振动方向垂直于传播方向的波。如图 2.1 所示，一段长为 Δx、质量密度为 ρ 的线元，其质量是 $\rho\Delta x$，此段线元两端受其他部分对它的张力，分别为 T 和 T'，那么它的运动可用牛顿定律描述为

$$\left.\begin{aligned} &x\text{ 方向}: T'\cos\alpha' - T\cos\alpha = 0 \\ &u\text{ 方向}: T'\sin\alpha' - T\sin\alpha = \rho\Delta x\,\frac{\partial^2 u}{\partial t^2} \end{aligned}\right\} \tag{2.1.1}$$

解此方程组，得到波动所满足的运动方程，我们称之为波动方程。

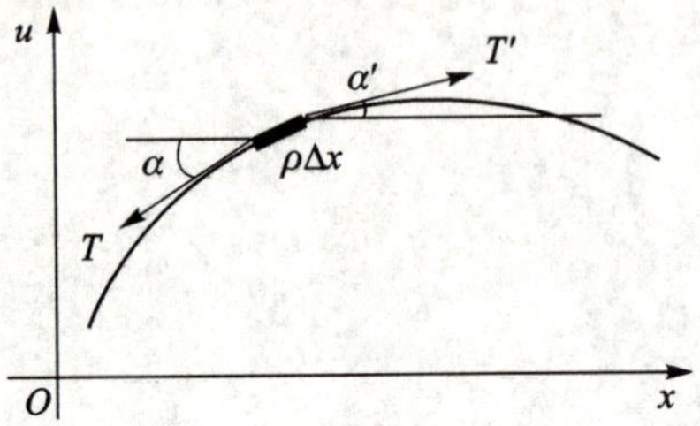

图 2.1　一段弦的波动

由于线元很微小，所以可以认为 $T'\approx T$，$\sin\alpha\approx\tan\alpha$。令 $a^2=T/\rho$，由方程组(2.1.1)的第二式可以得到 $a^2\Delta\tan\alpha=\Delta x\partial^2 u/\partial t^2$，经化简后有

$$\frac{\Delta\tan\alpha}{\Delta x}-\frac{1}{a^2}\frac{\partial^2 u}{\partial t^2}=0 \tag{2.1.2}$$

由导数的几何意义可知：$\tan\alpha=\partial u/\partial x$，因此在 $\Delta x\to 0$ 时，$\Delta\tan\alpha/\Delta x\to\partial^2 u/\partial x^2$。所以式(2.1.2)变为

$$\frac{\partial^2 u}{\partial x^2}-\frac{1}{a^2}\frac{\partial^2 u}{\partial t^2}=0 \tag{2.1.3}$$

式(2.1.3)是描述弦上波动的一般表达式，即一维波动方程。它虽然是从弦上传

播的机械波得到的，但一般的波动都满足此公式。反之，当研究的对象满足以上运动方程时，我们也可以认为此研究对象是以波动的形式在运动。

2.1.2　波动方程解的意义

现在从一般函数出发，研究波动方程的解及方程中常数的物理意义。

1. 函数 u 的物理图像

由图 2.2 可知，函数 $f(x)$与函数 $f(x-b)$的图像完全一致，只需把 $f(x)$的图像沿 x 轴移动 b 后，就可以得到 $f(x-b)$的图像。因为只需做 $\xi=x-b$ 的变换，$f(x)$就与 $f(x-b)$的表达形式完全一样。

由上述内容可知，任意函数 $u(x-vt)$与 $u(x)$也完全一致，仅仅把 $u(x)$的图像沿 x 轴移动 vt 即可。如果 t 表示时间，则 t_0 时刻弦上各点偏离各自平衡位置的位移形成的振动图像就是 $u(x_0-vt_0)$，如图 2.3 所示。经过 Δt，此时时间变为 $t_0+\Delta t$，若要保持图像不变，即 $u(x,t)$内部仍是 x_0-vt_0（在波动中称为相位保持不变），则必然有 $x_0+v\Delta t$，所以整个振动图像沿 x 轴移动了 $v\Delta t$，即振动 $u(x_0-vt_0)$沿 x 轴传播了 $v\Delta t$，即振动传播了，也就是波动。所以 $u(x-vt)$能完整地描述波动，即它应该是波动方程的解。

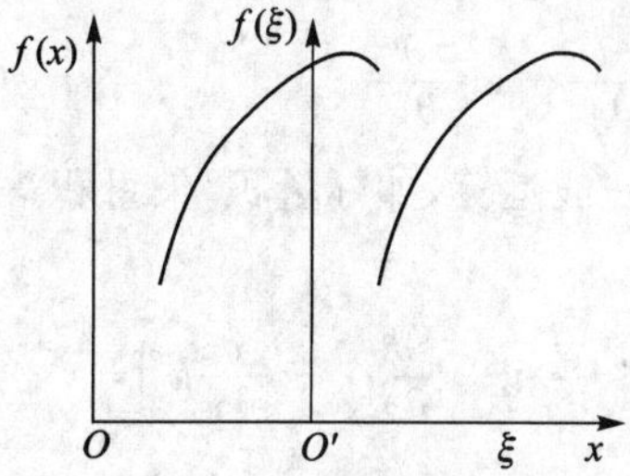

图 2.2　$f(x)$函数

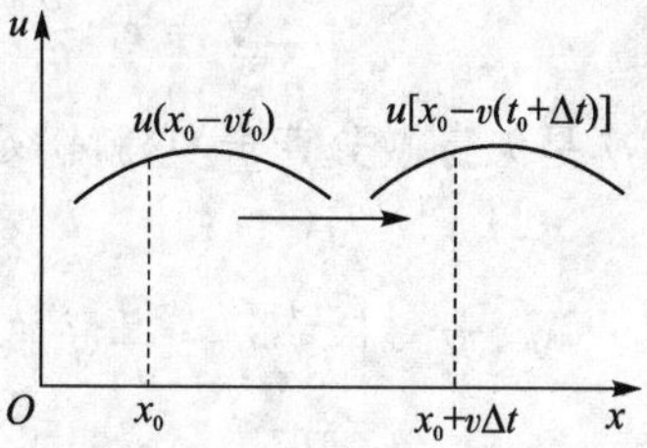

图 2.3　振动图像 u 沿 x 轴传播

按照以上波动形成的方式，当时间 t 发生变化时，要保持相位不变，即 $x-vt=$常数，就可以得到振动的传播速度，波速 $\mathrm{d}x/\mathrm{d}t=v$。因此，$v$ 代表波动过程中等相位传播的速度，所以称为相速度。

2. 波动速度

因为函数 $u(x-vt)$是波动方程的解，把 $u(x-vt)$代入波动方程(2.1.3)，就可以得到 $a=v$，因此，波动方程中的常数 a 代表波动的相速度。前面讨论的弦上机械波，其相速度是

$$a=\sqrt{T/\rho} \tag{2.1.4}$$

它与弦的张力及弦的密度有关，张力和弦密度都是弦本身固有的，因此，弦上传播的机械波相速度与波赖以存在的介质有关，即离开了弦就没有波。

当麦克斯韦完成电磁场理论时，并没有意识到电磁波与机械波本质上的不同，后

面我们会看到从麦克斯韦方程得到的真空中电磁波的波速表达式为

$$c = 1/\sqrt{\varepsilon_0 \mu_0} \approx 3 \times 10^8 \text{ m/s} \tag{2.1.5}$$

这是个常数,与任何物质无关,因此,电磁波不需要有传播介质,它的速度是不依赖于任何物质的常数。

2.1.3 波动方程的一般表示

前述的波动表示的是沿空间某一方向传播的运动,如果考虑空间三维性,则波的一般三维表达式如下:

$$\frac{\partial^2 u}{\partial x^2} + \frac{\partial^2 u}{\partial y^2} + \frac{\partial^2 u}{\partial z^2} - \frac{1}{v^2}\frac{\partial^2 u}{\partial t^2} = 0 \tag{2.1.6}$$

这里已经用波速 v 替代了常数 a。

引入矢量微分算子

$$\nabla \equiv \frac{\partial}{\partial x}\boldsymbol{i} + \frac{\partial}{\partial x}\boldsymbol{j} + \frac{\partial}{\partial x}\boldsymbol{k} \tag{2.1.7a}$$

它在球坐标($\boldsymbol{e}_r, \boldsymbol{e}_\theta, \boldsymbol{e}_j$ 为基矢)和柱坐标($\boldsymbol{e}_r, \boldsymbol{e}_j, \boldsymbol{e}_z$ 为基矢)下的表达式分别为

$$\nabla = \boldsymbol{e}_r \frac{\partial}{\partial r} + \boldsymbol{e}_\theta \frac{1}{r}\frac{\partial}{\partial \theta} + \boldsymbol{e}_j \frac{1}{r\sin\theta}\frac{\partial}{\partial \varphi} \tag{2.1.7b}$$

$$\nabla = \boldsymbol{e}_r \frac{\partial}{\partial r} + \boldsymbol{e}_j \frac{1}{r}\frac{\partial}{\partial \varphi} + \boldsymbol{e}_z \frac{\partial}{\partial z} \tag{2.1.7c}$$

既然∇是矢量微分算子,它就满足矢量的一般运算,如标量积、矢量积等运算,如下所示:

$$\nabla \cdot \nabla = \left(\frac{\partial}{\partial x}\boldsymbol{i} + \frac{\partial}{\partial x}\boldsymbol{j} + \frac{\partial}{\partial x}\boldsymbol{k}\right) \cdot \left(\frac{\partial}{\partial x}\boldsymbol{i} + \frac{\partial}{\partial x}\boldsymbol{j} + \frac{\partial}{\partial x}\boldsymbol{k}\right) = \frac{\partial^2}{\partial x^2} + \frac{\partial^2}{\partial y^2} + \frac{\partial^2}{\partial z^2}$$

上式结果很常用,称为拉普拉斯算子,即

$$\nabla^2 \equiv \nabla \cdot \nabla = \partial^2/\partial x^2 + \partial^2/\partial y^2 + \partial^2/\partial z^2 \tag{2.1.7d}$$

由此,一般的波动方程(2.1.6)可以表示为

$$\nabla^2 u - \frac{1}{v^2}\frac{\partial^2 u}{\partial t^2} = 0 \tag{2.1.8}$$

2.1.4 平面波与球面波

1. 平面波

一般波动方程的解,最简单的是平面波。在直角坐标系中,空间一点 P 的矢径为 $\boldsymbol{r}(x,y,z)$,$\boldsymbol{n}$ 为某方向的单位矢量,则

$$u = u(\boldsymbol{r} \cdot \boldsymbol{n}, t) \tag{2.1.9}$$

由于函数是波动方程的解,所以在任意给定时刻 t,$\boldsymbol{r} \cdot \boldsymbol{n}$ 等于常量所有点的集合

都在一个平面上，该平面过点P 并以 $\boldsymbol{n}$ 为法线方向，平面上所有的点都具有相同的 u 值，因此，这种波称为平面波。

对于图 2.4 中的平面波，选取一组新的直角坐标系(ξ,ζ,η)，并取 ξ 与 $\boldsymbol{n}$ 同方向，则有

$$\boldsymbol{r}\cdot\boldsymbol{n}=\xi$$

而在新坐标系下一般的波动方程就会变成类似的一维形式：

$$\frac{\partial^2 u}{\partial \xi^2}-\frac{1}{v^2}\frac{\partial^2 u}{\partial t^2}=0 \qquad (2.1.10)$$

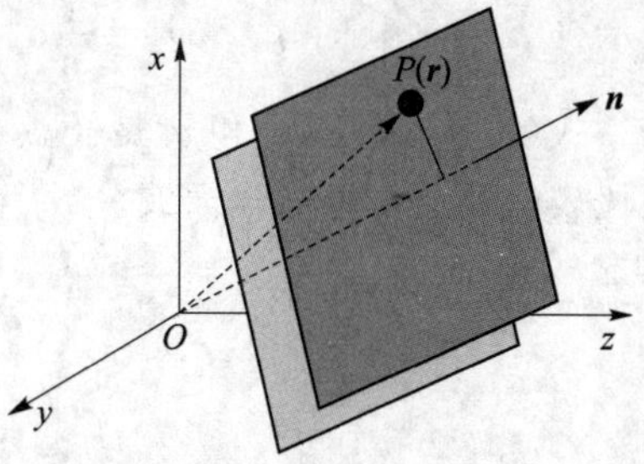

图 2.4　平面波

这是沿 ξ 轴传播的波动，当令

$$\xi-vt=p,\quad \zeta-vt=q$$

方程(2.1.10)简化为

$$\frac{\partial^2 u}{\partial p \partial q}=0 \qquad (2.1.11)$$

式(2.1.11)的一般解是

$$u=u_1(p)+u_2(q)=u_1(\boldsymbol{r}\cdot\boldsymbol{n}-vt)+u_2(\boldsymbol{r}\cdot\boldsymbol{n}+vt) \qquad (2.1.12)$$

其中：任意函数 u_1 和 u_2 分别代表沿 ξ 方向以速度 v 传播的两个平面波，u_1 表示沿正向传播的平面波，而 u_2 代表沿反向传播的平面波。

2. 球面波

球面波可以从一个点光源发出，在各向同性的介质中，点光源发出的光波在空间形成一系列球状的波面。为求解球面波，取球坐标系(见图 2.5)重写拉普拉斯算子为

$$\boldsymbol{\nabla}^2=\frac{1}{r^2}\frac{\partial}{\partial r}\left(r^2\frac{\partial}{\partial r}\right)+\frac{1}{r^2\sin\theta}\frac{\partial}{\partial\theta}\left(\sin\theta\frac{\partial}{\partial\theta}\right)+\frac{1}{r^2\sin^2\theta}\frac{\partial^2}{\partial\varphi^2} \qquad (2.1.13)$$

描述球面波的波动方程的解 u 也应该具有球对称性，即 $u=u(\boldsymbol{r},t)$。这里点光源位于坐标原点，$\boldsymbol{r}$ 是离开原点的距离矢径，在直角坐标系中 $r=\sqrt{x^2+y^2+z^2}$。由于 u 具有球对称性，则应有

$$\frac{\partial u}{\partial\theta}=\frac{\partial u}{\partial\varphi}=0$$

代入一般波动方程后得到

$$\frac{1}{r^2}\frac{\partial}{\partial r}\left(r^2\frac{\partial u}{\partial r}\right)-\frac{1}{v^2}\frac{\partial^2 u}{\partial t^2}=0$$

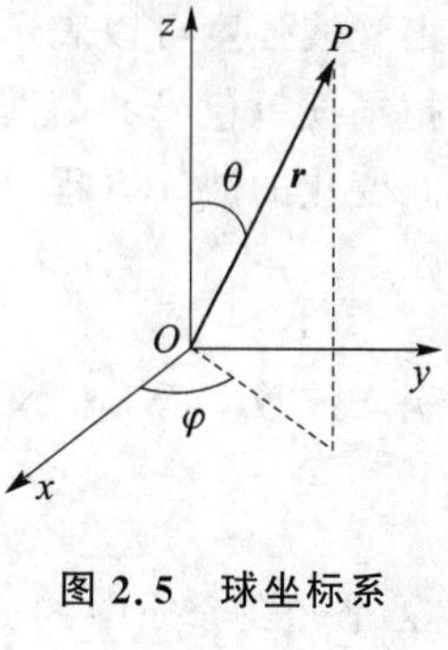

图 2.5　球坐标系

化简后成为

$$\frac{\partial^2(ru)}{\partial r^2}-\frac{1}{v^2}\frac{\partial^2(ru)}{\partial t^2}=0 \qquad (2.1.14)$$

上述方程的解为

$$ru = u_1(r - vt) + u_2(r + vt)$$

最后得到

$$u = \frac{1}{r}u_1(r - vt) + \frac{1}{r}u_2(r + vt) \tag{2.1.15}$$

式(2.1.15)中,u_1和u_2是任意函数,第一项代表从原点向外发散的球面波,第二项代表向原点汇聚的球面波。

2.2 简谐波

简谐波,即描述波动的物理量呈现为简谐函数的形式,也就是波动方程的解呈现为简谐函数,如频率为ω的简谐波的表达式:

$$u = A(\boldsymbol{r})\mathrm{e}^{\mathrm{j}[\varphi(\boldsymbol{r}) - \omega t]} \tag{2.2.1}$$

其中:波的振幅$A(\boldsymbol{r})$和$\varphi(\boldsymbol{r})$都是位置的函数,波的相位是$\varphi(\boldsymbol{r}) - \omega t$。

此时,波函数中的时间变量与位置变量是可以分开的,用复振幅(Complex Amplitude)表示波函数中只和位置有关的量,即

$$U(\boldsymbol{r}) = A(\boldsymbol{r})\mathrm{e}^{\mathrm{j}\varphi(\boldsymbol{r})} \tag{2.2.2}$$

简谐波写为

$$u = U(\boldsymbol{r})\mathrm{e}^{-\mathrm{j}\omega t} \tag{2.2.3}$$

所以简谐波可以表示为描述空间分量的复振幅与描述时间分量的指数因子的乘积。当光波呈现式(2.2.3)所示的简谐波形式时,我们称这时的光波是单色光波。光强度定义为描述光波标量函数的共轭乘积的时间平均值,即

$$I = \langle uu^* \rangle \tag{2.2.4}$$

对于简谐波,可以得到

$$I = \langle UU^* \rangle = |U|^2 = A^2(\boldsymbol{r}) \tag{2.2.5}$$

即简谐光波强度可以表示为复振幅的模平方或光振动的振幅的平方。

把描述单色光的简谐波表达式(2.2.1)代入波动方程式(2.1.3),经过简单运算,随时间变化的波动方程可以简化为以下形式:

$$\left(\boldsymbol{\nabla}^2 + \frac{\omega^2}{v^2}\right)U = 0 \tag{2.2.6}$$

引入波数k(Wave Number)的概念,其表达式为

$$k = \frac{\omega}{v} = \frac{2\pi}{\lambda} = nk_{\mathrm{c}} \tag{2.2.7}$$

其中:λ是光在介质中的波长,n是介质折射率,k_{c}是真空中的波数。波数的意义在于,它可以表示空间单位长度上完整波形的数目,式(2.2.6)最后化简为

$$(\boldsymbol{\nabla}^2 + k^2)U = 0 \tag{2.2.8}$$

式(2.2.8)称为亥姆霍兹(Helmholtz)方程,简谐波复振幅满足亥姆霍兹方程,即亥姆霍兹方程的解是简谐波对应的光学上的单色光。

如果把 k 定义为矢量

$$\boldsymbol{k} = k\boldsymbol{k}_0 \tag{2.2.9}$$

则称为波矢量，其大小等于波数。其中，$\boldsymbol{k}_0$ 是 $\boldsymbol{k}$ 方向单位矢量，指向波动过程中等相面沿传播方向的法线方向。因此，常用波矢量表示单色光波等相面的传播方向或光波的传播方向。

另外，波矢量也称为传播因子（如在导波光学中常用），可以将其分为沿波传播方向的分量 β 和垂直于传播方向横截面的分量 β_t，β 称为纵向传播因子，β_t 称为横向传播因子，它们与 k 之间的关系满足

$$k^2 = \beta^2 + \beta_t^2 \tag{2.2.10}$$

2.2.1　简谐平面波

最简单的简谐波就是简谐平面波，也就是说，光波在传播过程中它的等相面始终是一个平面，如图 2.4 所示。

取式(2.2.1)中的振幅为常数，$A(\boldsymbol{r})=A$，$\varphi(\boldsymbol{r})=\boldsymbol{k}\cdot\boldsymbol{r}$，则式(2.2.1)成为

$$u = A\mathrm{e}^{\mathrm{j}(\boldsymbol{k}\cdot\boldsymbol{r}-\omega t)} \tag{2.2.11}$$

或用复振幅表示为

$$U(\boldsymbol{r}) = A\mathrm{e}^{\mathrm{j}\boldsymbol{k}\cdot\boldsymbol{r}} \tag{2.2.12}$$

式(2.2.11)或式(2.2.12)就是简谐平面波的表达式。

由于等相面就是波在传播过程中某时刻相位相等的所有空间点集合所成的曲面，故式(2.2.12)的等相面方程为

$$\boldsymbol{k}\cdot\boldsymbol{r} = \text{const} \tag{2.2.13}$$

从图 2.4 中可以很清楚地看到，满足式(2.2.13)的所有空间点都在一个平面上，因为这个平面上各点的位置矢量与波矢量的标量积都等于一个常数，所以式(2.2.13)表示一个法线方向取为 $\boldsymbol{k}$ 的平面。

满足式(2.2.12)的简谐平面波，它的等相面是一系列平面，随着波的传播，这些等相面也在空间传播。因此，可以用等相面在空间移动来描述简谐平面波，相应的波速等同于这些等相面的移动速度，称为相速度。从式(2.2.11)可知等相面满足

$$\boldsymbol{k}\cdot\boldsymbol{r} - \omega t = \text{const} \tag{2.2.14}$$

在不失一般性的情况下，取 $\boldsymbol{k}$ 和 $\boldsymbol{r}$ 同方向，则式(2.2.14)可以写为

$$kr - \omega t = \text{const} \tag{2.2.15}$$

将式(2.2.15)两边同时对时间求微分，就能得到简谐平面波等相面的传播速度，即相速度

$$v_{\mathrm{p}} = \frac{\mathrm{d}r}{\mathrm{d}t} = \frac{\omega}{k} \tag{2.2.16}$$

式(2.2.16)中的下标 p 仅为了强调是等相面的速度——相速度。光学中常见的简谐平面光波就是单色平面光。

2.2.2 简谐球面波

在式(2.2.2)中取

$$A(\boldsymbol{r})=\frac{A_0}{r},\quad \varphi(\boldsymbol{r})=kr$$

则得到简谐球面波的复振幅为

$$U(\boldsymbol{r})=\frac{A_0}{r}\mathrm{e}^{\mathrm{j}kr} \tag{2.2.17}$$

其中:$\boldsymbol{r}$是波源发出的矢径,A_0是原点处波源的振幅。

等相面方程是

$$kr=\text{const} \tag{2.2.18}$$

对于特定的波来说,k是常数,与式(2.2.18)右边的常量放在一起,从波源出发的矢径$\boldsymbol{r}$的自身标量积也应是常量,以R^2表示右边所有的常量,则有

$$r^2=R^2 \tag{2.2.19}$$

在直角坐标系中就是

$$x^2+y^2+z^2=R^2$$

这是一个以波源为中心的半径为R的球面。如果是向原点汇聚的球面波,则式(2.2.17)可变换为

$$U(\boldsymbol{r})=\frac{A_0}{r}\mathrm{e}^{-\mathrm{j}kr} \tag{2.2.20}$$

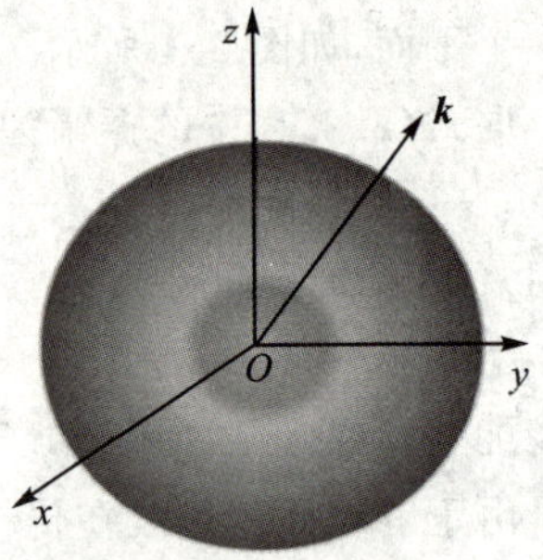

图 2.6 简谐球面波

简谐球面波如图2.6所示。

2.2.3 球面波的二次曲面近似

在远离波源时,球面波可以近似成一些简单的形式,如在光学中,我们常关心的是观察面上的光场分布,而点光源发出的球面波在很远处的很小(近轴)范围内,其光波非常接近于平面波。当然,如果真以平面波替代球面波,则原来球面波的特性就会完全丧失。因此,有必要研究远离波源的接近波传播方向(近轴)的波动情况,这在光学上就是研究远离点光源的近轴光波场分布。

如图2.7所示,从原点发出的简谐球面波到达点$P(x,\ y,\ z)$的波动应该是式(2.2.17)描述的球面波,但由于

$$z\gg\sqrt{x^2+y^2} \tag{2.2.21}$$

即观察位置远远大于研究的球面波分布横向范围,可知

$$r=\sqrt{x^2+y^2+z^2}=z\sqrt{1+(y^2+z^2)/z^2} \tag{2.2.22}$$

当满足式(2.2.21)时,式(2.2.22)可以化简为

$$r\approx z\left(1+\frac{y^2+z^2}{2z^2}\right) \tag{2.2.23}$$

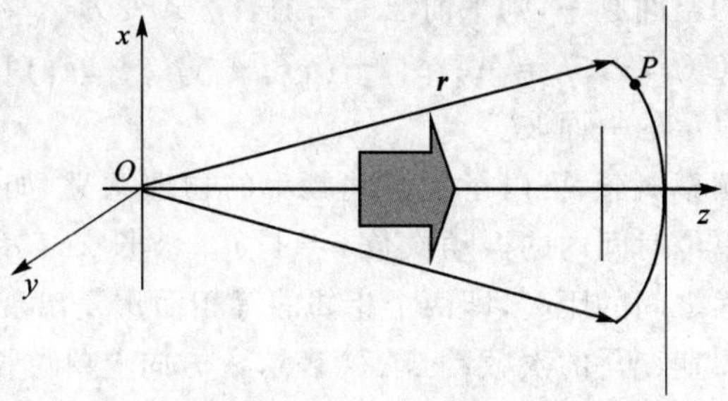

图 2.7　球面波的二次曲面近似

将式(2.2.23)代入式(2.2.17)得到点 P 的球面波表达式为

$$U(\boldsymbol{r}) = \frac{A_0}{r}\exp\left[\mathrm{j}kz\left(1 + \frac{y^2 + z^2}{2z^2}\right)\right] \tag{2.2.24}$$

式中振幅相对于指数项(即相位)来说是缓变量,因此将振幅中的分母 $r \approx z$,经过化简可变为

$$U(\boldsymbol{r}) = \frac{A_0 \exp(\mathrm{j}kz)}{z}\exp\left[\frac{\mathrm{j}k}{2z}(y^2 + z^2)\right] \tag{2.2.25}$$

此式就是在近轴(傍轴)区域球面波的近似,即采用二次曲面替代了原先的球面。这里 $z > 0$,表示发散的球面波,而当 $z < 0$ 时,表达式可改写为

$$U(\boldsymbol{r}) = \frac{A_0 \exp(\mathrm{j}k|z|)}{|z|}\exp\left[\frac{-\mathrm{j}k}{2|z|}(y^2 + z^2)\right] \tag{2.2.26}$$

此式表示向原点汇聚的球面波。

以二次曲面替代球面,不仅带来计算上的很大方便,更为重要的是,当近轴光场传播的横向距离远远小于纵向距离($\sqrt{x^2+y^2} \ll z$)时,复振幅的变化更多的是由横向变化引起的。此时,观察者更应该关注横向光场的变化,而纵向量可作为常量处理,这样的处理以后会经常看到。

2.3　空间频率

沿空间 $\boldsymbol{k}$ 方向传播的简谐平面波的复振幅可以用式(2.2.12)来表示,其大小 $k = 2\pi/\lambda$,方向余弦为 $\cos\alpha$、$\cos\beta$ 和 $\cos\gamma$。在直角坐标系中,任意点 $P(x, y, z)$ 的矢径 $\boldsymbol{r}$ 与波矢量 $\boldsymbol{k}$ 的标量积都可以写成

$$\boldsymbol{k}\cdot\boldsymbol{r} = k(x\cos\alpha + y\cos\beta + z\cos\gamma) \tag{2.3.1}$$

点 $P(x, y, z)$ 波动的复振幅可以表示为

$$U(x,y,z) = A\exp[\mathrm{j}k(x\cos\alpha + y\cos\beta + z\cos\gamma)]$$

上式表示空间传播的平面波,因为 $k = 2\pi/\lambda$,将

$$f_x = \frac{\cos\alpha}{\lambda},\quad f_y = \frac{\cos\beta}{\lambda},\quad f_z = \frac{\cos\gamma}{\lambda} \tag{2.3.2}$$

定义为沿 $\boldsymbol{k}$ 方向波的空间频率，则平面波的一般表达式变为

$$U(x,y,z)=A\exp[2\pi j(xf_x+yf_y+zf_z)] \tag{2.3.3}$$

上式是以空间频率表示的平面波。

类比时间上的频率概念，可以了解空间频率的物理意义，如时间周期为 T 的振动，其振动频率，即单位时间内的振动次数 $\nu=1/T$。波长 λ 表示沿波动传播方向两个完全相同的等相面之间的距离，即两个相邻的等相面重复出现的距离；$1/\lambda$ 则表示单位长度上复振幅周期变化的次数；$\cos\alpha/\lambda$ 表示 x 方向上单位长度复振幅周期变化的次数；同理可推得沿 y 和沿 z 方向上单位长度复振幅周期变化的次数。

由此看出，空间频率与波的传播方向有很大关系，k 与 x 轴的夹角 α 越小，则 x 方向上的空间频率就越大，因此，不同的空间频率对应于不同的传播方向。

3 个空间频率之间并不是相互独立的，因为

$$f_x^2+f_y^2+f_z^2=\frac{1}{\lambda^2}(\cos^2\alpha+\cos^2\beta+\cos^2\gamma)=\frac{1}{\lambda^2} \tag{2.3.4}$$

因此

$$f_z=\frac{1}{\lambda}\sqrt{1-\lambda^2f_x^2-\lambda^2f_y^2}$$

平面波的复振幅方程可以写为

$$U(x,y,z)=U_0(x,y,0)\exp\left(j\frac{2\pi z}{\lambda}\sqrt{1-\lambda^2f_x^2-\lambda^2f_y^2}\right) \tag{2.3.5}$$

其中：

$$U_0(x,y,0)=A\exp[j2\pi(xf_x+yf_y)] \tag{2.3.6}$$

是 $z=0$ 平面上的复振幅。

式(2.3.5)表明，距离原点为 z 的平面上的复振幅是由 $z=0$ 处的复振幅乘上一个传播距离与方向有关的指数因子给出的。

同样，可以利用空间频率讨论二次曲面近似的球面波。从式(2.2.25)我们得到

$$U(\boldsymbol{r})=\frac{A_0\exp(jkz)}{z}\exp\left[\frac{j\pi}{\lambda z}(x^2+y^2)\right] \tag{2.3.7}$$

这里利用 $k=2\pi/\lambda$ 得到。

由于方向余弦 $\cos\alpha=x/r$，$\cos\beta=y/r$，在远场时 $r\approx z$，再利用 $\lambda f_x=\cos\alpha$ 和 $\lambda f_y=\cos\beta$，所以式(2.3.7)可以改写为

$$U(\boldsymbol{r})\approx\frac{A_0}{z}\exp(jkz)\exp[j\pi(xf_x+yf_y)] \tag{2.3.8}$$

空间频率在成像与图像分析中具有很重要的意义，由下面的例子可以看出空间频率在成像过程中的作用。例如，沿 z 轴传播的单色平面波，照亮了开有孔的屏(见图 2.8)，正如我们所知，在孔屏后，距离屏为 z 的观察平面上显示了孔屏的像，如果能成为标准的几何像，则成像部分的光波仍是沿 z 轴传播的平面波，其复振幅可以写为

$$U(\boldsymbol{r}) = A\mathrm{e}^{\mathrm{j}kz} \tag{2.3.9}$$

其方向余弦为

$$\cos\alpha = \frac{x}{r} \approx \frac{x}{z} = 0,\quad \cos\beta = \frac{y}{z} = 0,\quad \cos\gamma = 1$$

观察平面上相应的空间频率可知：

$$f_x = 0,\quad f_y = 0,\quad f_z = \frac{1}{\lambda}$$

我们说，这时成像的光波只有 0 阶空间频率，或只有基频；而稍微偏离 z 轴成像的光波，其空间频率 $f_x \neq 0$，$f_y \neq 0$，$f_z \neq 1/\lambda$，并未计入成像中，如果要考虑偏离轴线的光波，则必须计入高阶空间频率的光波。

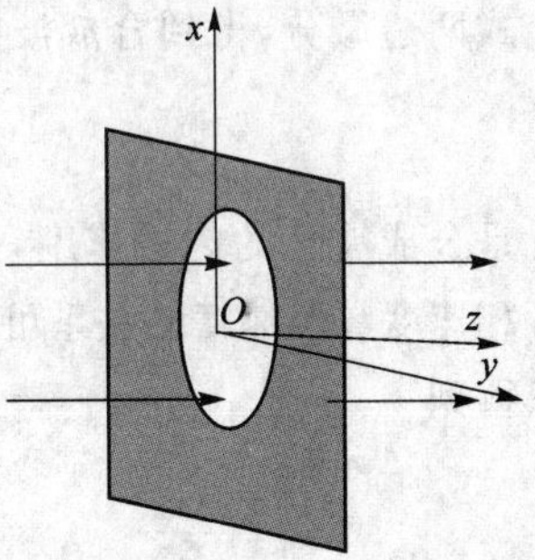

图 2.8　平面波通过开孔

综上所述，从空间频率看图像时，图像就是由各种不同阶空间频率的光波构成的，图像轮廓（接近几何光学像）的空间频率较低，而图像细节部分的空间频率较高。所以，图像越复杂，构成它的光波空间频率就越丰富，高阶谐波就越多。我们可以利用空间频率来分析图像，这种基于图像的空间频率来分析图像的方法称为图像的频谱分析，这是现代信息光学的基础，即把对物理空间的图像问题的研究转换为对相应图像的频谱空间中的空间频率特性的研究。

2.4　群速度

2.4.1　不同频率波列叠加

对于单色平面波，其等相面在空间的传播速度，即相速度，如前面表示。当多列频率相近的平面波叠加时，其合成波的相位也呈现出平面波的特征，但振幅并非恒定，而是以某种频率变化，也就是说，合成波的包络也显现出波动变化的规律，这个包络也称为波包，其波动的速度称为群速度。

为简单起见，设有两列沿 z 轴传播的频率和波矢十分接近的简谐平面波，其振幅都是 A。两列波的频率分别是 ω 和 $\omega+\Delta\omega$，波矢量大小分别是 k 和 $k+\Delta k$，这里 $\Delta\omega \ll \omega$，$\Delta k \ll k$，两列波叠加：

$$u = A\mathrm{e}^{\mathrm{j}(kz-\omega t)} + A\mathrm{e}^{\mathrm{j}[(k+\Delta k)kz-(\omega+\Delta\omega)t]} = 2A\cos\left[\frac{1}{2}(z\Delta k - t\Delta\omega)\right]\mathrm{e}^{\mathrm{j}(\bar{k}z-\bar{\omega}t)} \tag{2.4.1}$$

其中：

$$\bar{k} = k + \frac{1}{2}\Delta k,\quad \bar{\omega} = \omega + \frac{1}{2}\Delta\omega \tag{2.4.2}$$

其中：$\bar{k}$ 和 $\bar{\omega}$ 分别表示两列平面波的平均波矢和平均频率。

从式(2.4.1)可以看出,两列波叠加的合成波仍是平面波,不过它以平均频率和平均波矢在运动,并且振幅不是常量,而是时间和坐标的函数,在 $0\sim2A$ 之间变化。我们可以求出这个等幅面的传播速度,即波的群速度,令

$$t\Delta\omega - z\Delta k = \text{const} \tag{2.4.3}$$

对上式两边微分,得到合成波的等幅面传播速度为

$$v_g = \frac{\Delta\omega}{\Delta k} \approx \frac{d\omega}{dk} \tag{2.4.4}$$

这就是合成波包的传播速度,即波的群速度。

相速度与群速度的关系可以从以下推导中得出,由于 $v_p=\omega/k$,于是由式(2.4.4)可以得到

$$v_g = v_p + k\frac{dv_p}{dk} \tag{2.4.5}$$

在光学中,通常将折射率与光波长无关的介质称为无色散介质,把折射率与光波长有关的介质称为色散介质,即折射率是波矢的函数,$n=n(k)$,由于

$$v_p = \frac{c}{n} \tag{2.4.6}$$

将其代入式(2.4.5)得到

$$v_g = v_p\left(1-\frac{k}{n}\frac{dn}{dk}\right) \tag{2.4.7}$$

改写为与波长的关系:

$$v_g = v_p\left(1+\frac{\lambda}{n}\frac{dn}{d\lambda}\right) \tag{2.4.8}$$

正常色散时,折射率随波长的增加而减小($dn/d\lambda<0$),因此有 $v_g<v_p$,即群速度小于相速度;在反常色散区,$dn/d\lambda>0$,这时光的群速度大于相速度。这里的波长都是光在真空中的波长。上面是从两列简谐波叠加的角度讨论了光的群速度与相速度,但对有窄带频率的一般光波仍然成立。

实际上很难有严格的单色光,它总是包含一定的波长范围,而不同波长的光有不同的传播速度,各光波之间有相对延迟,导致光脉冲在介质中有一定展宽,即光的色散现象。这种并非理想的单色光我们称之为准单色光,可以将其看作是在一定范围内的单色光的叠加来加以讨论。如沿 z 轴传播的、以 $\bar{\omega}$ 为中心的、在 $\Delta\omega$ 范围的准单色光,其频率范围为

$$\bar{\omega}-\frac{\Delta\omega}{2}<\omega<\bar{\omega}+\frac{\Delta\omega}{2} \tag{2.4.9}$$

传播路径上一点的光波动写成平面波的叠加,即

$$u = \int_{\Delta\omega} A(\omega)e^{j(kz-\omega t)}d\omega \tag{2.4.10}$$

用平均波数和频率改写上式为

$$u = \int_{\Delta\omega} A(\omega) e^{j[(k-\bar{k})z-(\omega-\bar{\omega})t]} d\omega e^{j(\bar{k}z-\bar{\omega}t)} = A(z,t) e^{j(\bar{k}z-\bar{\omega}t)} \tag{2.4.11}$$

上式是以 $\bar{\omega}$ 为频率的平面波，其振幅为

$$A(z,t) = \int_{\Delta\omega} A(\omega) e^{j[(k-\bar{k})z-(\omega-\bar{\omega})t]} d\omega \tag{2.4.12}$$

它是随时间变化的缓变函数，将 k 以 $\bar{\omega}$ 为中心展开，即

$$k(\omega) = k(\bar{\omega}) + \left(\frac{dk}{d\omega}\right)_{\bar{\omega}} (\omega-\bar{\omega}) + \frac{1}{2!}\left(\frac{d^2k}{d\omega^2}\right)_{\bar{\omega}} (\omega-\bar{\omega})^2 + \cdots$$

只取展开式前两项，注意 $\bar{k}=k(\bar{\omega})$，代入式(2.4.12)，得到

$$A(z,t) = \int_{\Delta\omega} A(\omega) e^{-j\left[(\omega-\bar{\omega})\left(t-\frac{dk}{d\omega}z\right)\right]} d\omega \tag{2.4.13}$$

这个变化的振幅函数，其等振幅面方程是 $t-z\mathrm{d}k/\mathrm{d}\omega=\mathrm{const}$，等振幅面或最大振幅面传播的速度或者准单色光振幅包络传播速度(群速度)为

$$v_g = \frac{dz}{dt} = \frac{d\omega}{dk} \tag{2.4.14}$$

此式与两列波叠加得到的群速度关系式(2.4.4)一样。

2.4.2　群速色散引起的高斯脉冲展宽

当一个高斯分布的窄脉冲在介质中沿一维方向传播时，色散效应可以引起脉冲的展宽。设在 $z=0$ 处，脉冲振幅满足高斯分布

$$A(0,t) = e^{-\alpha t^2} \tag{2.4.15}$$

沿 z 轴传播，其脉冲分解成平面波的叠加，或加上常数 $1/2\pi$，可看成函数的傅里叶展开，即

$$u(z,t) = \frac{1}{2\pi}\int_{\infty} A(\omega) e^{-j(\omega t-kz)} d\omega \tag{2.4.16}$$

同前面分析，在 $\Delta\omega$ 内把光振动写成

$$u(z,t) = A(z,t) e^{-j(\bar{\omega}t-\bar{k}z)} \tag{2.4.17}$$

式中振幅(包络)

$$A(z,t) = \frac{1}{2\pi}\int_{\Delta\omega} A(\omega) e^{-j[(\omega-\bar{\omega})t-(k-\bar{k})z]} d\omega \tag{2.4.18}$$

在 $z=0$ 处

$$A(0,t) = \frac{1}{2\pi}\int_{\Delta\omega} A(\omega) e^{-j[(\omega-\bar{\omega})t]} d\omega = e^{-\alpha t^2} \tag{2.4.19}$$

可以求出

$$A(\omega) = \frac{1}{2\pi}\int_{\infty} A e^{j(\omega-\bar{\omega})t} dt = \sqrt{\pi/\alpha}\, e^{-(\omega-\bar{\omega})^2/4\alpha} \tag{2.4.20}$$

此处光的强度为

$$I = |A(0,t)|^2 = e^{-2\alpha t^2} \tag{2.4.21}$$

脉冲宽度定义为，当强度从最大降到最大值的一半时，对应时间的2倍，即

$$\tau_0 = \sqrt{2\ln 2/\alpha} \tag{2.4.22}$$

当 $z>0$ 时，脉冲传播，展开传播矢量，即

$$k(\omega) = k(\bar{\omega}) + \left(\frac{dk}{d\omega}\right)_{\bar{\omega}}(\omega-\bar{\omega}) + \frac{1}{2!}\left(\frac{d^2k}{d\omega^2}\right)_{\bar{\omega}}(\omega-\bar{\omega})^2 + \cdots \tag{2.4.23}$$

由前述定义的振幅可知，拓展积分空间到无限时

$$A(z,t) = \frac{1}{2\pi}\int_{\infty} A(\omega) e^{-j[(\omega-\bar{\omega})t-(k-\bar{k})z]} d\omega \tag{2.4.24}$$

取式(2.4.23)的前3项，代入式(2.4.24)中的指数项

$$-j\left[(\omega-\bar{\omega})\left(t-\frac{z}{v_g}\right)-\frac{1}{2}\frac{d^2k}{d\omega^2}(\omega-\bar{\omega})z\right]=-j\left[(\omega-\bar{\omega})\left(t-\frac{z}{v_g}\right)-a(\omega-\bar{\omega})z\right] \tag{2.4.25}$$

其中：

$$a = \frac{1}{2}\frac{d^2k}{d\omega^2} = -\frac{1}{2v_g^2}\frac{dv_g}{d\omega} \tag{2.4.26}$$

群速度 v_g 随频率 ω 的改变在变化，表示群速度也有色散。振幅为

$$A(z,t) = \frac{1}{\sqrt{4\pi\alpha}}\int_{\infty}\exp\left\{-\left[(\omega-\bar{\omega})^2\left(\frac{1}{4\alpha}-jaz\right)+j\left(t-\frac{z}{v_g}\right)(\omega-\bar{\omega})\right]\right\}d\omega \tag{2.4.27}$$

利用积分公式 $\int_{\infty} e^{-(\beta x^2+\gamma x)}dx = \sqrt{\frac{\pi}{\beta}}e^{\frac{\gamma^2}{4\beta}}$，经计算得

$$A(z,t) = \frac{1}{\sqrt{1-j4\pi a\alpha z}}\exp\left[\frac{\left(t-\frac{z}{v_g}\right)^2}{\frac{1}{\alpha}+16a^2\alpha z^2}\right]\exp\left[-j\frac{4az\left(t-\frac{z}{v_g}\right)^2}{\frac{1}{\alpha^2}+16a^2z^2}\right] \tag{2.4.28}$$

此时的脉冲宽度

$$\tau = \sqrt{2\ln 2}\sqrt{\frac{1}{\alpha}+16a^2\alpha z^2} \tag{2.4.29}$$

我们看到，当存在群速度色散($a\neq 0$)时，$\tau>\tau_0$ 时脉冲宽度发生展宽，并且脉冲的峰值也有所降低。这种脉冲展宽效应在通信中是很重要的。只有当 $a=0$ 时，无群速度色散 $\tau=\tau_0$，脉冲宽度和高度才不变，即在无群速度色散情况下，脉冲沿传播方向保持形状不变。

群速度色散如图2.9所示。

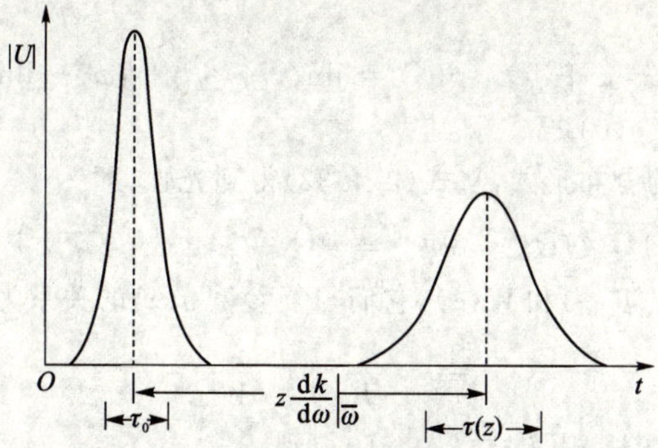

图 2.9　群速度色散

2.4.3　基模高斯光束

前面看到满足波动方程的解有很多种形式，如平面波、球面波、柱面波等，平面波可以作为曲面波在远离波源(远场)观察面且又很小时的近似，而在球面波与平面波之间最好的过渡是二次曲面波，它既不失球面波的特性，又具有平面波的简单、易于处理的特点。在图 2.10 所示的装置中，激光场的分布同样满足波动方程，其解的形式具有轴对称性，并在垂直于光轴的平面上波动振幅具有高斯函数分布的特点，因此通常称为基模高斯光束。

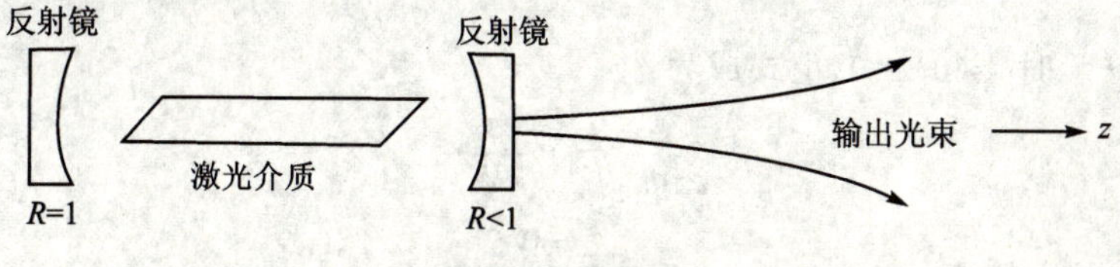

图 2.10　基模高斯光束

如图 2.10 所示，波能流沿 z 轴方向，波束具有近似简谐平面波的特点，设其复振幅为

$$U = \psi(x,y,z)e^{jkz} \tag{2.4.30}$$

其中：ψ 是 z 的缓变函数，代入简谐波满足的亥姆霍兹方程，略去 ψ 对 z 的二次导数为

$$\frac{\partial^2\psi}{\partial x^2} + \frac{\partial^2\psi}{\partial y^2} + 2jk\frac{\partial\psi}{\partial z} = 0 \tag{2.4.31}$$

上述方程解的形式为

$$\psi = e^{j\left(p+\frac{k}{2q}r^2\right)} \tag{2.4.32}$$

其中：p 是项移因子，q 是光线参数，以后将会说明它们的物理意义。上式代入原方程(2.4.31)可得

$$-2k\left(\frac{dp}{dz} - \frac{j}{q}\right) - \frac{k^2}{q^2}\left(1 - \frac{dq}{dz}\right)r^2 = 0 \tag{2.4.33}$$

若上式对所有 r 都成立，则必须有

$$\frac{dq}{dz} = 1, \quad \frac{dp}{dz} = \frac{j}{q} \tag{2.4.34}$$

解得

$$q(z)=z+q_0,\quad p(z)=\mathrm{j}\ln(z+p_0)+(p_0-\mathrm{j}\ln q_0) \tag{2.4.35}$$

其中：$p_0=p(0)$，$q_0=q(0)$。

现在讨论光场的分布形式，从式(2.4.32)得到光强，即

$$I=UU^*=\psi\psi^*=\mathrm{e}^{\mathrm{j}\left(p+\frac{k}{2q}r^2\right)}\mathrm{e}^{-\mathrm{j}\left(p^*+\frac{k}{2q^*}r^2\right)} \tag{2.4.36}$$

引入两个实参量 $R(z)$ 和 $W(z)$，它们与复参量 $q(z)$ 的关系为

$$\frac{1}{q}=\frac{1}{R}+\mathrm{j}\frac{\lambda}{\pi W^2} \tag{2.4.37}$$

其中：λ 是介质中的波长，代入式(2.4.36)得到

$$I\propto \mathrm{e}^{-2r^2/W^2} \tag{2.4.38}$$

可见，在垂直 z 轴的 $z=$ 常数面上，光强度分布呈高斯指数关系，当 $r=0$ 时，在 z 轴上，光强度最大；当 $r=W$ 时，光强度降低到轴上的 $1/\mathrm{e}^2$，定义此时的 W 为光斑半径。

把得到的各量代入式(2.4.30)，并令 $p_0=0$，最后得到基模高斯光束的复振幅为

$$U=\exp\left\{\mathrm{j}\left[kz+\mathrm{j}\ln\left(1+\frac{z}{q_0}\right)+\frac{kr^2}{2}\left(\frac{1}{R}+\frac{\mathrm{j}\lambda}{\pi W^2}\right)\right]\right\} \tag{2.4.39}$$

复振幅相位为

$$\varphi(z)=kz+\mathrm{Re}\left[\mathrm{j}\ln\left(1+\frac{z}{q_0}\right)\right]+\frac{kr^2}{2R} \tag{2.4.40}$$

当 $R\to\infty$ 时，$\varphi(0)=0$，上式成为

$$\frac{1}{q_0}=\mathrm{j}\frac{\lambda}{\pi W_0^2} \tag{2.4.41}$$

$$q=-\mathrm{j}\frac{\pi W_0^2}{\lambda}+z \tag{2.4.42}$$

由式(2.4.37)和式(2.4.42)可得

$$W^2(z)=W_0^2\left[1+\left(\frac{\lambda z}{\pi W_0^2}\right)^2\right] \tag{2.4.43}$$

可见，$z=0$ 时，W 取最小值 W_0，称此处为基模高斯光束的腰，W_0 就是基模高斯光束的腰(半)径。

定义基模高斯光束的远场发散角(见图 2.11)为

$$\theta=\lim_{z\to\infty}\frac{W(z)}{z}=\frac{\lambda}{\pi W_0} \tag{2.4.44}$$

下面讨论基模高斯光束的等相面，令式(2.4.40)的右边为常数，即

$$kz+\mathrm{Re}\left[\mathrm{j}\ln\left(1+\frac{z}{q_0}\right)\right]+\frac{kr^2}{2R}=\mathrm{const} \tag{2.4.45}$$

经简单运算后，式(2.4.45)变为

$$k\left(z+\frac{r^2}{2R}\right)=\mathrm{const}+\arctan\left(\frac{\lambda z}{\pi W_0^2}\right) \tag{2.4.46}$$

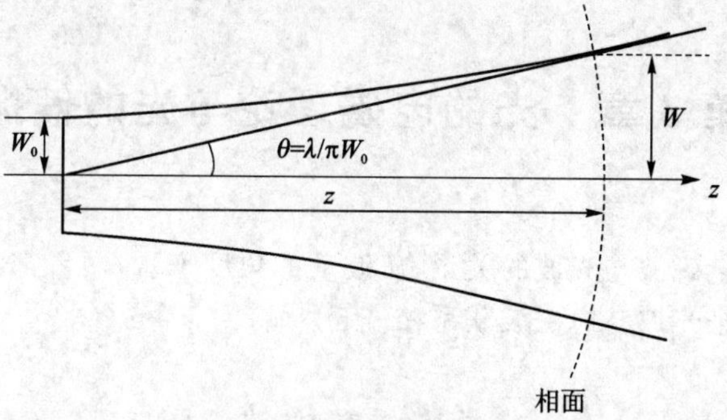

图 2.11　高斯光束的远场发散角

当 z 足够大时，上式最右边项趋近于 $\pi/2$，如果都并入常数项，则化简为

$$k\left(z+\frac{r^2}{2R}\right)=\text{const} \tag{2.4.47}$$

与球面波的二次曲面近似结果相比，在 z 足够大时，基模高斯光束的等相面成为球面波的二次曲面近似，此时 R 就是球面波的曲率半径。

从式(2.4.35)可以得到

$$p(z)=\mathrm{j}\ln\left(1+\frac{\mathrm{j}\lambda z}{\pi W_0^2}\right)=\mathrm{j}\ln\left[1+\left(\frac{\lambda z}{\pi W_0^2}\right)^2\right]-\arctan\frac{\lambda z}{\pi W_0^2} \tag{2.4.48}$$

利用式(2.4.43)可得

$$p(z)=\mathrm{j}\ln\left[\frac{W(z)}{W_0}\right]^2-\arctan\frac{\lambda z}{\pi W_0^2}=\mathrm{j}\ln\left[\frac{W(z)}{W_0}\right]^2-\phi \tag{2.4.49}$$

其中：ϕ 表示沿轴向的基模高斯光束与平面波的相位差。

最后得到基模高斯光束的复振幅为

$$U=\psi(x,y,z)\mathrm{e}^{\mathrm{j}kz}=\frac{W_0}{W}\exp\left[\mathrm{j}(kz-\phi)-r^2\left(\frac{1}{W^2}-\frac{\mathrm{j}k}{2R}\right)\right] \tag{2.4.50}$$

思考题

2-1　什么是简谐波？它的性质是什么？满足什么样的波动方程？

2-2　怎样从弦振动推得波动方程？

2-3　相速度是什么面的速度？

2-4　群速度是什么面的速度？推导色散介质中群速度的表达式。

2-5　空间频率与时间频率的区别是什么？去掉基频的图像是什么样的？

2-6　在距离点光源很远的地方，测得的光波除了近似为平面波外，较精确近似的是什么波？

2-7　从波动过程中看光波与机械波的最大不同是什么？

第 3 章　光的电磁理论与光的偏振

本章将描述电磁波与光波的关系，从波动的角度来看，两者都满足波动方程，而麦克斯韦的理论把光波与电磁波联系在一起。

3.1　电磁波

3.1.1　麦克斯韦方程组的波动性与独立性

1. 波动性

光的本质以及光在介质中的传播是光学的核心问题。1860 年，麦克斯韦(Maxwell)提出以波动的形式描述电磁波在以太中的传播；1905 年，爱因斯坦从狭义相对论的角度，提出光同无线电波、X 射线、γ 射线一样都是电磁波。可见光的波长在 0.40～0.76 μm 之间，仅占电磁波谱中很小的一部分。在光学中所讨论的光波主要是指可见光和近红外波段的电磁波，有时将近紫外波段也包括进来。

按照麦克斯韦理论，电磁波在真空中的传播速度 $c=1/\sqrt{\varepsilon_0\mu_0}$，只和真空中的介电系数 ε_0 和磁导率 μ_0 有关，是一个普适常数，在实验误差范围以内，这个常数 c 与已测得的光速相等。于是，麦克斯韦得出这样的结论：光是某一波段的电磁波，c 是光在真空中的传播速度。

在介质中，电磁波速是真空中的 $1/\sqrt{\varepsilon_r\mu_r}$，其中 ε_r 和 μ_r 分别是介质相对介电系数和相对磁导率，而光在透明介质中的传播速度小于真空中的传播速度，两者速度比就是介质的折射率 n，即

$$n=\sqrt{\varepsilon_r\mu_r} \tag{3.1.1}$$

上式把光学和电磁学这两个不同领域中的物理量联系起来。对一般常见的光学介质，$\mu_r\approx1$，所以有

$$n\approx\sqrt{\varepsilon_r} \tag{3.1.2}$$

电磁波是随时间变化的交变电磁场，通常用 4 个场矢量来描述它：电场强度 $\boldsymbol{E}$、电位移矢量 $\boldsymbol{D}$、磁场强度 $\boldsymbol{H}$ 和磁感应强度 $\boldsymbol{B}$，它们满足麦克斯韦方程组。麦克斯韦方程组的微分形式如下：

$$\left.\begin{aligned}
\nabla\times\boldsymbol{H}&=\boldsymbol{J}+\frac{\partial\boldsymbol{D}}{\partial t}\\
\nabla\times\boldsymbol{E}&=-\frac{\partial\boldsymbol{B}}{\partial t}\\
\nabla\cdot\boldsymbol{D}&=\rho\\
\nabla\cdot\boldsymbol{B}&=0
\end{aligned}\right\} \tag{3.1.3}$$

其中：$\boldsymbol{J}$ 是电流密度矢量，ρ 是电荷密度。在给定电荷与电流的分布情况下，还可以用以下物质方程来确定电磁场矢量：

$$\left.\begin{aligned}\boldsymbol{D} &= \varepsilon \boldsymbol{E}\\ \boldsymbol{B} &= \mu \boldsymbol{H}\\ \boldsymbol{J} &= \sigma \boldsymbol{E}\end{aligned}\right\} \tag{3.1.4}$$

其中：ε 是介电系数，μ 是磁导率，σ 是电导率。

光学中常遇到光在无源的各向同性空间中传播的情况，无源空间也就是没有电流和电荷的空间，而各向同性空间中，介电系数 ε 与磁导率 μ 都是与空间方向无关的纯数，这样麦克斯韦方程组就可以写为

$$\left.\begin{aligned}\nabla \times \boldsymbol{H} &= \varepsilon \frac{\partial \boldsymbol{E}}{\partial t}\\ \nabla \times \boldsymbol{E} &= -\mu \frac{\partial \boldsymbol{H}}{\partial t}\\ \nabla \cdot \boldsymbol{D} &= 0\\ \nabla \cdot \boldsymbol{B} &= 0\end{aligned}\right\} \tag{3.1.5}$$

其中：$\varepsilon=\varepsilon_r\varepsilon_0$，$\mu=\mu_r\mu_0$。

对式(3.1.5)中的第二式两边同时求旋度，利用矢量关系可得

$$\nabla \times \nabla \times \boldsymbol{E} = \nabla(\nabla \cdot \boldsymbol{E}) - \nabla^2 \boldsymbol{E} = -\nabla^2 \boldsymbol{E} \tag{3.1.6}$$

再利用式(3.1.5)的第一、第三式，麦克斯韦第二方程可以写为

$$\nabla^2 \boldsymbol{E} - \varepsilon\mu \frac{\partial \boldsymbol{E}}{\partial t} = \boldsymbol{0} \tag{3.1.7}$$

同样理由，第一方程也可以写为

$$\nabla^2 \boldsymbol{H} - \varepsilon\mu \frac{\partial \boldsymbol{H}}{\partial t} = \boldsymbol{0} \tag{3.1.8}$$

对比波动方程可以看出，电磁场的场矢量都以波动的形式存在。类似机械波，可以得到电磁波的相速度为

$$v = \frac{1}{\sqrt{\varepsilon\mu}} \tag{3.1.9}$$

真空中，电磁波相速度 $v=1/\sqrt{\varepsilon_0\mu_0}=c$。

对比机械波的相速度表达式，电磁波的相速度并不像机械波那样依赖于某种介质传播，而是一个不依赖于传播介质的常量，它甚至可以在真空中传播。因此，波动对机械波来说只是物质运动的一种形式，而对电磁场而言，波动不仅是运动的形式，而且是唯一的存在方式。当电磁波消失时，电磁场也就不存在了，光被介质吸收，光子消失，随之而来的可能是产生介质中电子的激发。

2. 方程的独立性

麦克斯韦方程组(3.1.3)，是由两个描述电磁场物理量的旋度方程和两个散度方程构成的，其中，磁场的旋度和电场的旋度方程分别称为麦克斯韦方程的第一和第二

方程,而后两个电磁场的散度方程可以从第一和第二方程推出,所以,一般地讲,麦克斯韦方程组只有两个旋度方程是独立的,即第一方程和第二方程,下面进行简要证明。

对麦克斯韦方程组的第一方程两边求散度,有

$$\nabla\cdot(\nabla\times\boldsymbol{H})=\nabla\cdot\boldsymbol{J}+\frac{\partial}{\partial t}(\nabla\cdot\boldsymbol{D}) \tag{3.1.10}$$

上式左边写成分量式,并按照散度定义求散度,再依照行列式特性(行列式中任两行或两列的对应元素相等,则行列式为零)得到下式一定为零,即

$$\nabla\cdot\begin{vmatrix}\boldsymbol{i} & \boldsymbol{j} & \boldsymbol{k}\\ \partial/\partial x & \partial/\partial y & \partial/\partial z\\ H_x & H_y & H_z\end{vmatrix}=\begin{vmatrix}\partial/\partial x & \partial/\partial y & \partial/\partial z\\ \partial/\partial x & \partial/\partial y & \partial/\partial z\\ H_x & H_y & H_z\end{vmatrix}=0 \tag{3.1.11}$$

其中:$\boldsymbol{i}$、$\boldsymbol{j}$、$\boldsymbol{k}$ 是直角坐标系的单位矢量,其实一个任意矢量旋度的散度必定等于零。把电流连续性方程(后面将证明)

$$\nabla\cdot\boldsymbol{J}+\frac{\partial\rho}{\partial t}=0 \tag{3.1.12}$$

与式(3.1.10)右边相比较得到

$$\frac{\partial}{\partial t}(\nabla\cdot\boldsymbol{D}-\rho)=0 \tag{3.1.13}$$

即

$$\nabla\cdot\boldsymbol{D}-\rho=f(\boldsymbol{r}) \tag{3.1.14}$$

其中:$f(\boldsymbol{r})$是时间常数。如果场是在有限的时间内产生的(实际上也是如此),则在场产生之前应该有$\nabla\cdot\boldsymbol{D}=0$,$\rho=0$。因此,得到 $f(\boldsymbol{r})=0$,所以

$$\nabla\cdot\boldsymbol{D}-\rho=0 \tag{3.1.15}$$

这样就得到式(3.1.3)的第三式。

同样,对麦克斯韦方程组的第二方程两边求散度,左边还是利用任意矢量旋度的散度为零的结论,可以得到

$$\frac{\partial}{\partial t}(\nabla\cdot\boldsymbol{B})=0 \tag{3.1.16}$$

因此有$\nabla\cdot\boldsymbol{B}=g(\boldsymbol{r})$,同式(3.1.14)的理由,可以得到 $g(\boldsymbol{r})=0$,最后求得到式(3.1.3)的第四个方程。所以,在连续性方程成立和场在有限时间内产生的假设下,麦克斯韦方程组只有第一和第二方程是独立的。一般情况下,为了使用方便,通常把两个场的散度方程与场的旋度方程一并写出,如式(3.1.3),都作为麦克斯韦方程组应用。

3.1.2 简谐平面电磁波

由于电磁场以波动的形式存在,所以代表场的物理量就应以波的形式出现,按照简谐平面波的定义,可以假设电场强度的简谐平面波形式如下:

$$\boldsymbol{E}=\boldsymbol{E}_0\mathrm{e}^{\mathrm{j}(\boldsymbol{k}\cdot\boldsymbol{r}-\omega t)} \tag{3.1.17}$$

可求出简谐平面波电场强度的旋度、散度以及时间导数，如下：

$$\left.\begin{aligned}\nabla\times\boldsymbol{E}&=\mathrm{j}\boldsymbol{k}\times\boldsymbol{E}\\\nabla\cdot\boldsymbol{E}&=\mathrm{j}\boldsymbol{k}\cdot\boldsymbol{E}\\\partial\boldsymbol{E}/\partial t&=-\mathrm{j}\omega\boldsymbol{E}\end{aligned}\right\}\tag{3.1.18}$$

上式对电磁场的矢量 $\boldsymbol{D}$、矢量 $\boldsymbol{B}$ 和矢量 $\boldsymbol{H}$ 同样成立。

1. 亥姆霍兹方程

把式(3.1.17)代入波动方程，可得

$$\nabla^2\boldsymbol{E}-\frac{1}{v^2}\frac{\partial^2\boldsymbol{E}}{\partial t^2}=\mathbf{0}$$

因为$\nabla\cdot\boldsymbol{E}=\mathrm{j}\boldsymbol{k}\cdot\boldsymbol{E}$，$\partial\boldsymbol{E}/\partial t=-\mathrm{j}\omega\boldsymbol{E}$，所以$\nabla^2\boldsymbol{E}=\nabla\cdot\nabla\boldsymbol{E}=-k^2\boldsymbol{E}$，$\partial^2\boldsymbol{E}/\partial t^2=-\omega^2\boldsymbol{E}$，从而可得

$$\frac{1}{v^2}\frac{\partial^2\boldsymbol{E}}{\partial t^2}=-\frac{\omega^2}{v^2}\boldsymbol{E}=-k^2\boldsymbol{E}$$

得到简谐平面波满足的波动方程，即

$$[\nabla^2+k^2]\boldsymbol{E}=\mathbf{0}\tag{3.1.19}$$

亥姆霍兹方程，其中：

$$k=\frac{\omega}{v}\tag{3.1.20}$$

因此，简谐平面波满足的波动方程化简为亥姆霍兹方程，式(3.1.20)给出了 k 与波速 v 的关系。

2. 电磁波的方向

类似式(3.1.18)的第二式，对矢量 $\boldsymbol{D}$ 和矢量 $\boldsymbol{B}$ 有如下表达式：

$$\left.\begin{aligned}\nabla\cdot\boldsymbol{D}&=\mathrm{j}\boldsymbol{k}\cdot\boldsymbol{D}\\\nabla\cdot\boldsymbol{B}&=\mathrm{j}\boldsymbol{k}\cdot\boldsymbol{B}\end{aligned}\right\}\tag{3.1.21}$$

由麦克斯韦方程组(3.1.5)得到

$$\left.\begin{aligned}\mathrm{j}\boldsymbol{k}\cdot\boldsymbol{D}&=0\\\mathrm{j}\boldsymbol{k}\cdot\boldsymbol{B}&=0\end{aligned}\right\}\tag{3.1.22}$$

当 $\boldsymbol{k}$、$\boldsymbol{D}$、$\boldsymbol{B}$ 不为零时，要使式(3.1.22)成立，则 $\boldsymbol{k}$ 与矢量 $\boldsymbol{D}$、矢量 $\boldsymbol{B}$ 必定垂直。又因为在各向同性空间中传播的电磁波矢量 $\boldsymbol{D}=\varepsilon\boldsymbol{E}$，$\boldsymbol{B}=\mu\boldsymbol{H}$，所以波矢量 $\boldsymbol{k}$ 同时也垂直于矢量 $\boldsymbol{E}$ 和矢量 $\boldsymbol{H}$。而波矢量 $\boldsymbol{k}$ 表示波传播时等相面的法线方向，即波传播的方向，所以我们可以得出结论：简谐平面电磁波在自由传播过程中，场矢量都垂直于波传播方向，即电磁波是横波。

把式(3.1.18)的第一式代入式(3.1.5)的第二式得到

$$\mathrm{j}\boldsymbol{k}\times\boldsymbol{E}=-\mu\partial\boldsymbol{H}/\partial t=\mathrm{j}\omega\boldsymbol{B}$$

这里，波矢量大小 $k=\omega/v=\omega\sqrt{\varepsilon\mu}$，$\boldsymbol{k}$ 方向单位矢量为 $\boldsymbol{k}_0$，所以有

$$\boldsymbol{B}=\frac{1}{\omega}k\boldsymbol{k}_0\times\boldsymbol{E}=\sqrt{\varepsilon\mu}\boldsymbol{k}_0\times\boldsymbol{E}\tag{3.1.23}$$

其中：矢量 $\boldsymbol{B}$、矢量 $\boldsymbol{k}$、矢量 $\boldsymbol{E}$ 满足右手法则。

3. 电磁波速

由于 $\boldsymbol{B}$、$\boldsymbol{E}$、$\boldsymbol{k}$ 互相垂直，所以由式(3.1.23)可得

$$\frac{\boldsymbol{E}}{\boldsymbol{B}}=\frac{1}{\sqrt{\varepsilon\mu}}=v \tag{3.1.24}$$

即矢量 $\boldsymbol{E}$ 要比矢量 $\boldsymbol{B}$ 大波速倍。所以，当把光波看成是电磁波时，光的电场振动 $\boldsymbol{E}$ 要比磁场振动 $\boldsymbol{B}$ 大光速倍，故通常分析光传播时，在不影响一般性的情况下，以矢量 $\boldsymbol{E}$ 表示整个光振动矢量。

另外，由式(3.1.23)还可以得出

$$\boldsymbol{H}=\sqrt{\varepsilon/\mu}\boldsymbol{k}_0\times\boldsymbol{E}=\sqrt{\varepsilon_0/\mu_0}\,n\boldsymbol{k}_0\times\boldsymbol{E} \tag{3.1.25}$$

其中：n 是光通过介质时的折射率。式(3.1.25)表示了光振动中的矢量 $\boldsymbol{H}$ 与矢量 $\boldsymbol{E}$ 的关系，今后要常用到这个关系。

3.1.3 电磁波能量

1. 电磁场做功表示

电磁波既然是物质，它就应该有自己的能量。假定能量密度(单位体积中的能量)是 w，其中的电场能量密度是 w_e，磁场能量密度是 w_m。如果把能量传递看成能量流动，即能流，则定义能流密度矢量为 $\boldsymbol{S}$，其大小等于单位时间内沿法线方向穿过单位面积的能量，其方向即为能流的流动方向。因此，单位时间内进入闭合曲面的电磁场能量(见图 3.1)是

$$-\oint_s \boldsymbol{S}\cdot \mathrm{d}s \tag{3.1.26}$$

式(3.1.26)是曲面积分，积分号下标 s 表示对闭合曲面表面积分，负号表示能流方向与曲面法线方向相反。

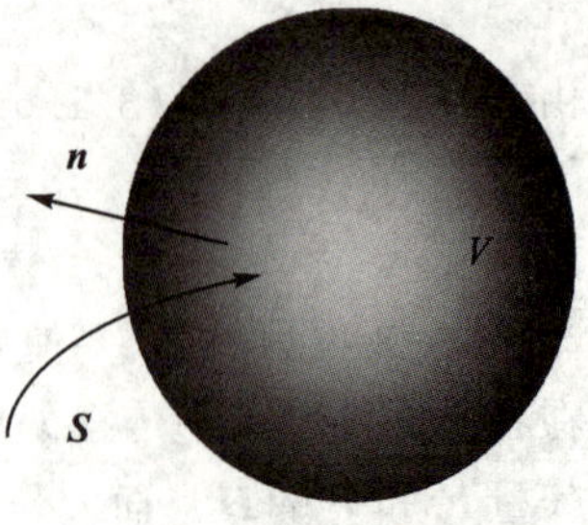

图 3.1 进入闭合曲面的能流

单位时间内电磁场对单位正电荷做的功，即功率为 $\boldsymbol{f}\cdot\boldsymbol{v}$，其中，$\boldsymbol{v}$ 是电荷运动速度，场力 $\boldsymbol{f}$ 是电场力和磁场力之和，即 $\boldsymbol{f}=\boldsymbol{f}_e+\boldsymbol{f}_m$，电荷密度为 ρ_e，由库仑定律和洛伦茨定律可知：

$$\boldsymbol{f}_e=\rho_e\boldsymbol{E},\quad \boldsymbol{f}_m=\rho_e\boldsymbol{v}\times\boldsymbol{B}$$

所以，单位时间内电磁场做功(功率)为

$$\boldsymbol{f}\cdot\boldsymbol{v}=(\rho_e\boldsymbol{E}+\rho_e\boldsymbol{v}\times\boldsymbol{B})\cdot\boldsymbol{v}=\rho_e\boldsymbol{E}\cdot\boldsymbol{v}=\boldsymbol{J}\cdot\boldsymbol{E} \tag{3.1.27}$$

其中：$\boldsymbol{J}=\rho_e\boldsymbol{E}$，是场的电流密度矢量。

2. 连续性方程

如图 3.1 所示，单位时间内有能流穿过曲面进入体积为 V 的任意闭合曲面，根据能量守恒定律可知，进入闭合曲面的能量应该等于此曲面内电磁场能的增加以及

电磁场做的功。利用式(3.1.26)可得

$$-\oint_s \boldsymbol{S}\cdot \mathrm{d}\boldsymbol{s}=\frac{\mathrm{d}}{\mathrm{d}t}\int_V w\,\mathrm{d}V+\int_V \boldsymbol{f}\cdot\boldsymbol{v}\,\mathrm{d}V \tag{3.1.28}$$

上式右边的积分是对曲面所包围的空间体积分,如上分析,右边第一项表示电磁场能量的增加,第二项表示场做功,利用式(3.1.27),右边两项可以写为

$$\frac{\mathrm{d}}{\mathrm{d}t}\int_V w\,\mathrm{d}V=\int_V \frac{\partial w}{\partial t}\mathrm{d}V,\qquad \int_V \boldsymbol{f}\cdot\boldsymbol{v}\,\mathrm{d}V=\int_V \boldsymbol{J}\cdot\boldsymbol{E}\mathrm{d}V$$

所以,式(3.1.28)可以改写为

$$-\oint_s \boldsymbol{S}\cdot \mathrm{d}\boldsymbol{s}=\int_V \frac{\partial w}{\partial t}\mathrm{d}V+\int_V \boldsymbol{J}\cdot\boldsymbol{E}\mathrm{d}V \tag{3.1.29}$$

由数学上的高斯(Gauss)公式可得式(3.1.29)的左边为

$$-\oint_s \boldsymbol{S}\cdot \mathrm{d}\boldsymbol{s}=-\int_V \nabla\cdot\boldsymbol{S}\mathrm{d}V \tag{3.1.30}$$

式(3.1.29)可以写成

$$-\int_V \nabla\cdot\boldsymbol{S}\mathrm{d}V=\int_V \frac{\partial w}{\partial t}\mathrm{d}V+\int_V \boldsymbol{J}\cdot\boldsymbol{E}\mathrm{d}V \tag{3.1.31}$$

由于积分是对空间任意体积分,故上式成立的条件是

$$-\nabla\cdot\boldsymbol{S}=\frac{\partial w}{\partial t}+\boldsymbol{J}\cdot\boldsymbol{E} \tag{3.1.32}$$

式(3.1.32)称为电磁场连续性方程,它其实是能量守恒定律的表达。

3. 坡印亭定理

对麦克斯韦方程组中的第一方程,两边作用电场 $\boldsymbol{E}$,可得

$$\boldsymbol{E}\cdot(\nabla\times\boldsymbol{H})=\boldsymbol{J}\cdot\boldsymbol{E}+\boldsymbol{E}\cdot\frac{\partial\boldsymbol{D}}{\partial t} \tag{3.1.33}$$

利用数学关系展开式(3.1.33)左边,可得

$$\boldsymbol{E}\cdot(\nabla\times\boldsymbol{H})=-\nabla\cdot(\boldsymbol{E}\times\boldsymbol{H})+\boldsymbol{H}\cdot(\nabla\times\boldsymbol{E}) \tag{3.1.34}$$

由于$\nabla\times\boldsymbol{E}=-\partial\boldsymbol{B}/\partial t$,所以式(3.1.33)可以写成

$$-\nabla\cdot(\boldsymbol{E}\times\boldsymbol{H})-\boldsymbol{H}\cdot\frac{\partial\boldsymbol{B}}{\partial t}=\boldsymbol{E}\cdot\frac{\partial\boldsymbol{D}}{\partial t}+\boldsymbol{J}\cdot\boldsymbol{E}$$

移项后

$$-\nabla\cdot(\boldsymbol{E}\times\boldsymbol{H})=\boldsymbol{E}\cdot\frac{\partial\boldsymbol{D}}{\partial t}+\boldsymbol{H}\cdot\frac{\partial\boldsymbol{B}}{\partial t}+\boldsymbol{J}\cdot\boldsymbol{E} \tag{3.1.35}$$

式(3.1.35)称为坡印亭(Poynting)定理。

与式(3.1.32)对比可以得出

$$\boldsymbol{S}=\boldsymbol{E}\times\boldsymbol{H} \tag{3.1.36}$$

即得到电磁波的能流密度矢量的计算公式,也称为坡印亭矢量。电磁波的能流方向垂直于电场强度和磁场强度。同时,我们还得到电磁波能量密度对时间的变化率,即

$$\frac{\partial w}{\partial t} = \boldsymbol{E} \cdot \frac{\partial \boldsymbol{D}}{\partial t} + \boldsymbol{H} \cdot \frac{\partial \boldsymbol{B}}{\partial t} \tag{3.1.37}$$

4. 各向同性空间中电磁波能量

由于各向同性空间中有 $\boldsymbol{D}=\varepsilon\boldsymbol{E}$，$\boldsymbol{B}=\mu\boldsymbol{H}$，将其代入式(3.1.37)，有

$$\frac{\partial w}{\partial t} = \frac{1}{2}\frac{\partial(\boldsymbol{E} \cdot \boldsymbol{D})}{\partial t} + \frac{1}{2}\frac{\partial(\boldsymbol{H} \cdot \boldsymbol{B})}{\partial t}$$

所以，能得到各向同性空间中电磁波能量密度为

$$w = \frac{1}{2}(\boldsymbol{E} \cdot \boldsymbol{D} + \boldsymbol{H} \cdot \boldsymbol{B}) \tag{3.1.38}$$

由此可得，电场和磁场的能量密度分别为

$$\left.\begin{aligned} w_{\mathrm{e}} &= \frac{1}{2}\boldsymbol{E} \cdot \boldsymbol{D} = \frac{\varepsilon}{2}E^2 \\ w_{\mathrm{m}} &= \frac{1}{2}\boldsymbol{H} \cdot \boldsymbol{B} = \frac{\mu}{2}H^2 \end{aligned}\right\} \tag{3.1.39}$$

5. 简谐平面电磁波的能量

利用在各向同性空间传播的简谐平面波，可以简单地证明式(3.1.39)中的两式相等，即

$$w_{\mathrm{e}} = \frac{\varepsilon}{2}E^2 = \frac{\mu}{2}H^2 = w_{\mathrm{m}} \tag{3.1.40}$$

即电场能量密度等于磁场能量密度。

把简谐波中不含时间的振幅部分用 $\boldsymbol{E}_0$ 和 $\boldsymbol{H}_0$ 表示，并按实部与虚部展开，可得

$$\left.\begin{aligned} \boldsymbol{E} &= (\boldsymbol{E}_{0\mathrm{r}} + \mathrm{j}\boldsymbol{E}_{0\mathrm{i}})\mathrm{e}^{\mathrm{j}\omega t} = (\boldsymbol{E}_{0\mathrm{r}} + \mathrm{j}\boldsymbol{E}_{0\mathrm{i}})(\cos\omega t + \mathrm{j}\sin\omega t) \\ \boldsymbol{H} &= (\boldsymbol{H}_{0\mathrm{r}} + \mathrm{j}\boldsymbol{H}_{0\mathrm{i}})\mathrm{e}^{\mathrm{j}\omega t} = (\boldsymbol{H}_{0\mathrm{r}} + \mathrm{j}\boldsymbol{H}_{0\mathrm{i}})(\cos\omega t + \mathrm{j}\sin\omega t) \end{aligned}\right\} \tag{3.1.41}$$

物理上通常用 $\langle A\rangle$ 表示对 A 求时间平均值，通过简单计算得到简谐平面波的能流密度为

$$\langle \boldsymbol{S}\rangle = \langle \boldsymbol{E} \times \boldsymbol{H}\rangle = \frac{1}{2}\mathrm{Re}(\boldsymbol{E} \times \boldsymbol{H}^*) = \frac{1}{2}\mathrm{Re}(\boldsymbol{E}_0 \times \boldsymbol{H}_0^*) \tag{3.1.42}$$

得到上式时利用了以下关系式：

$$\langle \sin\omega t\rangle = \langle \cos\omega t\rangle = 0, \quad \langle \sin^2\omega t\rangle = \langle \cos^2\omega t\rangle = 1/2 \tag{3.1.43}$$

因为光就是电磁波，所以从式(3.1.36)可以看到光的能量传播方向 $\boldsymbol{S}$ 垂直于 $\boldsymbol{E}$ 和 $\boldsymbol{H}$，从式(3.1.22)还可以得到光的传播方向 $\boldsymbol{k}$ 垂直于 $\boldsymbol{D}$ 和 $\boldsymbol{B}$。只有在各向同性的介质里传播，光的传播方向(等相面法线方向)才能与能流方向一致。

由于世界上任何一种光学观测仪器观察到的都是光在一定时间内的平均光能量，因此，通常定义平均光能流密度大小为光强度，用 I 表示，经简单计算可得

$$I = |\langle \boldsymbol{S}\rangle| = \frac{1}{2}\sqrt{\frac{\varepsilon}{\mu}}\,|\boldsymbol{E}_0|^2 = \frac{1}{2}\sqrt{\frac{\varepsilon_0}{\mu_0}}n\,|\boldsymbol{E}_0|^2 \propto n\,|\boldsymbol{E}_0|^2 \tag{3.1.44}$$

从式(3.1.44)可以看出，光强度正比于光振动振幅的平方。

3.2　光在无吸收介质中的反射与透射

3.2.1　反射与透射

利用上节的结论，我们可以讨论一束光投射到无吸收介质表面被反射和透射(折射)的现象，如图 3.2 所示。当强度为 I 的光入射到无吸收介质表面并被反射和透射时，入射、反射以及透射的光强度及角度表示如图 3.2(a)所示。当考虑入射光横截面(见图 3.2(b))时，单位时间内入射到面积为 A 的介质表面的光能量是

$$I_i = IA\cos\theta_i = n_1 |E_i|^2 A\cos\theta_i \tag{3.2.1}$$

其中：n_1 和 E_i 分别是入射空间的介质折射率和入射光振幅，对于反射光和透射光也有类似的表达。

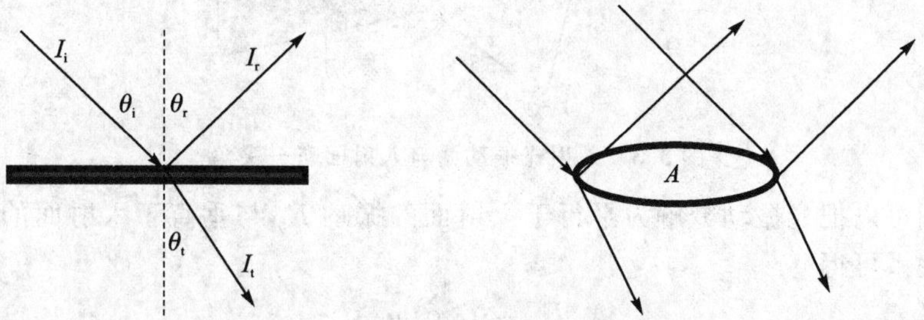

(a) 简　图　　(b) 考虑光截面积

图 3.2　光的入射和反射

由于是无吸收介质，所以有

$$I_i = I_r + I_t \tag{3.2.2}$$

定义光在介质表面的反射率和透射率，并代入上式，可以得到光在介质表面的反射率和透射率与光振幅的计算公式，即

$$\left.\begin{aligned} R &\equiv \frac{I_r}{I_i} = \frac{|E_r|^2}{|E_i|^2} = r^2 \\ T &\equiv \frac{I_t}{I_i} = \frac{n_2\cos\theta_t}{n_1\cos\theta_i}\frac{|E_t|^2}{|E_i|^2} = \frac{n_2\cos\theta_t}{n_1\cos\theta_i}t^2 \end{aligned}\right\} \tag{3.2.3}$$

其中：r 和 t 是反射系数和透射系数，分别定义为反射光振幅与入射光振幅的比，以及透射光振幅与入射光振幅的比；n_2 是透射空间介质的折射率。当然还有

$$R + T = 1$$

3.2.2　入射光振动与入射面的影响

3.2.1 小节只是从能量角度讨论了光在介质表面的透射和反射问题，并未考虑光振动的方向。如图 3.3 所示，入射光振动 $\boldsymbol{E}$ 与光入射面有一个夹角 α，并且在透射过程中此角度不发生变化。

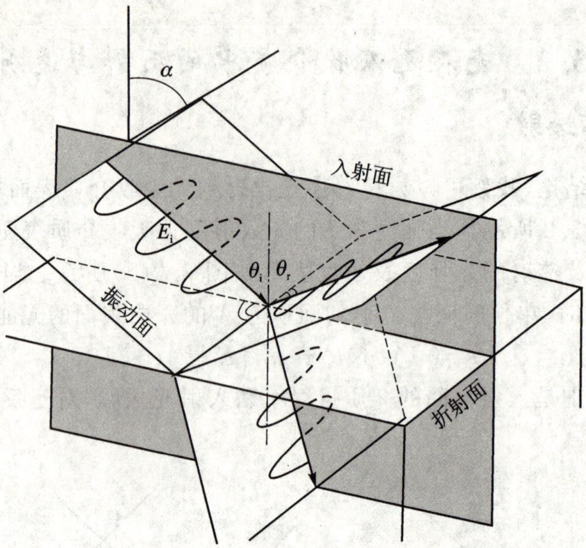

图 3.3　入射光振动面与入射面有一夹角

我们可以把光振动分解为平行于入射面的振动 E_p 与垂直于入射面的振动 E_s，由矢量关系可得

$$\left.\begin{aligned} E_p &= \boldsymbol{E}\cos\alpha \\ E_s &= \boldsymbol{E}\sin\alpha \\ \boldsymbol{E}^2 &= E_p^2 + E_s^2 \end{aligned}\right\} \tag{3.2.4}$$

由反射率公式(3.2.3)可得

$$R = \frac{|E_r|^2}{|E_i|^2} = \frac{|E_{rp}|^2 + |E_{rs}|^2}{|E_i|^2}$$

因为 $E_i = E_{ip}/\cos\alpha, E_i = E_{is}/\sin\alpha$，所以有

$$R = \frac{|E_{rp}|^2}{|E_{ip}|^2}\cos^2\alpha + \frac{|E_{rs}|^2}{|E_{is}|^2}\sin^2\alpha = r_p^2\cos^2\alpha + r_s^2\sin^2\alpha \tag{3.2.5}$$

同样，我们得到

$$T = \frac{n_2\cos\theta_t}{n_1\cos\theta_i}\frac{|E_t|^2}{|E_i|^2} = \frac{n_2\cos\theta_t}{n_1\cos\theta_i}\left(\frac{|E_{tp}|^2}{|E_{ip}|^2}\cos^2\alpha + \frac{|E_{rs}|^2}{|E_{is}|^2}\sin^2\alpha\right) = \frac{n_2\cos\theta_t}{n_1\cos\theta_i}(t_p^2\cos^2\alpha + t_s^2\sin^2\alpha) \tag{3.2.6}$$

3.3　光的偏振性

3.3.1　偏振光及起偏和检偏

1. 偏振光

光的偏振性即电磁波的极性问题，其物理意义在于从实验上证实了光是横波，这

点在前面介绍电磁波的特性时已经提到。具体到光的偏振性,可以从迎着光传播方向的横截面上研究光振动在某个方向上占优势的问题。比如说,光振动总是一些特定(不随时间变化)的形式,我们称之为完全偏振光,当这些形式随时间变化时就是不完全偏振光,因此就有了衡量光的偏振程度的问题,当光的偏振度等于 1 时,就定义其为完全偏振光。在完全偏振光中,当光振动总是沿着一个方向时(即光的振动面总是一个固定的平面时),我们称之为线偏振光(见图 3.4(a)),或平面偏振光;当光振动轨迹是一个椭圆时,我们称之为椭圆偏振光,如图 3.4(b)所示。

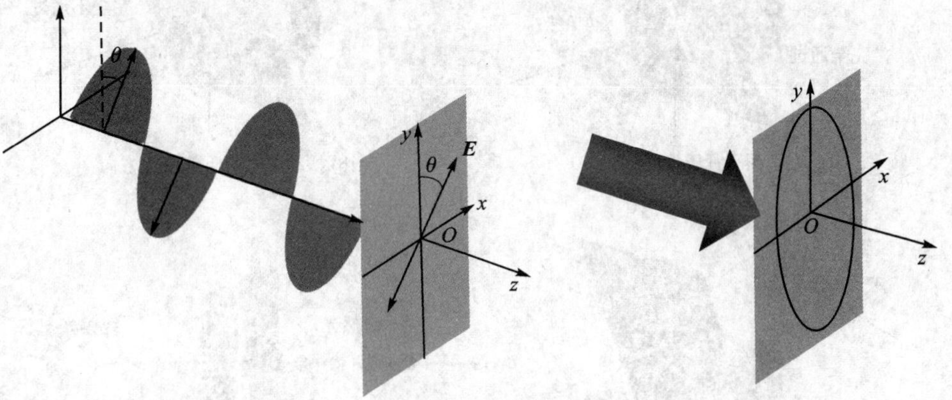

(a) 线偏振光　　(b) 椭圆偏振光

图 3.4　完全偏振光

为分析问题方便起见,这里采用简单的表示方法,把光振动分为在纸面内和垂直纸面两种,图 3.5(a)表示的是光振动面垂直于纸面,图 3.5(b)表示的是光振动面在纸面内,图 3.5(c)表示的是部分偏振光,图 3.5(d)表示的是自然光。

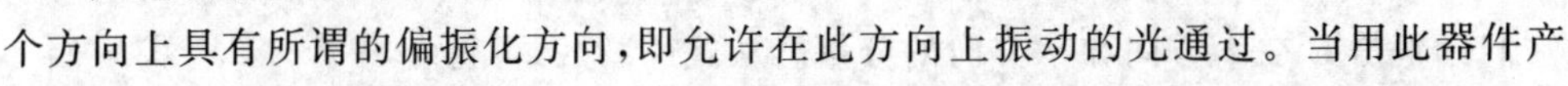

(a) 光振动面垂直于纸面　(b) 光振动面在纸面内　(c) 部分偏振光　(d) 自然光

图 3.5　各种光的简单表示方法

2. 晶片的起偏与检偏作用

产生偏振光最简单的方法是,利用晶体的某些特性将其做成晶片,这种器件在某个方向上具有所谓的偏振化方向,即允许在此方向上振动的光通过。当用此器件产生偏振光时,该器件就称为起偏器;当用它检测一束光是否为偏振光时,就称为检偏器。

如图 3.6(a)所示,光的振动面平行于检偏器的偏振化方向,故可以通过检偏器,此时测得的光强度等于原来入射光的强度。如图 3.6(b)所示,光的振动面垂直于晶片的偏振化方向,此时没有光通过检偏器,即测得的光强度为零。

当晶片的偏振化方向与入射线偏光振动面有一夹角 β 时(见图 3.6(c)),则通过晶片后仍是线偏振光，只是其强度 I 与入射光强度 I_i 的关系为 $I=I_i\cos^2\beta$。

当自然光通过晶片后（见图 3.6(d)），光就从非偏振光转变为完全偏振光，其强度应该是原先入射光的一半，即 $I=I_i/2$。

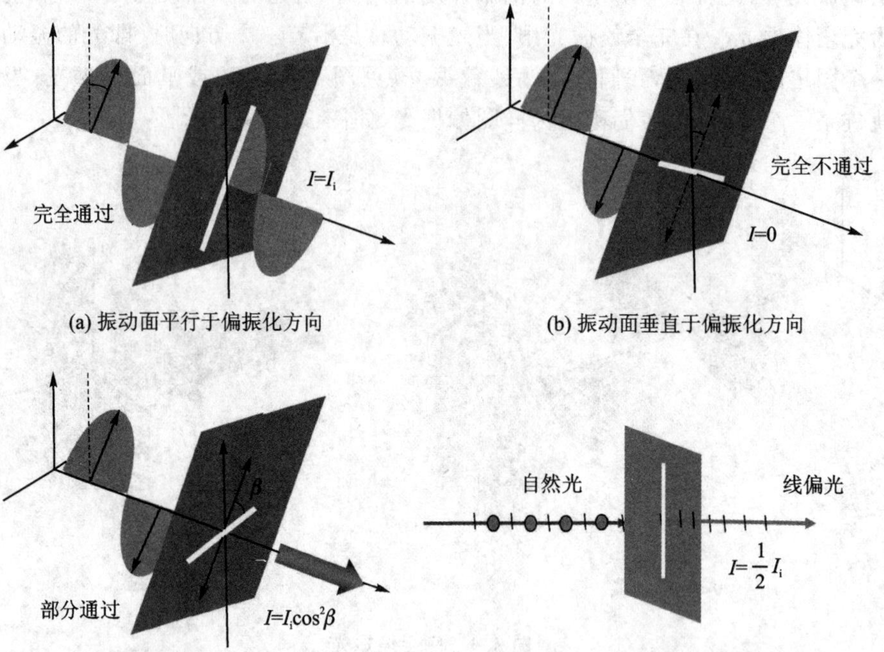

(a) 振动面平行于偏振化方向　(b) 振动面垂直于偏振化方向

(c) 振动面与偏振化方向有一定夹角　(d) 自然光经起偏器变为偏振光

图 3.6　偏振片检偏和起偏过程

3.3.2　完全偏振光分析

在不失一般性的情况下，以沿 z 轴传播的简谐平面波表示一束完全偏振光的光振动，即

$$\boldsymbol{E}=\boldsymbol{E}_0\mathrm{e}^{\mathrm{j}(kz-\omega t)}=E_x\boldsymbol{i}+E_y\boldsymbol{j} \tag{3.3.1}$$

其中：

$$E_x=E_{0x}\mathrm{e}^{\mathrm{j}(kz-\omega t)},\quad E_y=E_{0y}\mathrm{e}^{\mathrm{j}(kz-\omega t+\delta)} \tag{3.3.2}$$

它们分别是 $\boldsymbol{E}$ 在 x 方向和 y 方向的分量。从式(3.3.2)可得

$$\left(\frac{E_x}{E_{0x}}\right)^2+\left(\frac{E_y}{E_{0y}}\right)^2-2\left(\frac{E_x}{E_{0x}}\right)\left(\frac{E_y}{E_{0y}}\right)\cos\delta=\sin^2\delta,\quad -\pi<\delta<\pi \tag{3.3.3}$$

式(3.3.3)恰好是一个椭圆，如图 3.7 所示。因此，式(3.3.3)描述了一般椭圆偏振光，图 3.7 中的 α 用下式表示：

$$\alpha=\frac{1}{2}\arctan\left(\frac{2E_{0x}E_{0y}\cos\delta}{E_{0x}^2-E_{0y}^2}\right) \tag{3.3.4}$$

其中：当 $\alpha=0$ 时，表示一个正椭圆。

当 $\delta=m\pi$（m 是自然数）时，式(3.3.3)化简为 $E_x/E_y=(-1)^n E_{0x}/E_{0y}$，这是两条过原点的直线，即光振动的轨迹是直线，表示线偏振光。

当 $\delta=\pm\pi/2,\pm3\pi/2,\cdots,\alpha=0$ 时，式(3.3.3)化简为

$$\left(\frac{E_x}{E_{0x}}\right)^2+\left(\frac{E_y}{E_{0y}}\right)^2=1 \tag{3.3.5}$$

这是一个标准椭圆，当 $E_{0x}=E_{0y}=R$ 时，表示圆偏振光。

当 $\delta=\pi/2,3\pi/2,\cdots,\delta>0,\alpha=0$ 时，可得

$$\left.\begin{aligned} E_x &= E_{0x}\cos(kz-\omega t) \\ E_y &= -E_{0y}\sin(kz-\omega t) \end{aligned}\right\} \tag{3.3.6}$$

如果某时刻 t_0，$kz-\omega t_0=0$，则 $E_x=E_{0x}$，$E_y=0$。在 $t>t_0$ 以后，$kz-\omega t<0$，由式(3.3.6)可得 $E_x<E_{0x}$，$E_y>0$，所以随着时间 t 的增加，光振动合成点轨迹沿逆时针移动（见图 3.8），我们称之为左旋椭圆偏振光。

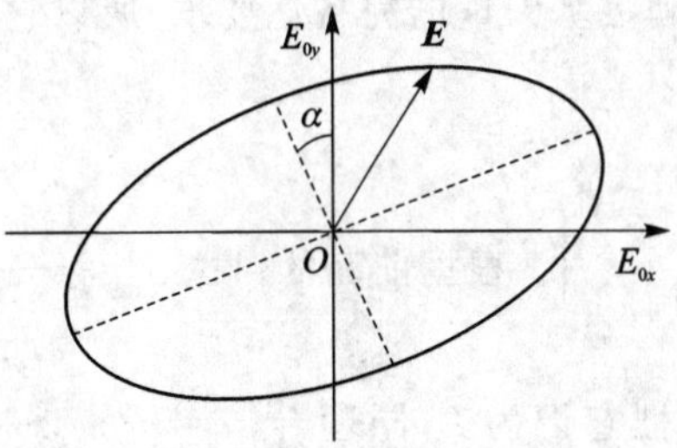

图 3.7　由光束横截面得到的椭圆轨迹

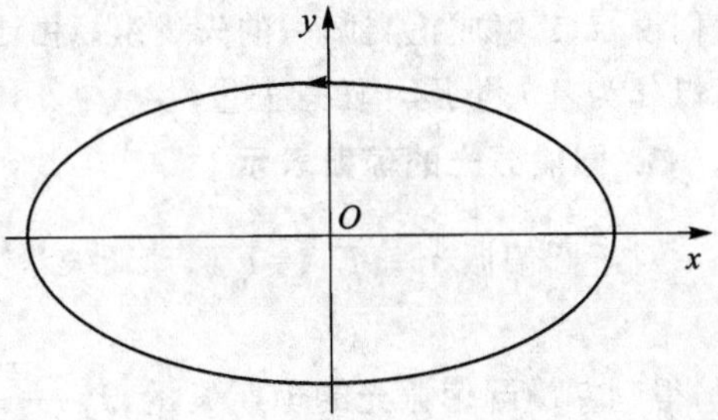

图 3.8　左旋椭圆偏振光

同理，当 $\delta<0$ 时，可以得到右旋椭圆偏振光。

需要注意，这里所说的左旋、右旋是指迎着光传播看去，合成光振动点的轨迹移动方向。当光振动相位用 $\omega t-kz$ 表示时，上述结论恰好相反。

3.3.3　偏振光的琼斯表示

1. 琼斯表示

如前所述，完全偏振光可以用式(3.3.6)表示。y 方向只比 x 方向多了一个相位 δ，因此，可以把光振动用矩阵方式表示为

$$\boldsymbol{E}=\begin{bmatrix} E_x \\ E_y \end{bmatrix}=\begin{bmatrix} E_{0x} \\ E_{0y}e^{j\delta} \end{bmatrix} \tag{3.3.7}$$

这种用矩阵表示偏振光分量的方式称为琼斯表示(Jones Express)。

另外，也可以用光振动振幅归一化的琼斯表示，即

$$\boldsymbol{J}=\frac{1}{\sqrt{E_{0x}^2+E_{0y}^2}}\begin{bmatrix} E_{0x} \\ E_{0y}e^{j\delta} \end{bmatrix}=\begin{bmatrix} \cos\theta \\ e^{j\delta}\sin\theta \end{bmatrix} \tag{3.3.8}$$

这种表示称为琼斯矢量(Jones Vector)。其中,

$$\cos\theta = \frac{E_{0x}}{\sqrt{E_{0x}^2 + E_{0y}^2}}, \qquad \sin\theta = \frac{E_{0y}}{\sqrt{E_{0x}^2 + E_{0y}^2}}$$

有了琼斯表示后,就可以把一束偏振光用它的琼斯矢量来描述,一束确定的偏振光就有一个特定的琼斯矢量对应,即一个特定的偏振态。

2. 线偏振光的琼斯表示

一束偏振沿 x 方向的偏振光琼斯矢量 $\boldsymbol{J}=\begin{bmatrix}1\\0\end{bmatrix}(E_y=0)$,同理,可以得到偏振沿 y 方向的偏振光琼斯矢量 $\boldsymbol{J}=\begin{bmatrix}0\\1\end{bmatrix}$。当 x 方向的琼斯矢量记为 $\boldsymbol{X}$,y 方向的记为 $\boldsymbol{Y}$ 时,则有以下性质:

$\boldsymbol{X}\cdot\boldsymbol{Y}^*=\begin{bmatrix}1\\0\end{bmatrix}[0\quad 1]=0$,两矢量正交;$\boldsymbol{X}\cdot\boldsymbol{X}^*=\boldsymbol{Y}\cdot\boldsymbol{Y}^*=1$,两矢量归一。所以,我们说 $\boldsymbol{X}$、$\boldsymbol{Y}$ 组成正交归一的矢量组。由于它们满足基矢量的完备性要求,所以它们可以作为基矢量展开任意矢量。

3. 圆偏振光的琼斯表示

对于圆偏振光有 $E_{0x}=E_{0y}$,琼斯矢量 $\boldsymbol{J}=\frac{1}{\sqrt{2}}\begin{bmatrix}1\\e^{j\delta}\end{bmatrix}$。根据前面的讨论,当 $\delta=\pi/2$ 时,得到左旋圆偏振光的琼斯矢量,$\boldsymbol{J}=\frac{1}{\sqrt{2}}\begin{bmatrix}1\\j\end{bmatrix}$,把它记为 $\boldsymbol{L}$;同理,当 $\delta=-\pi/2$ 时,得到右旋圆偏振光的琼斯矢量,$\boldsymbol{J}=\frac{1}{\sqrt{2}}\begin{bmatrix}1\\-j\end{bmatrix}$,记为矢量 $\boldsymbol{R}$。

类似的可以验证矢量 $\boldsymbol{L}$ 和 $\boldsymbol{R}$ 满足正交归一条件,即

$$\boldsymbol{L}\cdot\boldsymbol{R}^* = \boldsymbol{R}\cdot\boldsymbol{L}^* = 0, \quad \boldsymbol{L}\cdot\boldsymbol{L} = \boldsymbol{R}\cdot\boldsymbol{R}^* = 1$$

因此,它们也构成了正交归一矢量组,在满足完备性条件下,它们也可以作为矢量空间的基本矢量展开任意偏振态矢量。

4. 任意偏振态的展开

对于任意偏振态,可以用偏振态矢量 $\boldsymbol{E}_p$ 描述,就像矢量在笛卡儿坐标系展开一样,我们可以借用上面的基矢量组在不同的空间展开,即

$$\boldsymbol{E}_p = E_x\boldsymbol{X} + E_y\boldsymbol{Y} = E_L\boldsymbol{L} + E_R\boldsymbol{R} \tag{3.3.9}$$

其中:E_x、E_y 是偏振态在 $\boldsymbol{X}-\boldsymbol{Y}$ 空间的展开系数,或称为在 $\boldsymbol{X}-\boldsymbol{Y}$ 表象的表示,而 E_L、E_R 称为任意偏振态 $\boldsymbol{E}_p$ 在 $\boldsymbol{L}-\boldsymbol{R}$ 表象中的表示,所以有

$$\boldsymbol{E}_p = E_x\begin{bmatrix}1\\0\end{bmatrix} + E_y\begin{bmatrix}0\\1\end{bmatrix} = E_L\frac{1}{\sqrt{2}}\begin{bmatrix}1\\j\end{bmatrix} + E_R\frac{1}{\sqrt{2}}\begin{bmatrix}1\\-j\end{bmatrix} \tag{3.3.10}$$

也可以简单写为

$$\boldsymbol{E}_{\mathrm{p}}=\begin{bmatrix}E_x\\E_y\end{bmatrix}\equiv E_{x\text{-}y}\quad 和\quad \boldsymbol{E}_{\mathrm{p}}=\begin{bmatrix}E_L\\E_R\end{bmatrix}\equiv E_{L\text{-}R}\tag{3.3.11}$$

而从 $\boldsymbol{X}-\boldsymbol{Y}$ 表象到 $\boldsymbol{L}-\boldsymbol{R}$ 表象的变换可以写成

$$E_{x\text{-}y}=\boldsymbol{F}E_{L\text{-}R}\tag{3.3.12}$$

其中的变换矩阵 $\boldsymbol{F}$ 称为表象变换矩阵，通过简单运算可以得到

$$\boldsymbol{F}=\frac{1}{\sqrt{2}}\begin{bmatrix}1&1\\-\mathrm{j}&\mathrm{j}\end{bmatrix}\tag{3.3.13}$$

还可以证明表象变换矩阵(3.3.13)满足么正变换，即

$$\boldsymbol{F}^{+}=\boldsymbol{F}^{-1}\tag{3.3.14}$$

5. 偏振态之间的变换

一束偏振光经过偏振器后，它的偏振态若发生改变，这时偏振器起到偏振状态改变的作用，即状态变换。偏振光 $\boldsymbol{E}_{\mathrm{in}}$ 经过偏振器后，变成偏振光 $\boldsymbol{E}_{\mathrm{out}}$，即

$$\boldsymbol{E}_{\mathrm{out}}=\boldsymbol{J}\boldsymbol{E}_{\mathrm{in}}\tag{3.3.15}$$

其中：

$$\boldsymbol{E}_{\mathrm{out}}=\begin{bmatrix}E_{x\mathrm{out}}\\E_{y\mathrm{out}}\end{bmatrix},\quad \boldsymbol{E}_{\mathrm{in}}=\begin{bmatrix}E_{x\mathrm{in}}\\E_{y\mathrm{in}}\end{bmatrix},\quad \boldsymbol{J}=\begin{bmatrix}p_{11}&p_{12}\\p_{21}&p_{22}\end{bmatrix}$$

其中：变换矩阵 $\boldsymbol{J}$ 称为琼斯矩阵(Jones Matrix)。当我们知道琼斯矩阵后，偏振光的状态变化就被完全掌握了。

例如，一个偏振器输出的 Y 分量比输入的 Y 分量滞后 δ，即 $\boldsymbol{E}_{x\mathrm{out}}=E_{x\mathrm{in}}$，$E_{y\mathrm{out}}=E_{y\mathrm{in}}\mathrm{e}^{-\mathrm{j}\delta}$，则写成矩阵表示为

$$\begin{bmatrix}E_{x\mathrm{out}}\\E_{y\mathrm{out}}\end{bmatrix}=\begin{bmatrix}1&0\\0&\mathrm{e}^{-\mathrm{j}\delta}\end{bmatrix}\begin{bmatrix}E_{x\mathrm{in}}\\E_{y\mathrm{in}}\end{bmatrix}$$

所以这个偏振器的琼斯矩阵是

$$\boldsymbol{J}=\begin{bmatrix}1&0\\0&\mathrm{e}^{-\mathrm{j}\delta}\end{bmatrix}$$

如果在输入和输出之间有 n 个偏振器，则最终的输出偏振态为

$$\boldsymbol{E}_{\mathrm{out}}=\boldsymbol{J}_n\boldsymbol{J}_{n-1}\cdots\boldsymbol{J}_1\boldsymbol{E}_{\mathrm{in}}=\boldsymbol{J}\boldsymbol{E}_{\mathrm{in}}\tag{3.3.16}$$

即最终的琼斯矩阵是 n 个偏振器琼斯矩阵的乘积：

$$\boldsymbol{J}=\boldsymbol{J}_1\boldsymbol{J}_2\cdots\boldsymbol{J}_{n-1}\boldsymbol{J}_n\tag{3.3.17}$$

3.3.4　斯托克斯参数和庞加莱球表示

1. 斯托克斯参数表示及偏振度

我们还可以采用另一种方式来研究偏振光，即斯托克斯参数(Stokes Parameter)法。这里的参数分别以 S_0、S_1、S_2、S_3 表示，用这些参数可以构成所谓的斯托克斯矢量(Stokes Vector)，定义

$$\left.\begin{aligned} S_0 &= \langle |E_x|^2 \rangle + \langle |E_y|^2 \rangle \\ S_1 &= \langle |E_x|^2 \rangle - \langle |E_y|^2 \rangle \\ S_2 &= \langle 2E_xE_y\cos\delta \rangle \\ S_3 &= \langle 2E_xE_y\sin\delta \rangle \end{aligned}\right\} \tag{3.3.18}$$

其中：δ 是 x 方向与 y 方向的相位差。

从以上定义可以看出，$S_0=\langle |E_x|^2\rangle+\langle |E_y|^2\rangle=I$，即等于光强度。对于自然光可以得到 $S_0=I,S_1=0,S_2=0,S_3=0$；对于 x 方向的偏振光可以得到 $S_0=I,S_1=I,S_2=0,S_3=0$；对于左旋圆偏振光($\delta=\pi/2$)可以得到 $S_0=I,S_1=0,S_2=0,S_3=I$。如果用 S_0 归一化所有参数，则根据定义很容易得到下列各光的斯托克斯矢量：自然光的为$\begin{bmatrix}1\\0\\0\\0\end{bmatrix}$，$X$ 偏振光的为$\begin{bmatrix}1\\1\\0\\0\end{bmatrix}$，$Y$ 偏振光的为$\begin{bmatrix}1\\-1\\0\\0\end{bmatrix}$，左旋偏振光的为$\begin{bmatrix}1\\0\\0\\1\end{bmatrix}$，右旋偏振光的为$\begin{bmatrix}1\\0\\0\\-1\end{bmatrix}$。

采用斯托克斯参数法，我们还可以表示部分偏振光，即部分偏振光的斯托克斯矢量是$\begin{bmatrix}1\\S_1/S_0\\0\\0\end{bmatrix}$。因此，斯托克斯参数法比琼斯表示更普遍。

定义偏振度(Degree of Polarization)为

$$P=\frac{1}{S_0}\sqrt{\sum_{i=1}^{3}S_i^2}=\begin{cases}1,\text{完全偏振}\\ S_1/S_0<1,\text{部分偏振}\end{cases} \tag{3.3.19}$$

它用于描述一束光的偏振化程度。

2. 偏振态的改变

与琼斯表示一样，偏振态也可以用斯托克斯矢量表示，通过偏振器改变光的偏振态，输出偏振器光的偏振态 $\boldsymbol{S}_{\text{out}}$ 与输入偏振器光的偏振态 $\boldsymbol{S}_{\text{in}}$ 之间满足

$$\boldsymbol{S}_{\text{out}}=\boldsymbol{M}\boldsymbol{S}_{\text{in}} \tag{3.3.20}$$

其中：变换矩阵 $\boldsymbol{M}$ 称为缪勒矩阵(Muller Matrix)，即

$$\boldsymbol{M}=\begin{bmatrix} m_{11} & m_{12} & m_{13} & m_{14} \\ m_{21} & m_{22} & m_{23} & m_{24} \\ m_{31} & m_{32} & m_{33} & m_{34} \\ m_{41} & m_{42} & m_{43} & m_{44} \end{bmatrix} \tag{3.3.21}$$

例如，延迟器 Δ：$E_{x\mathrm{out}}=E_{x\mathrm{in}}=a_x$，$E_{y\mathrm{out}}=E_{y\mathrm{in}}=a_y$，$\delta_{\mathrm{out}}=\delta_{\mathrm{in}}-\Delta$，可以求出输入端的斯托克斯参数：

$$\left.\begin{aligned} S_{0\mathrm{in}} &= a_x^2+a_y^2 \\ S_{1\mathrm{in}} &= a_x^2-a_y^2 \\ S_{2\mathrm{in}} &= 2a_xa_y\cos\delta_{\mathrm{in}} \\ S_{3\mathrm{in}} &= 2a_xa_y\sin\delta_{\mathrm{in}} \end{aligned}\right\} \tag{3.3.22}$$

输出端的斯托克斯参数：

$$\left.\begin{aligned} S_{0\mathrm{out}} &= a_x^2+a_y^2=S_{0\mathrm{in}} \\ S_{1\mathrm{out}} &= a_x^2-a_y^2=S_{1\mathrm{in}} \\ S_{2\mathrm{out}} &= 2a_xa_y\cos(\delta_{\mathrm{in}}-\Delta)=S_{2\mathrm{in}}\cos\Delta+S_{3\mathrm{in}}\sin\Delta \\ S_{3\mathrm{out}} &= 2a_xa_y\sin(\delta_{\mathrm{in}}-\Delta)=-S_{2\mathrm{in}}\sin\Delta+S_{3\mathrm{in}}\cos\Delta \end{aligned}\right\} \tag{3.3.23}$$

根据定义，得到缪勒矩阵为

$$\boldsymbol{M}=\begin{bmatrix} 1 & 0 & 0 & 0 \\ 0 & 1 & 0 & 0 \\ 0 & 0 & \cos\Delta & \sin\Delta \\ 0 & 0 & -\sin\Delta & \cos\Delta \end{bmatrix} \tag{3.3.24}$$

将斯托克斯参数与琼斯表示相比可以看到，它们都是实数，但斯托克斯参数是用振幅的乘积表示的，如 S_0 表示光强度，这样便于测量。另外，斯托克斯参数可以表示部分偏振光。

3. 庞加莱球表示

如果是完全偏振光，则 x 方向与 y 方向光振动的相位差 δ 不随时间变化，根据定义式(3.3.18)，斯托克斯参数之间满足以下关系：

$$S_0^2=S_1^2+S_2^2+S_3^2 \tag{3.3.25}$$

庞加莱(H. Poincare)提出分别以 S_1、S_2、S_3 为轴，以 S_0 为半径的球——庞加莱球(Poincare Sphere)来表示偏振光。球面上任一点都可以表示一个完全偏振态，球内对应部分偏振光如图 3.9 所示。其中，θ 是椭圆方位角($0\leqslant\theta\leqslant\pi$)，$\beta$ 是椭圆率角($-\pi/4\leqslant\beta\leqslant\pi/4$)。可以证明(见习题)过球心的直线与球面相交的两个点，它们的偏振态矢量互为正交。

若以 θ 和 β 表示球上各点，例如，当 $E_x=a_x$，$E_y=a_y$ 时，根据 $S_0=a_x^2+a_y^2$ 求得

$$S_1=S_0\cos 2\beta\cos 2\theta$$

$$S_2=S_0\cos 2\beta\sin 2\theta$$

$$S_3=2a_xa_y\sin\delta=2a_xa_y\frac{\sin 2\beta}{\sin 2\alpha}=\frac{2a_xa_y\sin 2\beta}{2\sin\alpha\cos\alpha}=$$

$$(a_x^2+a_y^2)\sin 2\beta=S_0\sin 2\beta$$

庞加莱球上的北极点表示左旋圆偏振光，北半球上各点($\beta<\pi/4$)都是左旋偏振光($\delta>0$，$S_3>0$)；南半球上各点($-\pi/4<\beta$)都是右旋偏振光($\delta<0$，$S_3<0$)，南极点是

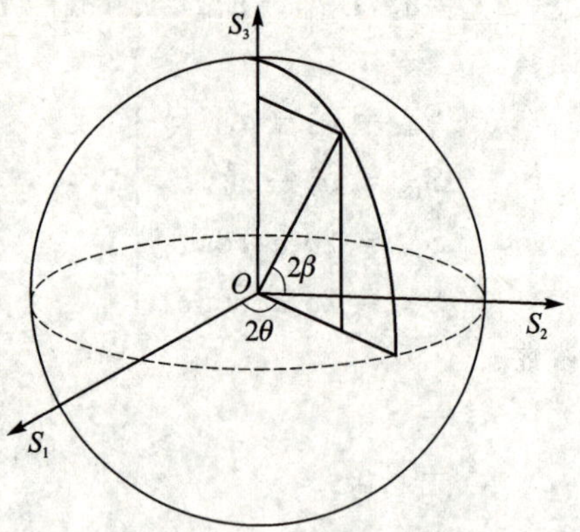

图 3.9　偏振光庞加莱球表示

右旋圆偏振光；而赤道上各点($\beta=0$)表示线偏振光，如 S_1 轴与球面交点表示 x 方向的平面偏振光。

思考题

3-1　证明电磁场平均能流密度：

$$\langle \boldsymbol{S} \rangle = \frac{1}{2}\mathrm{Re}(\boldsymbol{E}^* \times \boldsymbol{H})$$

3-2　证明表象变换：

$$\boldsymbol{F} = \frac{1}{\sqrt{2}}\begin{bmatrix} 1 & 1 \\ -\mathrm{j} & \mathrm{j} \end{bmatrix}$$

并且变换是么正变换，即满足 $\boldsymbol{F}^{+}=\boldsymbol{F}^{-1}$。

3-3　证明过庞加莱球心的直线与球面相交的两个点的偏振态矢量相互正交。

提示：

两点间距：

$$(S_{12}-S_{11})^2+(S_{22}-S_{21})^2+(S_{32}-S_{31})^2=(2S_0)^2$$

$$S_{11}^2+S_{21}^2+S_{31}^2=S_{12}^2+S_{22}^2+S_{32}^2=S_0^2$$

两点偏振态正交矢量：

$$S_0^2+S_{11}S_{12}+S_{21}S_{22}+S_{31}S_{32}=0$$

第4章　表面光学

光在介质表面传播时，由于介质的不同，引起了光传播的改变，本章主要讨论这些改变。这里的论述都假定表面上无宏观电荷及电荷移动，即 $\sigma_e=0, J=0$。

4.1　光在不同介质表面的传播

4.1.1　边界条件

如图 4.1 所示，电场 $\boldsymbol{E}$ 通过图中介质面（法线方向是 $\boldsymbol{n}$），它在法线方向的投影是 E_n，在切向（平行于表面）的投影是 E_t，所以电场的法向量是 E_n，切向量是 E_t，数学表达式为

$$\left.\begin{aligned}\boldsymbol{n}\cdot\boldsymbol{E}&=E\cos\theta=E_n\\|\boldsymbol{n}\times\boldsymbol{E}|&=E\sin\theta=E_t\end{aligned}\right\}\tag{4.1.1}$$

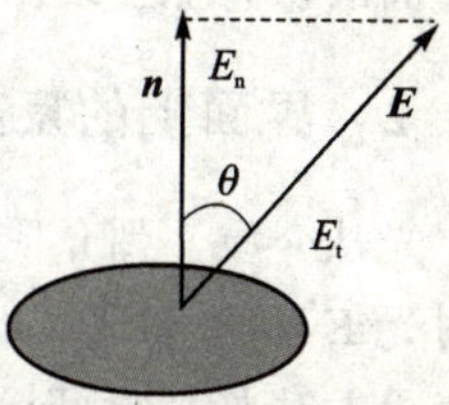

图 4.1　穿过表面的电场

光从介质 1 穿过表面 S 到介质 2，其中的电位移矢量如图 4.2(a)所示。由于 $\nabla\cdot\boldsymbol{D}=0$，所以有

$$\int_V\nabla\cdot\boldsymbol{D}\mathrm{d}V=0$$

应用高斯定理，上式变为

$$\oint_S\boldsymbol{D}\cdot\mathrm{d}\boldsymbol{S}=0$$

把此积分应用到图 4.2(a)中，上式可表示为

$$-D_{1n}\Delta S_{上面}+D_{2n}\Delta S_{下面}+D_{侧}\Delta S_{侧面}=0$$

令侧面趋向无限薄，上式变为

$$-D_{1n}+D_{2n}=0$$

即

$$\boldsymbol{n}\cdot(\boldsymbol{D}_2-\boldsymbol{D}_1)=0\tag{4.1.2}$$

所以，介质分界面上，电位移矢量在介质分界面的法向上是连续的。

对过表面的电场强度矢量如图 4.2(b)所示。由于 $\nabla\times\boldsymbol{E}=-\partial\boldsymbol{B}/\partial t$，应用斯托克斯公式把旋度变为曲线积分，并用于图 4.2(b)所示的闭合曲线，最后令曲线侧长度趋于零，可以得到

$$\boldsymbol{n}\times(\boldsymbol{E}_2-\boldsymbol{E}_1)=\boldsymbol{0}\tag{4.1.3}$$

即电场强度矢量在介质分界面的切向上是连续的。

同样的分析应用于 $\boldsymbol{B}$ 和 $\boldsymbol{H}$，也可以得到

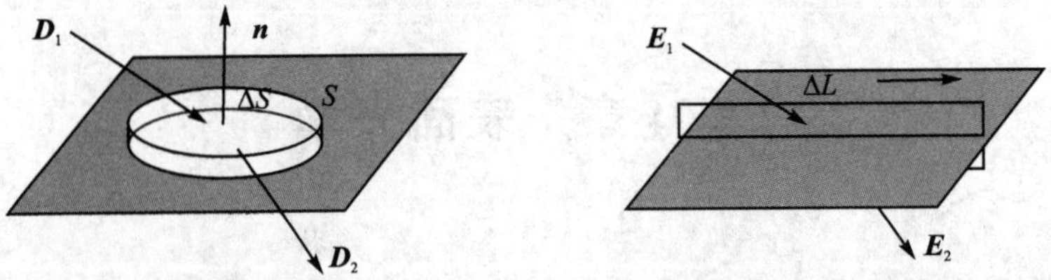

(a) 穿过表面的电位移　　(b) 穿过表面的电场强度

图 4.2　穿过表面的电场

$$\boldsymbol{n} \cdot (\boldsymbol{B}_2 - \boldsymbol{B}_1) = 0 \tag{4.1.4}$$

$$\boldsymbol{n} \times (\boldsymbol{H}_2 - \boldsymbol{H}_1) = \boldsymbol{0} \tag{4.1.5}$$

式(4.1.2)～式(4.1.5)就是光通过光学介质时电磁场所满足的边界条件,简单地说,就是当光通过两个介质的分界面时,$\boldsymbol{D}$ 和 $\boldsymbol{B}$ 在分界面的法向上连续,$\boldsymbol{E}$ 和 $\boldsymbol{H}$ 在分界面的切向上连续。

4.1.2　界面上的反射与折射

光从介质 1 到介质 2,在分界面上有入射光 $\boldsymbol{E}_1$、反射光 $\boldsymbol{E}_1'$ 和透射光 $\boldsymbol{E}_2$。图 4.3 中的 $\boldsymbol{k}_1$、$\boldsymbol{k}_1'$ 和 $\boldsymbol{k}_2$ 分别表示入射光 $\boldsymbol{E}_1$、反射光 $\boldsymbol{E}_1'$ 和透射光 $\boldsymbol{E}_2$ 的传播方向。

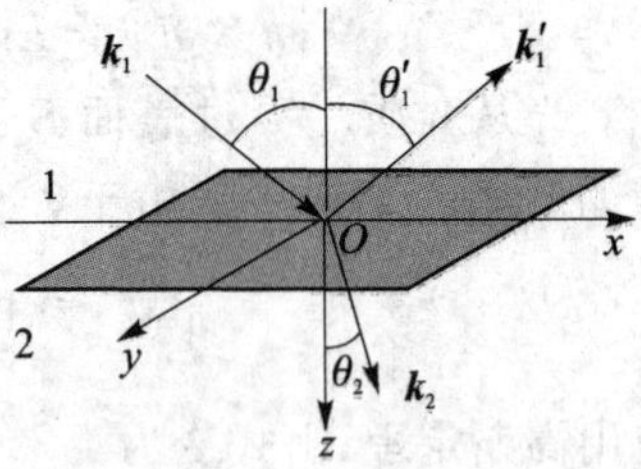

图 4.3　在界面上光的反射与折射

设光是简谐平面波 $\boldsymbol{E} = \boldsymbol{E}_0 \mathrm{e}^{\mathrm{j}(\boldsymbol{k} \cdot \boldsymbol{r} - \omega t)}$,在分界面上应用边界条件式(4.1.3)有

$$\boldsymbol{n} \times (\boldsymbol{E}_1 + \boldsymbol{E}_1') = \boldsymbol{n} \times \boldsymbol{E}_2 \tag{4.1.6}$$

代入简谐波表达式,如果在界面上各点都要满足式(4.1.6),那么就需要指数项相等,即

$$\boldsymbol{k}_1 \cdot \boldsymbol{r} = \boldsymbol{k}_1' \cdot \boldsymbol{r} = \boldsymbol{k}_2 \cdot \boldsymbol{r} \tag{4.1.7}$$

展开

$$k_{1x}x + k_{1y}y = k_{1x}'x + k_{1y}'y = k_{2x}x + k_{2y}y \tag{4.1.8}$$

要使上式在界面上各点成立,其系数必须相等,即

$$k_{1x} = k_{1x}' = k_{2x}, \quad k_{1y} = k_{1y}' = k_{2y} \tag{4.1.9}$$

即界面上各点的入射、反射和折射的波矢量在各自相应方向上相等。

为简化问题,设入射面是 $x-z$ 平面,则有

$$k_{1x} = k_{1x}' = k_{2x} \tag{4.1.10}$$

即入射光、反射光和折射光都在同一个平面上。因为 $k = 2\pi/\lambda = n\omega/c$,$k_{1x} = k_1 \sin\theta_1$,所以式(4.1.10)可改写为

$$n_1\omega\sin\theta_1 = n_1\omega\sin\theta_1' = n_2\omega\sin\theta_2 \tag{4.1.11}$$

由式(4.1.11)可得 $\theta_1 = \theta_1'$,光的入射角等于反射角——反射定律;还可以得到 $n_1\sin\theta_1 = n_2\sin\theta_2$,这是折射定律。

4.2　菲涅耳公式

4.2.1　菲涅耳公式的导出

由上述内容可知，可以按照入射面来划分入射光，把入射光振动平行于入射面的称为 p 光，光振动垂直于入射面的称为 s 光。这里利用该方法讨论光的反射和折射，如图 4.4 所示。

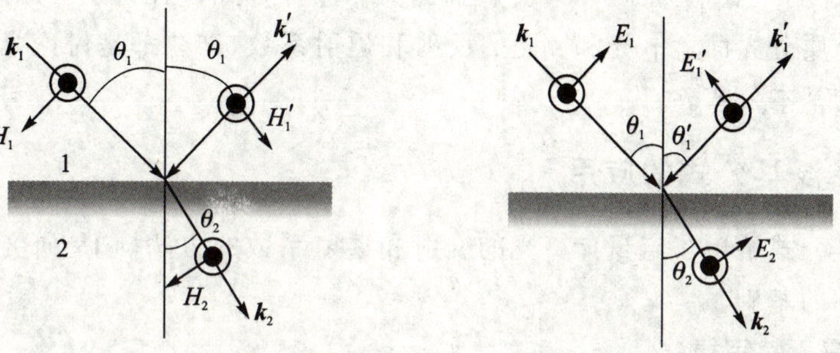

(a) 光振动垂直于入射面入射　　(b) 光振动平行于入射面入射

图 4.4　s 光与 p 光入射界面

1. 入射光是 s 光

当入射光是 s 光时，界面上光的电场和磁场方向如图 4.4(a)所示，电场 $\boldsymbol{E}$ 在界面的切向上，我们把磁场 $\boldsymbol{H}$ 也投影到界面的切向上。根据边界连续条件式(4.1.3)和式(4.1.5)可知，电场强度和磁场强度在界面的切向上都是连续的，因此可得以下关系式：

$$\left.\begin{aligned} &E_{1s}+E'_{1s}=E_{2s} \\ &H_{1p}\cos\theta_1-H'_{1p}\cos\theta_1=H_{2p}\cos\theta_2 \end{aligned}\right\} \tag{4.2.1}$$

因为 $H=\sqrt{\varepsilon/\mu}E\approx\sqrt{\varepsilon/\mu_0}E$，所以式(4.2.1)可以写成

$$\left.\begin{aligned} &E_{1s}+E'_{1s}=E_{2s} \\ &\sqrt{\varepsilon_1}(E_{1s}-E'_{1s})\cos\theta_1=\sqrt{\varepsilon_2}E_{2s}\cos\theta_2 \end{aligned}\right\} \tag{4.2.2}$$

经过简单计算，可以得到 s 光入射时的界面反射系数为

$$r_s\equiv\frac{E'_{1s}}{E_{1s}}=\frac{n_1\cos\theta_1-n_2\cos\theta_2}{n_1\cos\theta_1+n_2\cos\theta_2}=-\frac{\sin(\theta_1-\theta_2)}{\sin(\theta_1+\theta_2)} \tag{4.2.3}$$

同理，可以得到透射系数为

$$t_s\equiv\frac{E_{2s}}{E_{1s}}=\frac{2n_1\cos\theta_1}{n_1\cos\theta_1+n_2\cos\theta_2}=\frac{2\cos\theta_1\sin\theta_2}{\sin(\theta_1+\theta_2)} \tag{4.2.4}$$

2. 入射光是 p 光

如图 4.4(b)所示，此时磁场强度在界面的切向上，因此需要把电场强度投影到界面的切向上，同样根据边界连续条件式(4.1.3)和式(4.1.5)可得以下关系式：

$$E_{1p}\cos\theta_1 - E'_{1p}\cos\theta_1 = E_{2p}\cos\theta_2$$

$$H_{1s} + H'_{1s} = H_{2s}$$

化简后得到 p 光的反射系数和透射系数如下：

$$r_p \equiv \frac{E'_{1p}}{E_{1p}} = \frac{n_2\cos\theta_1 - n_1\cos\theta_2}{n_2\cos\theta_1 + n_1\cos\theta_2} = \frac{\tan(\theta_1 - \theta_2)}{\tan(\theta_1 + \theta_2)} \tag{4.2.5}$$

$$t_p \equiv \frac{E_{2p}}{E_{1p}} = \frac{2n_1\cos\theta_1}{n_2\cos\theta_1 + n_1\cos\theta_2} = \frac{2\cos\theta_1\sin\theta_2}{\sin(\theta_1 + \theta_2)\cos(\theta_1 - \theta_2)} \tag{4.2.6}$$

式(4.2.3)～式(4.2.6)4 个关系式称为菲涅耳公式(Fresnel Formula),它们分别给出了介质分界面上 p 光和 s 光的反射和透射系数,这些都是讨论光在介质分界面上行为的基本公式。

4.2.2 菲涅耳公式的应用

菲涅耳公式给出了定量计算光的反射和透射系数的方法,它是研究光在介质表面传播特性的基础。

1. 布儒斯特定律

当反射光与透射光互相垂直时,即

$$\theta_1 + \theta_2 = \pi/2 \tag{4.2.7}$$

代入菲涅耳公式(4.2.5),得到 $r_p=0$,那么反射光只有光振动垂直于入射面的光,自然光成为线偏振光,很容易得到此时的入射角,即

$$\tan\theta_B = n_2/n_1 \tag{4.2.8}$$

称此角为布儒斯特角(Brewster's Angle)。所以,当一束自然光以布儒斯特角入射介质分界面时,反射光就变成光振动垂直于入射面的线偏振光。

2. 半波损失

当光从光疏介质射向光密介质时,即 $n_1<n_2$,由折射定律可知 $\theta_1>\theta_2$,由菲涅耳公式(4.2.3)可得 $r_s=E'_{1s}/E_{1s}<0$,即垂直于入射面的光振动振幅从入射到反射过程有一个反相变化,相当于入射光和反射光之间产生了半个波长的光程差,这种现象称为光的半波损失。所以,当光被光密介质反射时,反射光会存在半波损失现象。

3. 反射率和透射率

一般地,假设入射光光振动与入射面夹角为 α,则反射率和透射率由第 3 章给出,即

$$R = r_p^2\cos^2\alpha + r_s^2\sin^2\alpha \tag{4.2.9}$$

$$T = \frac{n_2\cos\theta_t}{n_1\cos\theta_i}(t_p^2\cos^2\alpha + t_s^2\sin^2\alpha) \tag{4.2.10}$$

代入相应菲涅耳公式中的反射系数和透射系数表达式,就可以得到表面的反射率和透射率。

当光从空气垂直入射到折射率为 n 的介质时,可以得到

$$R=\left(\frac{n-1}{n+1}\right)^2 \tag{4.2.11}$$

$$T=1-R=\frac{4n}{(n+1)^2} \tag{4.2.12}$$

4.3　全反射

光从光密介质射向光疏介质时，当入射角大于某值时，反射光全部消失，我们称这种现象为全反射。由折射定律可知，当 $n_1>n_2$ 时，入射角 $\sin\theta_1=\sin\theta_c=n_2/n_1=n_{21}$，当 $\theta_1\geqslant\theta_c$ 时，出现全反射现象，如图 4.5 所示。

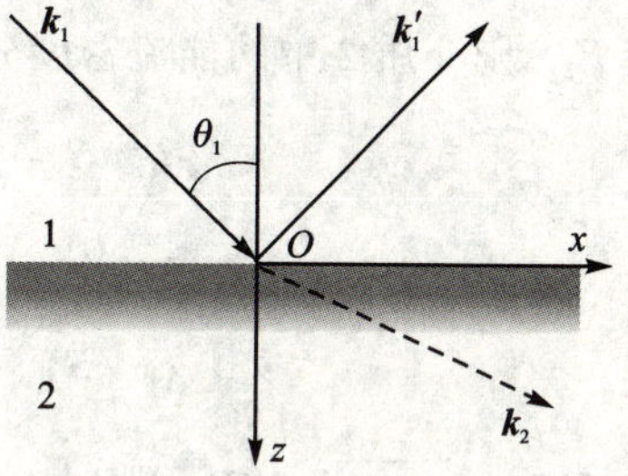

图 4.5　入射面为 x-z 面的全反射

4.3.1　倏逝波

若光如图 4.5 所示入射，则透射光为

$$\boldsymbol{E}_2=\boldsymbol{E}_{20}\mathrm{e}^{\mathrm{j}(k_{2x}x+k_{2z}z-\omega t)} \tag{4.3.1}$$

这里 $k_{2x}=k_{1x}=k_1\sin\theta_1$，$k_2=\omega/v_2=(\omega/v_1)(v_1/v_2)=n_{21}k_1$，可得 z 方向的分量为

$$k_{2z}=\sqrt{k_2^2-k_{2x}^2}=k_1\sqrt{n_{21}^2-\sin^2\theta_1} \tag{4.3.2}$$

发生全反射时，$\sin\theta_1>n_{21}$，式(4.3.2)变为 $k_{2z}=\mathrm{j}k_1\sqrt{\sin^2\theta_1-n_{21}^2}=\mathrm{j}\kappa$，其中 κ 为实数，且

$$\kappa=k_1\sqrt{\sin^2\theta_1-n_{21}^2}=\frac{2\pi}{\lambda_1}\sqrt{\sin^2\theta_1-n_{21}^2} \tag{4.3.3}$$

透射光表示为

$$\boldsymbol{E}_2=\boldsymbol{E}_{20}\mathrm{e}^{-\kappa z}\mathrm{e}^{\mathrm{j}(k_{2x}x-\omega t)} \tag{4.3.4}$$

从式(4.3.4)可以看出，发生全反射时，透射光是振幅在 z 方向呈指数衰减的沿平面(x 方向)传播的简谐波。所以，随着 z 的增大，透射光很快衰减为零，这种光波称为倏逝波(Evanescent Wave)。

当 $z=\kappa^{-1}$ 时，倏逝波振幅衰减了 e^{-1}。定义穿透深度为

$$d_z\equiv\kappa^{-1}=\frac{\lambda_1}{2\pi\sqrt{\sin^2\theta_1-n_{21}^2}} \tag{4.3.5}$$

通常穿透深度的数量级为波长级，即 $d_z\sim\lambda_1$。

从式(4.3.4)还可以得到倏逝波的相速度 $v_p=\omega/k_{2x}=\omega/k_1\sin\theta_1=v_1/\sin\theta_1$，当发生全反射时，$v_p$ 为

$$v_p=\frac{v_1}{\sin\theta_1}=\frac{n_{21}}{\sin\theta_1}v_2<v_2 \tag{4.3.6}$$

所以，倏逝波的相速度要小于光在介质 2 中的相速度。

4.3.2 全反射时的能量关系与相位关系

1. 能量关系

光的能流密度 $\boldsymbol{S}=\boldsymbol{E}\times\boldsymbol{H}$，而均值为

$$\langle\boldsymbol{S}\rangle=\frac{1}{2}\mathrm{Re}(\boldsymbol{E}\times\boldsymbol{H}^{*})\tag{4.3.7}$$

在不失一般性的情况下，假设介质 2 中的光振动只有沿图 4.5 所示的 y 方向，即 $E_2=E_{2y}$，则介质 2 中的能流密度分量为

$$\left.\begin{aligned}\langle\boldsymbol{S}\rangle_{2x}&=\frac{1}{2}\mathrm{Re}(E_{2y}H_{2z}^{*})\\\langle\boldsymbol{S}\rangle_{2y}&=0\\\langle\boldsymbol{S}\rangle_{2z}&=\frac{1}{2}\mathrm{Re}(-E_{2y}H_{2x}^{*})\end{aligned}\right\}\tag{4.3.8}$$

因为 $\boldsymbol{H}_2=\sqrt{\varepsilon_2/\mu_2}\boldsymbol{k}_0\times\boldsymbol{E}_2$，则

$$\left.\begin{aligned}H_{2x}&=-\sqrt{\varepsilon_2/\mu_2}k_{0z}E_{2y}\\H_{2z}&=\sqrt{\varepsilon_2/\mu_2}k_{0x}E_{2y}\end{aligned}\right\}\tag{4.3.9}$$

由于 $k_{0z}=k_{2z}/k_2$，$k_{0x}=k_{2x}/k_2$，而且 $k_{2z}=\mathrm{j}k_1\sqrt{\sin^2\theta_2-n_{21}^2}$，$k_2=n_{21}k_1$，因此可得

$$\left.\begin{aligned}H_{2x}&=-\mathrm{j}\sqrt{\frac{\varepsilon_2}{\mu_2}}\sqrt{\frac{\sin^2\theta_2}{n_{21}^2}-1}E_2\\H_{2z}&=\sqrt{\frac{\varepsilon_2}{\mu_2}}\frac{\sin\theta_1}{n_{21}}E_2\end{aligned}\right\}\tag{4.3.10}$$

最后得到

$$\left.\begin{aligned}\langle\boldsymbol{S}\rangle_{2x}&=\frac{1}{2}\sqrt{\frac{\varepsilon_2}{\mu_2}}\frac{\sin\theta_1}{n_{21}}E_2^2\\\langle\boldsymbol{S}\rangle_{2z}&=0\end{aligned}\right\}\tag{4.3.11}$$

所以，在垂直于表面方向上的平均能流为零，平均能流只在分界面上。

2. 相位关系

由菲涅耳公式(4.2.3)可知 s 光的反射系数为

$$r_{\mathrm{s}}=\frac{E_{1\mathrm{s}}'}{E_{1\mathrm{s}}}=-\frac{\sin(\theta_1-\theta_2)}{\sin(\theta_1+\theta_2)}$$

由于

$$\sin\theta_2=\sin\theta_1/n_{21}$$

$$\cos\theta_2=k_{2z}/k_2=\mathrm{j}k_1\sqrt{\sin^2\theta_1-n_{21}^2}/k_1n_{21}=\mathrm{j}\sqrt{\sin^2\theta_1/n_{21}^2-1}$$

可以得出全反射时 s 光的反射系数为

$$r_{\mathrm{s}}=\frac{\cos\theta_1-\mathrm{j}\sqrt{\sin^2\theta_1-n_{21}^2}}{\cos\theta_1+\mathrm{j}\sqrt{\sin^2\theta_1-n_{21}}}=\mathrm{e}^{-\mathrm{j}\delta_{\mathrm{s}}}\tag{4.3.12a}$$

反射光的相位移动 δ_s 为

$$\tan\frac{\delta_s}{2}=\frac{\sqrt{\sin^2\theta_1-n_{21}^2}}{\cos\theta_1} \tag{4.3.12b}$$

同理，对 p 光有类似关系，分别如下：

$$r_p=e^{-j\delta_p} \tag{4.3.13a}$$

$$\tan\frac{\delta_p}{2}=\frac{\sqrt{\sin^2\theta_1-n_{21}^2}}{n_{21}\cos\theta_1} \tag{4.3.13b}$$

所以发生全反射时，反射光大小不变，但有相位移动，并且 p 光与 s 光的相移是不一样的，由式(4.3.12b)和式(4.3.13b)可以计算相移的大小。

3. 古斯-汉位移

在发生全反射时，由于倏逝波要深入到反射物表面下，深度为 d_z(见图 4.6)，因此产生的全反射波与理想的表面反射是不一样的，实际的波将发生一个位移 Δ(见图 4.6)，这一现象称为古斯-汉(Goos - Hänchen)位移。由图 4.6 很容易得到位移的大小为

$$\Delta=2d_z\tan\theta_1 \tag{4.3.14}$$

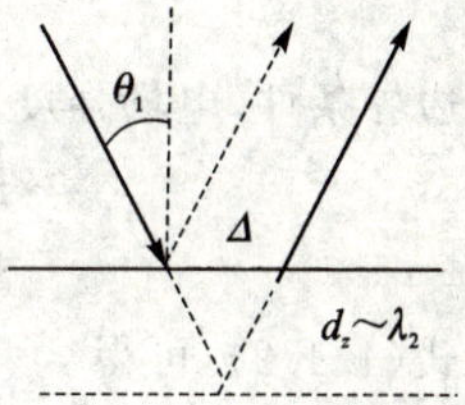

图 4.6　古斯-汉位移

对于 s 光和 p 光来说，它们的古斯-汉位移是不一样的，分别是

$$\left.\begin{aligned}\Delta_s&=2d_z\tan\theta_1\\ \Delta_p&=\frac{2d_z}{n_{21}}\tan\theta_1\end{aligned}\right\} \tag{4.3.15}$$

以上结果的推导留作练习。

4.4　薄膜的反射与透射

4.4.1　介质膜的膜系矩阵

如图 4.7 所示，有一厚度为 d 的单层薄膜，它有上、下两个分界面。入射光被界

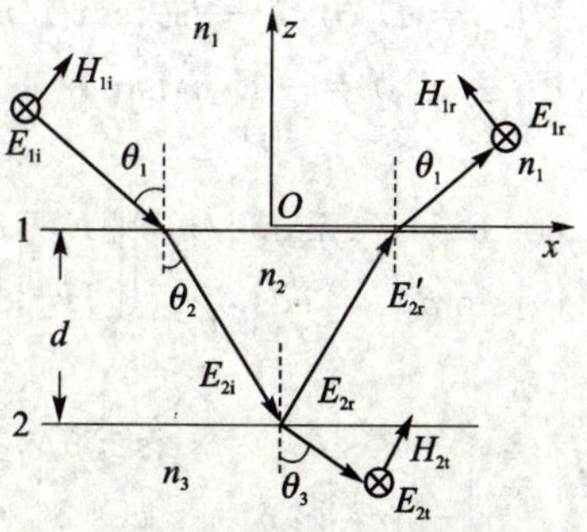

图 4.7　单层薄膜的反射和透射

面1反射和透射，穿过薄膜后被界面2反射和透射。这里，用E_{1r}和E_{2t}分别代表薄膜的反射光振动和薄膜的透射光振动。在不影响结论时，为简化分析，在图4.7中只是对s光进行讨论。分界面把空间分为3个区域，相应区域的介质折射率分别为n_1、n_2和n_3。图4.7中所有光的电场强度矢量都垂直于入射面，即在每个分界面处，电场$\boldsymbol{E}$都在分界面的切向上。

由图4.7可知，薄膜上表面的电磁场强度为

$$\left.\begin{aligned} E_1 &= E_{1t} + E'_{2r} \\ H_1 &= H_{1t}\cos\theta_2 - H'_{2r}\cos\theta_2 \end{aligned}\right\} \tag{4.4.1}$$

薄膜下表面的电磁场强度为

$$\left.\begin{aligned} E_2 &= E_{2t} \\ H_2 &= H_{2t}\cos\theta_3 \end{aligned}\right\} \tag{4.4.2}$$

应用边界条件，电场强度和磁场强度在界面的切向上连续，即

$$\left.\begin{aligned} E_{2t} &= E_{2i} + E_{2r} \\ H_{2t}\cos\theta_3 &= H_{2i}\cos\theta_2 - H_{2r}\cos\theta_2 \end{aligned}\right\} \tag{4.4.3}$$

代入式(4.4.2)，可得

$$\left.\begin{aligned} E_2 &= E_{2i} + E_{2r} \\ H_2 &= H_{2i}\cos\theta_2 - H_{2r}\cos\theta_2 \end{aligned}\right\} \tag{4.4.4}$$

由于$\boldsymbol{H}=\sqrt{\varepsilon_0/\mu_0}\,n\boldsymbol{k}_c\times\boldsymbol{E}$，则式(4.4.1)和式(4.4.4)中的$H_1$和$H_2$分别为

$$\left.\begin{aligned} H_1 &= \sqrt{\varepsilon_0/\mu_0}\,n_2\cos\theta_2(E_{1t}-E'_{2r}) = \eta_2(E_{1t}-E'_{2r}) \\ H_2 &= \sqrt{\varepsilon_0/\mu_0}\,n_2\cos\theta_2(E_{2i}-E_{2r}) = \eta_2(E_{2i}-E_{2r}) \end{aligned}\right\} \tag{4.4.5}$$

其中：$\eta_2=\sqrt{\varepsilon_0/\mu_0}\,n_2\cos\theta_2$，为等效折射率。从上表面到下表面引起的相位差$\delta=k_c n_2 d/\cos\theta_2$，因此，将$E_{2i}=E_{1t}e^{j\delta}$，$E'_{2r}=E_{2r}e^{j\delta}$代入式(4.4.4)中的第一式和式(4.4.5)中的第二式，分别得到

$$\left.\begin{aligned} E_2 &= E_{1t}e^{j\delta} + E'_{2r}e^{-j\delta} \\ H_2 &= (E_{1t}e^{j\delta} - E'_{2r}e^{-j\delta})\eta_2 \end{aligned}\right\} \tag{4.4.6}$$

求解出E_{1t}和E'_{2r}，最后得到

$$\left.\begin{aligned} E_1 &= E_{1t} + E'_{2r} = E_2\cos\delta - H_2\,\mathrm{j}\sin\delta/\eta_2 \\ H_1 &= \eta_2(E_{1t} - E'_{2r}) = -E_2\eta_2\,\mathrm{j}\sin\delta + H_2\cos\delta \end{aligned}\right\} \tag{4.4.7}$$

或写成

$$\begin{bmatrix} E_1 \\ H_1 \end{bmatrix} = \begin{bmatrix} \cos\delta & -\mathrm{j}\sin\delta/\eta_2 \\ -\mathrm{j}\eta_2\sin\delta & \cos\delta \end{bmatrix} \begin{bmatrix} E_2 \\ H_2 \end{bmatrix} = \boldsymbol{M}_{s1}\begin{bmatrix} E_2 \\ H_2 \end{bmatrix} \tag{4.4.8}$$

其中：

$$\boldsymbol{M}_{s1} = \begin{bmatrix} \cos\delta & -\mathrm{j}\sin\delta/\eta_2 \\ -\mathrm{j}\eta_2\sin\delta & \cos\delta \end{bmatrix} \tag{4.4.9}$$

上式是薄膜的特征矩阵。注意，特征矩阵只与本层膜有关。式(4.4.8)表示的是从入

射到出射薄膜光束的电磁场强度关系。

对多层膜组成的膜系也有类似的表示，即

$$\begin{bmatrix} E_1 \\ H_1 \end{bmatrix} = \boldsymbol{M}_s \begin{bmatrix} E_N \\ H_N \end{bmatrix} \tag{4.4.10}$$

其中：膜系特征矩阵 $\boldsymbol{M}_s = \boldsymbol{M}_{s1}\boldsymbol{M}_{s2}\cdots\boldsymbol{M}_{sN}$。

当 $\delta=\pi/2$ 时，

$$\boldsymbol{M}_{s1} = \begin{bmatrix} 0 & -\mathrm{j}/\eta_2 \\ -\mathrm{j}\eta_2 & 0 \end{bmatrix} \tag{4.4.11}$$

对于正入射来说，对应薄膜的光学厚度 $n_2 d=\lambda_0/4$，这是光学上很有用的 1/4 波长薄膜。

4.4.2 单膜的反射与透射

1. 反射系数和透射系数

由反射系数和透射系数的定义可知，图 4.7 中的反射系数 $r=E_{1r}/E_{1i}$，透射系数 $t=E_{2t}/E_{1i}$。薄膜上、下两分界面的电磁场可以写成

$$\begin{bmatrix} E_1 \\ H_1 \end{bmatrix} = \begin{bmatrix} m_{11} & m_{12} \\ m_{21} & m_{22} \end{bmatrix}\begin{bmatrix} E_2 \\ H_2 \end{bmatrix} \tag{4.4.12}$$

由公式(4.4.1)可得

$$\left.\begin{aligned} E_1 &= E_{1i} + E_{1r} \\ H_1 &= H_{1i}\cos\theta_1 - H_{1r}\cos\theta_1 = \eta_1(E_{1i} - E_{1r}) \end{aligned}\right\} \tag{4.4.13}$$

以及

$$\left.\begin{aligned} E_2 &= E_{2t} \\ H_2 &= H_{2t}\cos\theta_3 = \eta_3 E_{2t} \end{aligned}\right\} \tag{4.4.14}$$

将式(4.4.13)和式(4.4.14)代入式(4.4.12)，可得

$$\begin{bmatrix} E_{1i} + E_{1r} \\ \eta_1(E_{1i} - E_{1r}) \end{bmatrix} = \begin{bmatrix} m_{11} & m_{12} \\ m_{21} & m_{22} \end{bmatrix}\begin{bmatrix} E_{2t} \\ \eta_3 E_{2t} \end{bmatrix} \tag{4.4.15}$$

即

$$\begin{bmatrix} 1+r \\ \eta_1(1-r) \end{bmatrix} = \begin{bmatrix} m_{11} & m_{12} \\ m_{21} & m_{22} \end{bmatrix}\begin{bmatrix} t \\ \eta_3 t \end{bmatrix} \tag{4.4.16}$$

由此得到的反射系数和透射系数分别为

$$r = \frac{(m_{11} + \eta_3 m_{12})\eta_1 - (m_{21} + \eta_3 m_{22})}{(m_{11} + \eta_3 m_{12})\eta_1 + (m_{21} + \eta_3 m_{22})} \tag{4.4.17a}$$

$$t = \frac{2\eta_1}{(m_{11} + \eta_2 m_{12})\eta_1 + (m_{21} + \eta_3 m_{22})} \tag{4.4.17b}$$

其中：m_{ij} $(i=1,2;j=1,2)$ 是式(4.4.9)的膜系特征矩阵元，等效折射率为

$$\eta_i = \sqrt{\varepsilon_0/\mu_0}\cdot n_i\cos\theta_i,\quad i=1,3$$

正入射时的反射系数为

$$r=\frac{n_2(n_1-n_3)\cos\delta-\mathrm{j}(n_1n_3-n_2^2)\sin\delta}{n_2(n_1+n_3)\cos\delta-\mathrm{j}(n_1n_3+n_2^2)\sin\delta} \tag{4.4.18}$$

2. 单膜的反射率和透射率

由反射和透射的定义很容易得到单膜的反射率和透射率，分别为

$$R=r^2=\frac{|E_{1\mathrm{r}}|^2}{|E_{1\mathrm{i}}|^2} \tag{4.4.19a}$$

$$T=\frac{n_3\cos\theta_3}{n_1\cos\theta_1}t^2=\frac{\eta_3|E_{2\mathrm{t}}|^2}{\eta_1|E_{1\mathrm{i}}|^2}=1-R \tag{4.4.19b}$$

对于正入射的情况，反射率为

$$R=\frac{(n_1-n_3)^2\cos^2\delta+(n_1n_3/n_2-n_2)^2\sin^2\delta}{(n_1+n_3)^2\cos^2\delta+(n_1n_3/n_2+n_2)^2\sin^2\delta} \tag{4.4.20}$$

在分析正入射时，每当 δ 增加到 $\delta+\pi$ 时，相应的光学厚度就会由 n_2d 增加到 $n_2d+\lambda_0/2$，但薄膜的反射率并未改变。

当 $\delta=m\pi$ 时，相应的 $n_2d=m\lambda_0/2$，$R=(n_1-n_3)^2/(n_1+n_3)^2$，此时的 R 与薄膜折射率 n_2 无关。

当 $\delta=(2m+1)\pi/2$ 时，相应的薄膜光学厚度 $n_2d=(2m+1)\lambda_0/4$（1/4 波长膜系），反射率

$$R=\frac{(n_1n_3-n_2^2)^2}{(n_1n_3+n_2^2)^2} \tag{4.4.21}$$

有极大值和极小值。

当 $n_2>n_3$ 时，R 取极大值。例如，$n_2(\mathrm{ZnS})=2.34$，$n_3(\mathrm{Glass})=1.5$ 的 1/4 波长高反薄膜。

当 $n_2<n_3$ 时，R 取极小值。例如，$n_2(\mathrm{MgF_2})=1.38$，$n_3(\mathrm{Glass})=1.5$ 的 1/4 波长高透薄膜。

当 $n_2^2=n_1n_3$ 时，$R=0$。

综上所述，对不同折射率的薄膜，可以形成高反或高透薄膜。

4.4.3 双 1/4 波长薄膜与 1/4 波长玻堆

1. 双 1/4 波长薄膜

两层 1/4 波长薄膜放在一起（见图 4.8），此时空间分为 4 个区域，利用式(4.4.11)可得到每层薄膜的特征矩阵，需要注意的是角标数字的取法。

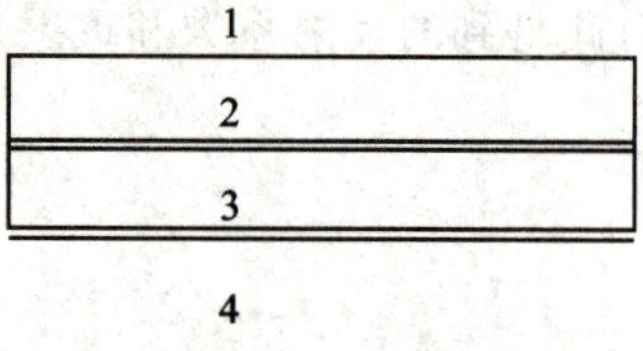

图 4.8 两层膜

当 $\boldsymbol{M}_{s1}=\begin{bmatrix}0 & -\mathrm{j}/\eta_2\\ -\mathrm{j}\eta_2 & 0\end{bmatrix}$，$\boldsymbol{M}_{s2}=\begin{bmatrix}0 & -\mathrm{j}/\eta_3\\ -\mathrm{j}\eta_3 & 0\end{bmatrix}$ 时，等效的膜系特征矩阵为

$$\boldsymbol{M}_s = \boldsymbol{M}_{s1}\boldsymbol{M}_{s2} = \begin{bmatrix} -\eta_3/\eta_2 & 0 \\ 0 & -\eta_2/\eta_3 \end{bmatrix} \tag{4.4.22}$$

正入射时

$$\boldsymbol{M}_s = \begin{bmatrix} -n_3/n_2 & 0 \\ 0 & -n_2/n_3 \end{bmatrix} \tag{4.4.23}$$

这时，反射系数

$$r = \left.\frac{(m_{11}+\eta_3 m_{12})\eta_1 - (m_{21}+\eta_3 m_{22})}{(m_{11}+\eta_3 m_{12})\eta_1 + (m_{21}+\eta_3 m_{22})}\right|_{1层膜} = \frac{\eta_1 m_{11} - \eta_4 m_{22}}{\eta_1 m_{11} + \eta_4 m_{22}}$$

正入射时

$$r = \frac{n_3^2 n_1 - n_4 n_2^2}{n_3^2 n_1 + n_4 n_2^2} \tag{4.4.24}$$

反射率

$$R = \left[\frac{n_3^2 n_1 - n_4 n_2^2}{n_3^2 n_1 + n_4 n_2^2}\right]^2 = \left[1 - \frac{n_4}{n_1}\left(\frac{n_2}{n_3}\right)^2\right] \Big/ \left[1 + \frac{n_4}{n_1}\left(\frac{n_2}{n_3}\right)^2\right] \tag{4.4.25}$$

由上式可以看到，当 $(n_3/n_2)^2 = n_4/n_1$ 时，R 趋于零。

2. 1/4 波长(λ/4)玻堆

将 1/4 波长薄膜按折射率的高低堆积起来，就形成了 1/4 波长玻堆。如图 4.9 所示，n_L 表示折射率相对低的波片，n_H 表示高折射率波片，从衬底玻璃开始按高-低一对的堆积，共 N 对，$2N$ 层膜。图 4.9 中用 $H=n_H d_H$ 表示高折射率薄膜的光学厚度，$L=n_L d_L$ 表示低折射率薄膜的光学厚度。

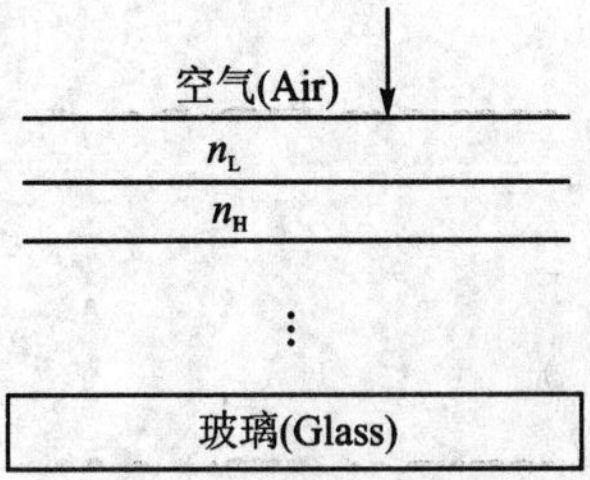

$H=n_H d_H$，$L=n_L d_L$；
$G(HL)^N A$，共有2N层膜系

图 4.9　1/4 波长玻堆

由式(4.4.23)可知，只有一对膜系时的特征矩阵为

$$M_2 = \begin{bmatrix} -n_H/n_L & 0 \\ 0 & -n_L/n_H \end{bmatrix} \tag{4.4.26}$$

推至整个玻堆的膜系矩阵为

$$M_{2N} = \begin{bmatrix} (-n_H/n_L)^N & 0 \\ 0 & (-n_L/n_H)^N \end{bmatrix} \tag{4.4.27}$$

根据式(4.4.25)可得玻堆的反射率，即

$$R_{2N} = \left[1 - n_G\left(\frac{n_L}{n_H}\right)^{2N}\right]^2 \Big/ \left[1 + n_G\left(\frac{n_L}{n_H}\right)^{2N}\right]^2 \tag{4.4.28}$$

当 n 很大时，$n_G(n_L/n_H)^{2N} \ll 1$，这时 $R_{2N} \approx 1 - 4n_G(n_L/n_H)^{2N} \to 1$。

例如ZnS－MgF_2，1/4 波长玻堆：当 $n=2$ 时，$R=51.5\%$ $(G(HL)^2 A)$；当 $n=4$ 时，$R=98.7\%$ $(G(HL)^4 A)$；当 $n=8$ 时，$R=99.9\%$ $(G(HL)^8 A)$。

思考题

4-1　推导反射系数公式：

$$r_s = \frac{E'_{1s}}{E_{1s}} = -\frac{\sin(\theta_1 - \theta_2)}{\sin(\theta_1 + \theta_2)}$$

以及透射系数公式：

$$t_s = \frac{E_{2s}}{E_{1s}} = \frac{2\cos\theta_1 \sin\theta_2}{\sin(\theta_1 + \theta_2)}$$

4-2　证明古斯-汉位移：

$$\Delta_s = 2d_z \tan\theta_1 = \Delta$$

$$\Delta_p = \frac{2d_z}{n_{21}} \tan\theta_1$$

4-3　当 $\eta_1 = \sqrt{\varepsilon_0/\mu_0}\, n_1/\cos\theta_1$ 时，推导 p 光的膜系特征矩阵 $\boldsymbol{M}_p$。

4-4　证明双 1/4 波长薄膜在正入射时的膜系特征矩阵是

$$\boldsymbol{M}_{s2} = \begin{bmatrix} -n_3/n_2 & 0 \\ 0 & -n_2/n_3 \end{bmatrix}$$

第 5 章　导波光学

利用光在介质表面的传播特性(如光的全反射),研究把光约束在一定的空间范围内,沿一定方向传播的问题,称为导波光学,研究出的约束光传播的器件就是波导。其最直接的应用就是数字通信中常用到的通信光纤。

5.1　波导内的光传播

5.1.1　波导中光场的表示

一般波导内的光只是沿一个方向传播,为了分析问题方便,通常设为 z 方向,则波导内传播的光场(用简谐平面波)可以写成

$$\boldsymbol{E}=\boldsymbol{E}_0(\boldsymbol{r})\mathrm{e}^{\mathrm{j}(\boldsymbol{k}\cdot\boldsymbol{r}-\omega t)}=\boldsymbol{E}(x,y)\mathrm{e}^{\mathrm{j}\left(k_z z-\omega t\right)} \tag{5.1.1}$$

同样,磁场强度也是简谐平面波,可表示为

$$\boldsymbol{H}=\boldsymbol{H}(x,y)\mathrm{e}^{\mathrm{j}\left(k_z z-\omega t\right)} \tag{5.1.2}$$

它们都满足亥姆霍兹方程(3.1.19)

$$(\nabla^2+k^2)\boldsymbol{E}=\boldsymbol{0} \tag{5.1.3}$$

以及麦克斯韦方程

$$\nabla\times\boldsymbol{E}=-\frac{\partial\boldsymbol{B}}{\partial t} \tag{5.1.4a}$$

$$\nabla\times\boldsymbol{H}=\frac{\partial\boldsymbol{D}}{\partial t} \tag{5.1.4b}$$

在这里波矢量常称为传播因子,分为沿波传播方向的纵向传播因子(用 β 表示),以及垂直于传播方向的横向传播因子(用 β_t 表示),因此有

$$k^2=\beta^2+\beta_t^2 \tag{5.1.5}$$

用传播因子表示沿 z 轴传播的光时,其电场强度和磁场强度分别表示为

$$\left.\begin{aligned}\boldsymbol{E}&=\boldsymbol{E}_0(x,y)\mathrm{e}^{\mathrm{j}(\beta z-\omega t)}\\\boldsymbol{H}&=\boldsymbol{H}_0(x,y)\mathrm{e}^{\mathrm{j}(\beta z-\omega t)}\end{aligned}\right\} \tag{5.1.6}$$

将它们分别代入式(5.1.4a)和式(5.1.4b)可得

$$\left\{\frac{\partial E_z}{\partial y}-\frac{\partial E_y}{\partial z},\ \frac{\partial E_x}{\partial z}-\frac{\partial E_z}{\partial x},\ \frac{\partial E_y}{\partial x}-\frac{\partial E_x}{\partial y}\right\}=\mathrm{j}\mu\omega\boldsymbol{H} \tag{5.1.7a}$$

$$\left\{\frac{\partial H_z}{\partial y}-\frac{\partial H_y}{\partial z},\ \frac{\partial H_x}{\partial z}-\frac{\partial H_z}{\partial x},\ \frac{\partial H_y}{\partial x}-\frac{\partial H_x}{\partial y}\right\}=-\mathrm{j}\varepsilon\omega\boldsymbol{E} \tag{5.1.7b}$$

分别写出式(5.1.7a)的 y 分量以及式(5.1.7b)的 x 分量表达式,即

$$\mathrm{j}\beta E_x - \frac{\partial E_z}{\partial x} = \mathrm{j}\mu\omega H_y \tag{5.1.8a}$$

$$\frac{\partial H_z}{\partial y} - \mathrm{j}\beta H_y = -\mathrm{j}\varepsilon\omega E_x \tag{5.1.8b}$$

联立式(5.1.8a)和式(5.1.8b)，消去 H_y，可得

$$E_x = \frac{\mathrm{j}}{\beta_t^2}\left(\beta\frac{\partial E_z}{\partial x} + \mu\omega\frac{\partial H_z}{\partial y}\right) \tag{5.1.9}$$

同样，我们可以写出式(5.1.7a)的 x 分量和式(5.1.7b)的 y 分量表达式，并化简为

$$\frac{\partial E_z}{\partial y} - \mathrm{j}\beta E_y = \mathrm{j}\mu\omega H_x \tag{5.1.10a}$$

$$\mathrm{j}\beta H_x - \frac{\partial H_z}{\partial x} = -\mathrm{j}\varepsilon\omega E_y \tag{5.1.10b}$$

解出

$$E_y = \frac{\mathrm{j}}{\beta_t^2}\left(\beta\frac{\partial E_z}{\partial y} - \mu\omega\frac{\partial H_z}{\partial x}\right) \tag{5.1.11}$$

利用类似的方法，可以解出 H_x 和 H_y 的表达式，分别如下：

$$H_x = \frac{-\mathrm{j}}{\beta_t^2}\left(\beta\frac{\partial H_z}{\partial x} - \varepsilon\omega\frac{\partial E_z}{\partial y}\right) \tag{5.1.12a}$$

$$H_y = \frac{-\mathrm{j}}{\beta_t^2}\left(\beta\frac{\partial H_z}{\partial y} + \varepsilon\omega\frac{\partial E_z}{\partial x}\right) \tag{5.1.12b}$$

由上述内容可以看出，式(5.1.9)、式(5.1.11)、式(5.1.12a)和式(5.1.12b)是用纵向场分量表示了光的横向场分量。因此，只要解出光的纵向场分量，波导中的光场分布问题就解决了。

5.1.2 光场的纵向分量

如前所述，简谐波应该满足亥姆霍兹方程(5.1.3)，因此，光场的纵向分量应满足

$$(\nabla^2 + k^2)E_z = 0 \tag{5.1.13}$$

展开上式，可得

$$\nabla^2 E_z = \left(\frac{\partial^2}{\partial x^2} + \frac{\partial^2}{\partial y^2} + \frac{\partial^2}{\partial z^2}\right)E_z = \left(\frac{\partial^2}{\partial x^2} + \frac{\partial^2}{\partial y^2}\right)E_z - \beta^2 E_z \tag{5.1.14}$$

利用公式 $k^2 = \beta^2 + \beta_t^2$，可得纵向场分量应满足方程

$$\left[\left(\frac{\partial^2}{\partial x^2} + \frac{\partial^2}{\partial y^2}\right) + \beta_t^2\right]E_z = 0 \tag{5.1.15}$$

对磁场 H_z 也有类似的表示。

如果 $\nabla_t^2 \equiv \partial^2/\partial x^2 + \partial^2/\partial y^2$ 是拉普拉斯算子的横向表示，以 u 表示电磁场的任意纵向分量，则研究波导中传播的光场问题只需先求解下列二维亥姆霍兹方程：

$$(\nabla_t^2 + \beta_t^2)u = 0 \tag{5.1.16}$$

然后将纵向场分量分别代入式(5.1.9)、式(5.1.11)、式(5.1.12a)和式(5.1.12b)就可得到场的横向分量。

5.2　平面波导

平面波导如图 5.1 所示，三层水平状的平面结构，中间是导波层，两边是介质层，导波层折射率是 n_1，介质层折射率是 n_2，并且 $n_1<n_2$，可写为如下关系：

$$n(y)=\begin{cases}n_1, & y\in[-a,a]\\ n_2, & y\notin[-a,a]\end{cases} \tag{5.2.1}$$

由于光波沿 z 方向传播，在平面波导中沿 x 方向介质是均匀的，因此场也是均匀的，即场沿 x 方向的微分为零。

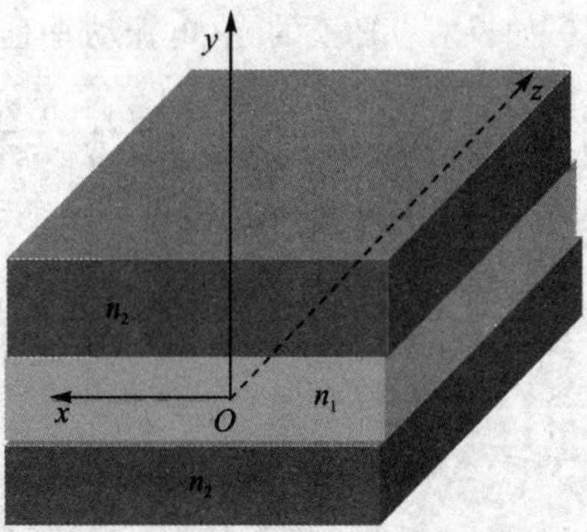

图 5.1　沿 z 轴传播的平面波导

5.2.1　传播条件

1. 基本要求

要使光波只在导波层中传播，必要的条件是，当光从导波层向介质层传播时，要发生全反射，把光反射回导波层。根据全反射条件 $n_1<n_2$，发生全反射时的入射角 $\theta_1\geqslant\arcsin(n_{21})$，即

$$k_c n_1 \sin\theta_1 > k_c n_2 \tag{5.2.2}$$

因为 $k=k_c n_1$，$\beta=k_c n_1\sin\theta_1$，$\sin\theta_1<1$，所以有

$$k_c n_2 < \beta < k_c n_1 \tag{5.2.3}$$

式(5.2.3)指明了波导中光纵向传播因子的取值范围。

2. 相位条件

现在考虑导波层中光线之间的影响。由光干涉知识可知，当两相邻光线之间的相位同相时，或相位差是 2π 的整数倍时，光线之间的减弱影响最小。因此，如图 5.2 所示，光线 1 与光线 2 从等相面 AC 到等相面 BD 的光程差等于 $(\overline{AB}-\overline{CD})n_1$，相应产生的相位差是$(\overline{AB}-\overline{CD})2\pi n_1/\lambda_0$。由于光是从光密介质射向光疏介质，在界面上除了全反射之外还有古斯-汉位移δ，因此光线1与光线2在上、下两个界面产生的总相位差为

$$(\overline{AB}-\overline{CD})\frac{2\pi n_1}{\lambda_0}+2\delta \tag{5.2.4}$$

要使光线之间的影响最小，需要使上式满足

$$(\overline{AB}-\overline{CD})\frac{2\pi n_1}{\lambda_0}+2\delta=2m\pi,\quad m=0,1,2,\cdots \tag{5.2.5}$$

如图5.2所示，经过简单计算得到$\overline{AB}-\overline{CD}=2a\sin\theta$，因此满足稳定传播的相位条件是

$$\frac{4a\pi n_1\sin\theta}{\lambda_0}+2\delta=2m\pi,\quad m=0,1,2,\cdots \tag{5.2.6}$$

这里的古斯-汉位移δ，如果对TE模的光（电振动垂直于传播方向），则有

$$\tan\frac{\delta}{2}=\frac{\sqrt{\sin^2\theta_1-n_{21}^2}}{\cos\theta_1}=\frac{\sqrt{n_1^2\sin^2\theta_1-n_2^2}}{n_1\cos\theta_1} \tag{5.2.7}$$

代入式(5.2.6)，则波导中传播的TE模的光满足

$$\tan\left(\frac{m\pi}{2}-\frac{\pi n_1 a\sin\theta_1}{\lambda_0}\right)=\frac{\sqrt{n_1^2\sin^2\theta_1-n_2^2}}{n_1\cos\theta_1} \tag{5.2.8}$$

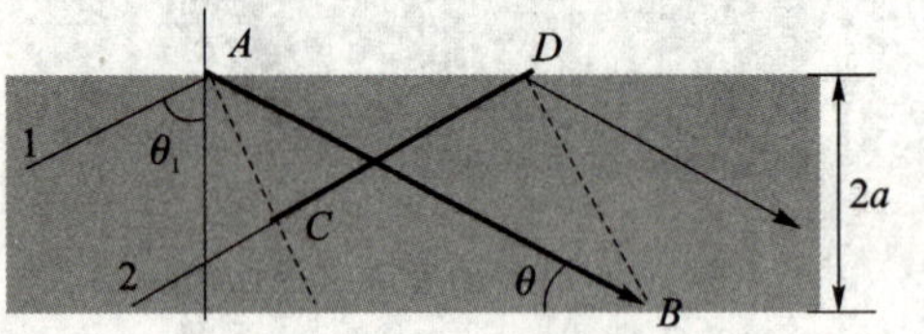

图5.2 光线在两界面间反射

5.2.2 波导中的电磁波

假定波导中存在沿z方向传播的TE模的光，光场的$E_z=0$，类似于式(5.1.15)，则有

$$\left[\left(\frac{\partial^2}{\partial x^2}+\frac{\partial^2}{\partial y^2}\right)+\beta_t^2\right]H_z=0 \tag{5.2.9}$$

由于波导沿x方向是均匀的，则上式变为

$$\frac{d^2H_z}{dy^2}+\beta_t^2H_z=0 \tag{5.2.10}$$

解得纵向磁场

$$H_z=\begin{cases}A\cos(\beta_t y),\text{或}B\sin(\beta_t y), & \beta_t^2>0\\ Ce^{\pm|\beta_t|y}, & \beta_t^2<0\end{cases} \tag{5.2.11}$$

其中：A、B、C是待定系数，当$\beta_t^2>0$时，若H_z取$\cos(\beta_t y)$则称为偶模，若取$\sin(\beta_t y)$则称为奇模；当$\beta_t^2<0$时，若$y>a$则H_z取$e^{-\beta_t y}$，若$y<a$则H_z取$e^{\beta_t y}$。

综上所述，当横向传播因子是实数时，纵向场分量是稳定振荡；而当它是虚数时，纵向场分量则是衰减振荡(这时波进入介质层表面)。

由式(5.2.11)得到的光的纵向场分量，利用式(5.1.9)、式(5.1.11)、式(5.1.12a)和式(5.1.12b)求出光的横向场分量的纵向场表示，即

$$E_x = \frac{\mathrm{j}\omega\mu}{\beta_t^2}\frac{\partial H_z}{\partial y},\quad E_y = 0,\quad H_x = 0,\quad H_y = \frac{-\mathrm{j}\beta}{\beta_t^2}\frac{\partial H_z}{\partial y} \tag{5.2.12}$$

在得到上述表达式的过程中，利用了 $E_z=0$ 以及场在 x 方向具有均匀性的特点，即 $\partial/\partial x=0$。式(5.2.11)和式(5.2.12)完整地描述了平面波导中 TE 模光的特性。

类似的，当入射光是 TM 模的光，即光场的 $H_z=0$ 时，纵向场分量满足以下关系式：

$$\frac{\mathrm{d}^2 E_z}{\mathrm{d}y^2} + \beta_t^2 E_z = 0 \tag{5.2.13}$$

可以解得类似式(5.2.11)所示的纵向场表示。

相应的横向场分量的纵向场表示如下：

$$\left.\begin{aligned} E_x &= 0 \\ E_y &= \frac{\mathrm{j}\beta}{\beta_t^2}\frac{\partial E_z}{\partial y} \\ H_x &= \frac{\mathrm{j}\varepsilon\omega}{\beta_t^2}\frac{\partial E_z}{\partial y} \\ H_y &= 0 \end{aligned}\right\} \tag{5.2.14}$$

平面波导的总结如下：

在导波层中 $y\in[-a,a]$，横向传播因子 $\beta_t^2=k_c^2n_1^2-\beta^2>0$，光场有稳定的振荡解，如 TE 模光的 $H_z=A\cos\beta_t y$；在介质层中 $y\notin[-a,a]$，$\beta_t^2=k_c^2n_2^2-\beta^2<0$，光场有衰减解，如 TE 模光的 $H_z=Ce^{-\beta_t y}(y>a)$ 和 $H_z=Ce^{\beta_t y}(y<a)$。

5.2.3　本征值方程

从前面的分析可知，波导中的光传播问题实质上就是求解纵向场所满足的二维亥姆霍兹方程，得到纵向场分量后，其余横向场分量都可由纵向场表示得到。

在导波层与介质层之间的边界上(见图 5.1($y=\pm a$))，应用电磁场边界条件、电磁场切向(与分界面平行方向)分量连续以及切向分量、导数连续的条件，即对 TE 模的光有边界条件：

$$\left.\begin{aligned} &H_z(a) = H_z(-a) \\ &\left.\frac{\mathrm{d}H_z(y)}{\mathrm{d}y}\right|_{y=a} = \left.\frac{\mathrm{d}H_z(y)}{\mathrm{d}y}\right|_{y=-a} \end{aligned}\right\} \tag{5.2.15}$$

令

$$u^2 = \beta_t^2,\quad 即\ u = \beta_t \tag{5.2.16a}$$

$$w^2 = -\beta_t^2,\quad 即\ w = |\beta_t| \tag{5.2.16b}$$

代入式(5.2.11),可以得到在边界上 $y=\pm a$ 时的偶模,即

$$\left.\begin{aligned} A\cos(au) &= C\mathrm{e}^{-wa} \\ Au\sin(au) &= Cw\mathrm{e}^{-wa} \end{aligned}\right\} \tag{5.2.17}$$

解上式得

$$w = u\tan(au) = u\tan(au + m\pi), \quad m = 0,1,2,\cdots \tag{5.2.18a}$$

对在边界上 $y=\pm a$ 时的奇模有

$$\left.\begin{aligned} B\sin(au) &= C\mathrm{e}^{-wa} \\ Bu\cos(au) &= -Cw\mathrm{e}^{-wa} \end{aligned}\right\}$$

同样可得

$$w = -u\mathrm{c}\tan(au) = u\tan\left(au + \frac{\pi}{2}\right) \tag{5.2.18b}$$

将式(5.2.18a)和式(5.2.18b)合并可得

$$w = u\tan\left(au + m\frac{\pi}{2}\right), \quad m = 0,1,2,\cdots \tag{5.2.19}$$

上式是光波满足的本征值方程,解出此超越方程,可得 u 和 w,最后得到光波的横向传播因子 β_{t}。

5.2.4 矩形波导

边长分别是 $2a$ 和 $2b$ 的矩形波导的横截面如图 5.3 所示,导波介质是折射率为 n_1 的矩形区域,4 个角阴影区域电场很弱,可以忽略。很明显,若满足波导传播条件,则需要

$$\frac{n_1 - n_i}{n_1} \ll 1, \quad i = 2,3,4,5 \tag{5.2.20}$$

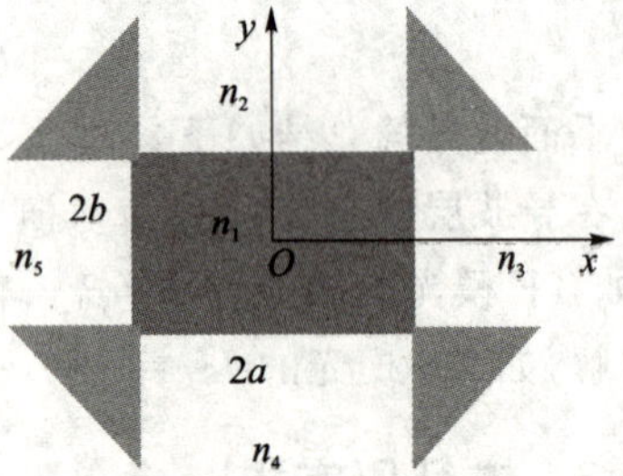

图 5.3 矩形波导

对纵向场满足的亥姆霍兹方程(5.1.15),可重新写为

$$\left[\left(\frac{\partial^2}{\partial x^2} + \frac{\partial^2}{\partial y^2}\right) + \beta_{\mathrm{t}}^2\right]E_z(\text{或 } H_z) = 0 \tag{5.2.21}$$

采用分离变量法,设场的纵向分量是 $X(x)$、$Y(y)$,代入上式,分离变量得到两个一元方程,即

$$\left.\begin{aligned} \frac{\mathrm{d}^2 X}{\mathrm{d}x^2} + \beta_x^2 X &= 0 \\ \frac{\mathrm{d}^2 Y}{\mathrm{d}y^2} + \beta_y^2 Y &= 0 \\ \beta_{\mathrm{t}}^2 &= \beta_x^2 + \beta_y^2 \end{aligned}\right\} \tag{5.2.22}$$

解上述方程组,可得到不同区域的场的纵向分量表达式。由于光波只能在波导

中传播，即在 n_1 区域的光波是行波，其他区域的光波应该是衰减波，参照式(5.2.11)，可写出场的纵向分量(E_z 或 H_z)在不同折射率区域的表达式，分别如下：

n_1 区域：E_z 或 $H_z = A_1\cos(\beta_{x1}x)\cos(\beta_{y1}y)$。

n_2 区域：E_z 或 $H_z = A_2\cos(\beta_{x2}x)e^{-|\beta_{y2}|y}$。

n_3 区域：E_z 或 $H_z = A_3\cos(\beta_{y3}x)e^{-|\beta_{x3}|x}$。

n_4 区域：E_z 或 $H_z = A_4\cos(\beta_{x4}x)e^{|\beta_{y4}|y}$。

n_5 区域：E_z 或 $H_z = A_5\cos(\beta_{y5}x)e^{|\beta_{x5}|x}$。

实际上，几个区域的影响在同一方向上接近相等，故有

$$\left.\begin{aligned}\beta_{x1}\sim\beta_{x2}\sim\beta_{x4}=\beta_x\\ \beta_{y1}\sim\beta_{y3}\sim\beta_{y5}=\beta_y\end{aligned}\right\}\tag{5.2.23}$$

为了将不同折射率区域表达式中的绝对值符号去掉，可以令 $P_2^2=-\beta_{y2}^2$，$P_3^2=-\beta_{x3}^2$，$P_4^2=-\beta_{y4}^2$，$P_5^2=-\beta_{x5}^2$，则纵向场分量表示为

$$E_z\text{ 或 }H_z=\begin{cases}A_1\cos(\beta_x x)\cos(\beta_y y), & -a\leqslant x\leqslant a,\ -b\leqslant y\leqslant b\\ A_2\cos(\beta_x x)e^{-p_2 y}, & -a\leqslant x\leqslant a,\ b<y\\ A_3\cos(\beta_y y)e^{-p_3 x}, & a<x,\ -b\leqslant y\leqslant b\\ A_4\cos(\beta_x x)e^{p_4 y}, & -a\leqslant x\leqslant a,\ y<-b\\ A_5\cos(\beta_y y)e^{p_5 x}, & x<-a,\ -b\leqslant y\leqslant b\end{cases}\tag{5.2.24}$$

将上面的纵向场分量代入横向场分量的表达式，可以获得整个光波场信息。通常是混合模式，这里不再详述，只对模式进行简单说明。

① 在横截面上存在两个主要模式：一个是 E_y 和 H_x 较强，称为 HE_{mn} 模；另一个是 E_x 和 H_y 较强，称为 EH_{mn} 模。

② 两个模式都是二维分布，用 m、n 分别表示 x 方向和 y 方向的电磁场极大的个数。

③ 当 n_1 与 n_i 接近时，导模基本相同，得到 $\beta\sim\beta_x\sim\beta_y$，这时就会发生模式简并。

5.3　光纤波导

光纤是导波光学最成功的应用例子，它已经成为近代光通信的基础。利用全反射原理，人们突破了光直线传播的束缚，可以将光引向任意地方。光纤也是由导波层和介质层(或称包层)构成，这里讨论的是均匀阶跃光纤，即导波层和介质层的折射率都是均匀的，从导波层到介质层的折射率从高到低有一突变(阶跃)。

5.3.1　光纤中的传输

如图 5.4 所示，导波层的折射率是 n_1，半径是 a，介质层折射率是 n_2，且 $n_2<n_1$，以满足全反射基本条件。

光在光纤内传播时有两种情况：一种是光在包含光纤光轴的平面内传播，称为子午光线；另一种是不包含光轴的光线，称为斜光线，如图 5.5 所示。通常不加说明时，都是指子午光线。

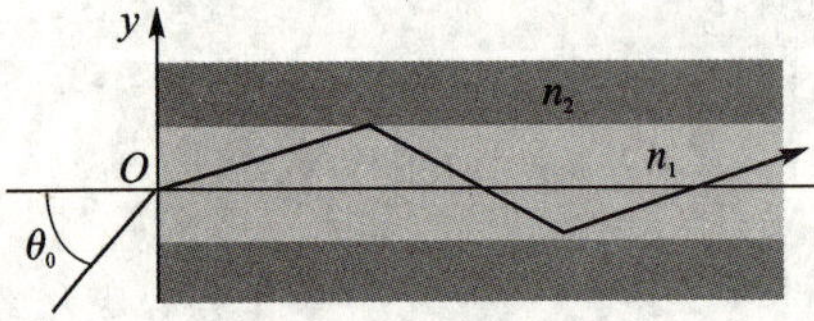

图 5.4　均匀阶跃光纤

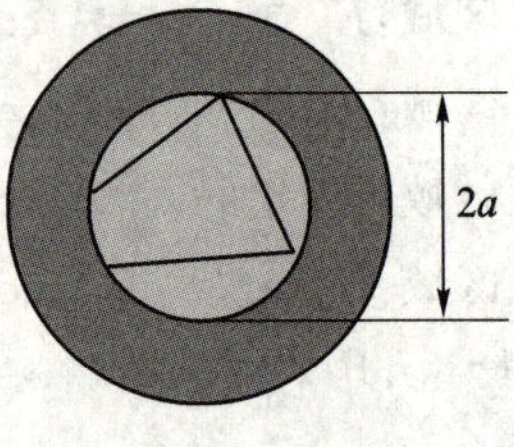

图 5.5　斜光线

光波能在光纤中传播，必须满足全反射原理，对图 5.4 所示的均匀阶跃光纤，光纤端面的光线入射角要满足

$$\sin\theta_0 < \sqrt{n_1^2 - n_2^2} \tag{5.3.1}$$

最大入射角的正弦是一个很重要的物理量，称为光纤数值孔径(NA)，定义式如下：

$$\mathrm{NA} \equiv \sin\theta_{0,\max} = \sqrt{n_1^2 - n_2^2} = n_1\sqrt{2\Delta} \tag{5.3.2}$$

其中：相对折射率差 $\Delta = (n_1^2 - n_2^2)/2n_1^2$。

5.3.2　光纤波动方程

1. 光纤中的电磁场

讨论光纤中电磁场分布时，也是以 z 轴为传播方向，很明显，由于轴对称性，取柱坐标是很方便的，如图 5.6 所示，在横截面上，场的二维分布具有极坐标特性。设光纤中电磁场分布如下：

$$\left.\begin{aligned} \boldsymbol{E} &= \boldsymbol{E}_0(r,\varphi)\mathrm{e}^{\mathrm{j}(\omega t - \beta z)} \\ \boldsymbol{H} &= \boldsymbol{H}_0(r,\varphi)\mathrm{e}^{\mathrm{j}(\omega t - \beta z)} \end{aligned}\right\} \tag{5.3.3}$$

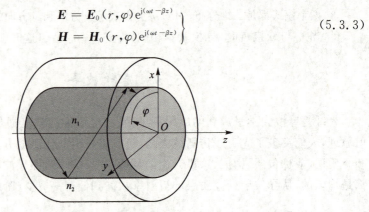

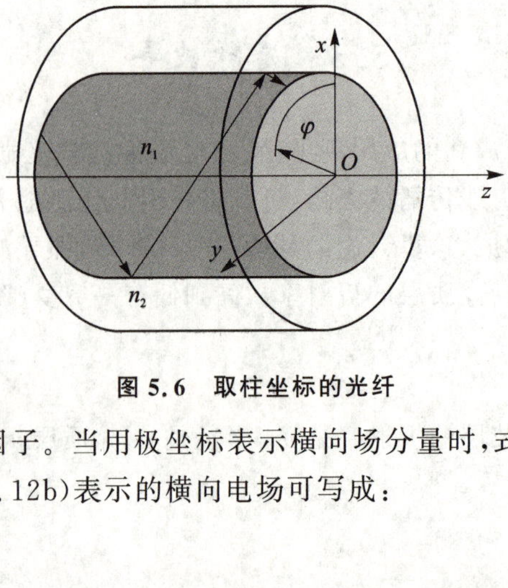

图 5.6　取柱坐标的光纤

其中：β 仍是纵向传播因子。当用极坐标表示横向场分量时，式(5.1.9)、式(5.1.11)、式(5.1.12a)和式(5.1.12b)表示的横向电场可写成：

$$\left.\begin{aligned} E_r &= \frac{-\mathrm{j}}{\beta_\mathrm{t}^2}\left(\beta\frac{\partial E_z}{\partial r}+\frac{\omega\mu}{r}\frac{\partial H_z}{\partial\varphi}\right) \\ E_\varphi &= \frac{-\mathrm{j}}{\beta_\mathrm{t}^2}\left(\frac{\beta}{r}\frac{\partial E_z}{\partial\varphi}-\omega\mu\frac{\partial E_z}{\partial r}\right) \end{aligned}\right\} \tag{5.3.4}$$

而横向磁场可写为

$$\left.\begin{aligned} H_r &= \frac{-\mathrm{j}}{\beta_\mathrm{t}^2}\left(\beta\frac{\partial H_z}{\partial r}-\frac{\omega\varepsilon}{r}\frac{\partial E_z}{\partial\varphi}\right) \\ H_\varphi &= \frac{-\mathrm{j}}{\beta_\mathrm{t}^2}\left(\frac{\beta}{r}\frac{\partial E_z}{\partial\varphi}+\omega\varepsilon\frac{\partial E_z}{\partial r}\right) \end{aligned}\right\} \tag{5.3.5}$$

横向传播因子：

$$\beta_\mathrm{t}^2 = k^2-\beta^2 = k_\mathrm{c}^2 n^2-\beta^2 \tag{5.3.6}$$

纵向场分量同样满足亥姆霍兹方程：

$$\left(\frac{\partial^2}{\partial r^2}+\frac{1}{r}\frac{\partial}{\partial r}+\frac{1}{r^2}\frac{\partial^2}{\partial\varphi^2}+\beta_\mathrm{t}^2\right)E_z(\text{或 } H_z)=0 \tag{5.3.7}$$

所以，求解光纤中的光场分布就是求解极坐标下的亥姆霍兹方程。

2. 方程求解

要求解方程(5.3.7)，可采用分离变量法，令

$$E_z(\text{或 } H_z) = R_z(r)\Phi_z(\varphi) \tag{5.3.8}$$

代入式(5.3.7)，得到以下两式

$$\frac{\mathrm{d}^2\Phi_z}{\mathrm{d}\varphi^2}+m^2\Phi_z=0,\quad m=0,1,2,\cdots \tag{5.3.9}$$

$$\frac{\mathrm{d}^2R_z}{\mathrm{d}r^2}+\frac{1}{r}\frac{\mathrm{d}R_z}{\mathrm{d}r}+\left(\beta_\mathrm{t}^2-\frac{m^2}{r^2}\right)R_z=0 \tag{5.3.10}$$

很明显，式(5.3.9)是简谐振动方程，而式(5.3.10)称为贝塞尔(Bessel)方程。这两类方程都有现成的解，即

$$\Phi_z \propto \begin{cases}\cos(m\varphi)\\ \sin(m\varphi)\end{cases} \tag{5.3.11}$$

$$R_z = \begin{cases} AJ_n(\beta_\mathrm{t}r)+A'N_n(\beta_\mathrm{t}r) & (\beta_\mathrm{t}^2>0,\quad n=0,1,2,\cdots) \\ C'I_n(|\beta_\mathrm{t}|r)+CK_n(|\beta_\mathrm{t}|r) & (\beta_\mathrm{t}^2<0,\quad n=0,1,2,\cdots) \end{cases} \tag{5.3.12}$$

式(5.3.12)中 J_n 是 n 阶一类贝塞尔函数，N_n 是 n 阶二类贝塞尔函数，I_n 是 n 阶一类虚宗量贝塞尔函数，K_n 是 n 阶二类虚宗量贝塞尔函数。

对于贝塞尔函数，可以列出它的一些简单近似表示，如表 5.1 所列。

在光纤导波层中，$r<a$，当 $r\to 0$ 时，由表 5.1 可知 N_n 发散，所以要使式(5.3.12)中的 R_z 有限，必须使 $A'=0$。

在光纤包层即介质层中，$r>a$，当 $r\to\infty$ 时，同样由表 5.1 可知 I_n 要发散，故只能要求式(5.3.12)中的 $C'=0$。

最后，式(5.3.12)化简为

$$R_z(r)=\begin{cases}AJ_n(\beta_t r), & r<a\\ CK_n(|\beta_t|r), & r>a\end{cases} \tag{5.3.13}$$

表 5.1　贝塞尔函数的简单特性

条　件	简单特性
$x\ll 1$	$J_n(x)\approx\frac{1}{n!}\left(\frac{x}{2}\right)^n$
	$I_n(x)\approx\frac{1}{n!}\left(\frac{x}{2}\right)^n$
	$N_n(x)\approx\frac{-(n-1)!}{\pi}\left(\frac{2}{x}\right)^n$
	$K_n(x)\approx\frac{(n-1)!}{\pi}\left(\frac{2}{x}\right)^n$
$x\gg 1$	$J_n(x)\approx\left(\frac{2}{\pi x}\right)^{1/2}\cos\left(x-\frac{n\pi}{2}-\frac{\pi}{4}\right)$
	$I_n(x)\approx\left(\frac{1}{2\pi x}\right)^{1/2}\mathrm{e}^{x}$
	$N_n(x)\approx\left(\frac{2}{\pi x}\right)^{1/2}\sin\left(x-\frac{n\pi}{2}-\frac{\pi}{4}\right)$
	$K_n(x)\approx\left(\frac{\pi}{2x}\right)^{1/2}\mathrm{e}^{-x}$
$\frac{\mathrm{d}J_0}{\mathrm{d}x}=-J_1$	
$\frac{\mathrm{d}K_0}{\mathrm{d}x}=-K_1$	

3. 解的讨论

从上面得到光纤中纵向场的解为

$$E_z(\text{或 }H_z)=\begin{cases}AJ_n(\beta_t r)\cos(m\varphi) & (r<a,\ \beta_t^2>0,\ \text{振荡})\\ CK_n(|\beta_t|r)\cos(m\varphi) & (r>a,\ \beta_t^2<0,\ \text{衰减})\end{cases} \tag{5.3.14}$$

光波从光纤内的振荡行波逐渐过渡到介质层的衰减波，横向传播因子的平方也从大于零变为小于零，即

$$\beta_t^2(r<a)>0\rightarrow\beta_t^2(r>a)<0 \tag{5.3.15}$$

因此，$\beta_t^2=0$ 是从行波变成衰减波的分界点，此点称为模式截止条件，即

$$\beta_t^2=k_c^2n_2^2-\beta^2=0 \tag{5.3.16}$$

得到模式截止时，纵向传播因子为

$$\beta=k_cn_2$$

同样引入参数 u 和 w，讨论导波层与介质层，在导波层中($r<a$)，令

$$\beta_t^2=k_c^2n_1^2-\beta^2=u^2 \tag{5.3.17a}$$

在介质层中($r>a$)，令

$$\beta_t^2 = k_c^2 n_2^2 - \beta^2 = -w^2 \tag{5.3.17b}$$

例如对于 TM 模的光，$H_z=0$：

$$E_z = \begin{cases} AJ_n(ur)\cos(m\varphi), & r < a \\ CK_n(wr)\cos(m\varphi), & r > a \end{cases} \tag{5.3.18}$$

之后再求出横场分量。

4. 光纤中的本征值方程

同前所述，利用边界条件可以得到本征值方程。由于在 $r=a$ 的界面上 $\boldsymbol{E}$ 和 $\boldsymbol{H}$ 的切向量连续，即有 $E_{z1}=E_{z2}$，$E_{\varphi 1}=E_{\varphi 2}$，$H_{z1}=H_{z2}$，$H_{\varphi 1}=H_{\varphi 2}$。由式(5.3.18)可得

$$E_{z1} - E_{z2} = AJ_n(ua) - CK_n(wa) = 0 \tag{5.3.19a}$$

$$E_{\varphi 1} - E_{\varphi 2} = \frac{-\mathrm{j}}{u^2}\left(A\frac{\mathrm{j}n\beta}{a}J_n - B\omega\mu u J_n'\right) - \frac{\mathrm{j}}{w^2}\left(C\frac{\mathrm{j}n\beta}{a}K_n - D\omega\mu w K_n'\right) = 0 \tag{5.3.19b}$$

以及磁场分量：

$$H_{z1} - H_{z2} = BJ_n(ua) - DK_n(wa) = 0 \tag{5.3.19c}$$

$$H_{\varphi 1} - H_{\varphi 2} = \frac{-\mathrm{j}}{u^2}\left(B\frac{\mathrm{j}n\beta}{a}J_n - A\omega\varepsilon_1 u J_n'\right) - \frac{\mathrm{j}}{w^2}\left(D\frac{\mathrm{j}n\beta}{a}K_n - C\omega\varepsilon_2 w K_n'\right) = 0 \tag{5.3.19d}$$

其中：J_n'、K_n' 分别是对 J_n 和 K_n 的求导运算。

联立上述 4 个公式，以其中 A、B、C、D 为待定量，若它们不同时为零，则齐次方程组有非零解的条件是系数行列式为零，即

$$\begin{vmatrix} J_n & 0 & -K_n & 0 \\ \dfrac{\beta n}{au^2}J_n & \dfrac{\mathrm{j}\omega\mu}{u}J_n' & \dfrac{\beta n}{aw^2}K_n & \dfrac{\mathrm{j}\omega\mu}{w}K_n' \\ 0 & J_n & 0 & -K_n \\ \dfrac{-\mathrm{j}\omega\varepsilon_1}{u}J_n' & \dfrac{\beta n}{au^2}J_n & \dfrac{\mathrm{j}\omega\varepsilon_2}{w}K_n' & \dfrac{\beta n}{aw^2}K_n \end{vmatrix} = 0 \tag{5.3.20}$$

化简上式，最后得到

$$\left(\frac{J_n'(ua)}{uJ_n(ua)} + \frac{K_n'(wa)}{wK_n(wa)}\right)\left(k_1^2\frac{J_n'(ua)}{uJ_n(ua)} + k_2^2\frac{K_n'(wa)}{wK_n(wa)}\right) = \left(\frac{\beta n}{a}\right)^2\left(\frac{1}{u^2} + \frac{1}{w^2}\right)^2 \tag{5.3.21}$$

其中：$k_1 = 2\pi n_1/\lambda_0 = \omega\sqrt{\varepsilon_1\mu}$，$k_2 = \omega\sqrt{\varepsilon_2\mu}$。

式(5.3.21)就是本征值方程，解此方程可以得到相应的 u、w。最后，同样得到横向传播因子 β_t。

下面将讨论式(5.3.21)的一些特性。

当 $n=0$ 时，本征值方程可变为

$$\left[\frac{J_0'(ua)}{uJ_0(ua)} + \frac{K_0'(wa)}{wK_0(wa)}\right]\left[\frac{k_1^2 J_0'(ua)}{uJ_0(ua)} + \frac{k_2^2 K_0'(wa)}{wK_0(wa)}\right] = 0 \tag{5.3.22}$$

取

$$\frac{J_0'(ua)}{uJ_0(ua)}+\frac{K_0'(wa)}{wK_0(wa)}=0 \tag{5.3.23}$$

利用表 5.1 所列的递推关系，上式可变为

$$\frac{J_1(ua)}{uJ_0(ua)}+\frac{K_1(wa)}{wK_0(wa)}=0 \tag{5.3.24}$$

进一步讨论可知此式对应于 TE_{0m} 模。

取

$$\frac{k_1^2 J_0'(ua)}{uJ_0(ua)}+\frac{k_2^2 K_0'(wa)}{wK_0(wa)}=0 \tag{5.3.25}$$

同样由表 5.1 所列的递推关系可得

$$\frac{k_1^2 J_1(ua)}{uJ_0(ua)}+\frac{k_2^2 K_1(wa)}{wK_0(wa)}=0 \tag{5.3.26}$$

进一步讨论可知此式对应 TM_{0m} 模。

5. 模式讨论

① 对任意贝塞尔函数呈现为绕横轴振荡的形式，与横轴相交 m 次，即对任意一个 n，$J_n=0$ 有 m 个根，可以得到分立的 β_{nm}，这分别对应于 TE_{nm} 模、TM_{nm} 模、EH_{nm} 模（主要以电振动为主）和 HE_{nm} 模（主要以磁振动为主）。$n=0$ 时是单模，其余都是混合模。

② 归一化频率，是指满足下式的 V：

$$V^2=a^2(u^2+w^2)=k_c^2a^2(n_1^2-n_2^2)=k_c^2a^2\mathrm{NA}^2 \tag{5.3.27}$$

利用归一化频率可以估算出光纤的总模数 M。由统计物理可知空间单位立体角发出的电磁波模数是 $2A/\lambda^2$，其中，A 是立体角对应的面积，所以 Ω 立体角内总模数

$$M=\frac{2A}{\lambda^2}\Omega=\frac{2\pi a^2}{\lambda^2}\pi\theta^2$$

当 θ 较小时，$\theta^2\approx\sin^2\theta=\mathrm{NA}^2$，代入式(5.3.27)，就有

$$M=\frac{k_c^2a^2}{2}(n_1^2-n_2^2)=\frac{V^2}{2} \tag{5.3.28}$$

表 5.2 给出了一些光纤中传输的低阶模截止条件。

表 5.2 低阶模截止条件

V	模 式	截止条件
0	TE_{0m}，TM_{0m}	$J_0(ua)=0$
1	HE_{1m}，EH_{1m}	$J_1(ua)=0$
>2	EH_{nm}，HE_{nm}	$J_n(ua)=0$

思考题

5-1　在波导中 E_z 可能不为零，是否与光是横波的结论相悖？

5-2　求导光纤数值孔径：

$$\mathrm{NA} = \sin\theta_{0,\max} = \sqrt{n_1^2 - n_2^2}$$

5-3　求解波导中的电磁场的关键，是需要解决什么问题？

第 6 章　光的干涉

干涉是一种典型的光波动现象，即两束光波在空间相遇，在相遇区域形成稳定的明暗相间的条纹，如图 6.1 所示。亮纹表示光强度极大，而暗纹表示光强度极小，所以从能量的角度来看，干涉就是对两束光能量在空间的重新分布，且这种分布不随时间变化。

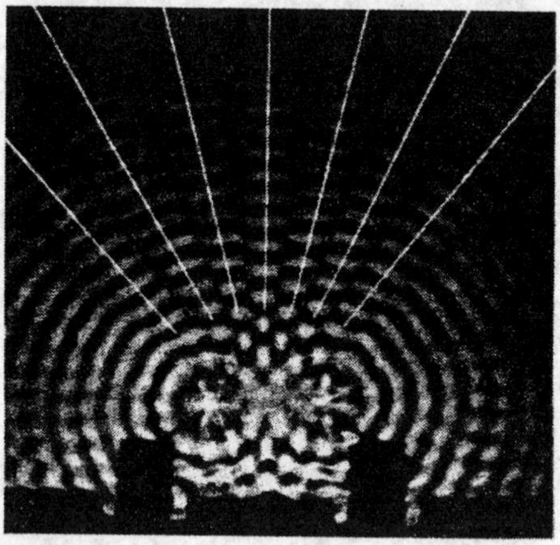

图 6.1　两个点光源在空间产生的干涉

6.1　一般干涉

6.1.1　双光束的干涉

假设两束同频率光波在空间点 P 相遇，则在相遇点的光振动分别是

$$\boldsymbol{E}_1(\boldsymbol{r}_1, t) = \boldsymbol{E}_{01}\mathrm{e}^{(\boldsymbol{k}_1 \cdot \boldsymbol{r}_1 - \omega t)} \tag{6.1.1a}$$

$$\boldsymbol{E}_2(\boldsymbol{r}_2, t) = \boldsymbol{E}_{02}\mathrm{e}^{(\boldsymbol{k}_2 \cdot \boldsymbol{r}_2 - \omega t + \varphi)} \tag{6.1.1b}$$

在相遇点的总光振动为

$$\boldsymbol{E} = \boldsymbol{E}_1 + \boldsymbol{E}_2 \tag{6.1.2}$$

相遇点的光强度为

$$I = \langle \boldsymbol{E} \cdot \boldsymbol{E}^* \rangle \tag{6.1.3}$$

展开上式，简单运算可以得到

$$I = \langle \boldsymbol{E}_1 \cdot \boldsymbol{E}_1^* \rangle + \langle \boldsymbol{E}_2 \cdot \boldsymbol{E}_2^* \rangle + \langle \boldsymbol{E}_1 \cdot \boldsymbol{E}_2^* + \boldsymbol{E}_2 \cdot \boldsymbol{E}_1^* \rangle = I_1 + I_2 + I_{12} \tag{6.1.4}$$

其中：$I_1=\langle \boldsymbol{E}_1\cdot \boldsymbol{E}_1^*\rangle$，$I_2=\langle \boldsymbol{E}_2\cdot \boldsymbol{E}_2^*\rangle$，它们分别是两束光各自在点 P 的光强，它们不能产生明暗相间的条纹，只是将观察视场均匀照亮，对干涉毫无贡献；而交叉项

$$I_{12}=\langle \boldsymbol{E}_1\cdot \boldsymbol{E}_2^*+\boldsymbol{E}_2\cdot \boldsymbol{E}_1^*\rangle=2\boldsymbol{E}_{01}\cdot \boldsymbol{E}_{02}\cos\delta \tag{6.1.5}$$

式中的 $\delta=\boldsymbol{k}_2\cdot \boldsymbol{r}_2-\boldsymbol{k}_1\cdot \boldsymbol{r}_1+\varphi$ 是两束光的相位差(Phase Difference)，它只与空间位置有关。因此，I_{12} 随着观察点的空间位置不同而发生变化，在空间不同点出现明暗条纹，故称之为相干项(Coherent Term)，干涉现象是由 I_{12} 产生的。

1. 完全不相干

在完全不相干的情况下，无论在空间何处，始终有 $I_{12}=\langle \boldsymbol{E}_1\cdot \boldsymbol{E}_2^*+\boldsymbol{E}_2\cdot \boldsymbol{E}_1^*\rangle=0$。这里有两种情况：一是相遇点光振动相位随时间变化，经时间平均后 $I_{12}=0$；二是相遇点两束光振动矢量互相正交，点积后为零，最后相干项为零。

2. 完全相干

为简化处理，可认为在相遇点两束光振动同平面，相干项中的点积变成乘积，式(6.1.5)变为 $I_{12}=2E_{01}E_{02}\cos\delta=2\sqrt{I_1I_2}\cos\delta$，总光强度为

$$I=I_1+I_2+2\sqrt{I_1I_2}\cos\delta \tag{6.1.6}$$

当 $I_1=I_2=I_0$ 时，上式变为

$$I=2I_0(1+\cos\delta)=4I_0\cos^2(\delta/2) \tag{6.1.7}$$

3. 相长与相消的讨论

相长干涉形成干涉亮纹，此时 $\delta=2m\pi(m=0,\pm1,\pm2,\cdots)$，总光强度为极大值，即

$$I=I_{\max}=\begin{cases}I_1+I_2+2\sqrt{I_1I_2}\\4I_0\end{cases} \tag{6.1.8}$$

相消干涉形成暗纹，此时 $\delta=(2m+1)\pi(m=0,\pm1,\pm2,\cdots)$，总光强度为极小值，即

$$I=I_{\min}=\begin{cases}I_1+I_2-2\sqrt{I_1I_2}\\0\end{cases} \tag{6.1.9}$$

由上述内容可知，随着观察点位置的不同，相位差在变化，光强度在空间的分布也从极大到极小变化着。干涉使得光能量按空间位置的不同而重新分布，因此可以推想，n 个光强度为 I_0 的非相干光在相遇点总的光强度是 nI_0，而若是相干光，则光强度的极大值就是 n^2I_0。

4. 光程差

为便于讨论，设两束光有相同的波长，初相位差为零且 $\boldsymbol{k}$ 与 $\boldsymbol{r}$ 方向相同，则两束光的相位差为

$$\delta=k(r_2-r_1)=k_cn(r_2-r_1)=k_c\Delta \tag{6.1.10}$$

其中：k_c 是真空中波数；$\Delta=n(r_2-r_1)$，是光程差；相应的相长相消干涉条件变为

$$\Delta=\begin{cases}m\lambda, & m\text{ 级亮纹}\\(2m+1)\lambda/2, & m\text{ 级暗纹}\end{cases} \tag{6.1.11}$$

这里 λ 是真空中的波长。

式(6.1.11)是 m 级干涉亮纹所满足的光程差关系,可以看出每两个相邻亮纹的光程差是一个波长。光程差变化时,相应的 m 也要变化,即干涉条纹发生移动。当光程差增加一个波长时,m 就增加 1,视场中原先 m 级亮条纹向 m 减小的方向移动一个条纹。所以,当光程差增加时,所有干涉条纹将向干涉纹级数低的方向移动(见图 6.2),光程差增加几个波长,视场中就能看到所有条纹向低级数方向移动了几个条纹间隔;反之,当光程差减小时,干涉条纹将向级数高的方向移动。

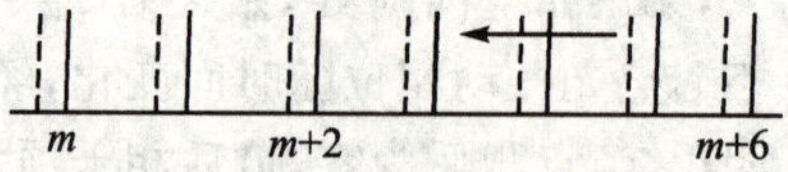

图 6.2 当光程差增加时,干涉亮纹向级数低的方向移动

以上讨论很有意义,干涉测量就是基于此原理,在干涉仪上测量的微小位移(光程差的改变)转变成视场中的干涉条纹的移动。

6.1.2 干涉装置

如上所述,发生干涉现象的一个关键因素是产生干涉的光束之间相位差要恒定(与时间无关)。因此,常见的干涉装置可以分为两类:一类是分波前(Wavefront Splitting)装置,某时刻的波前是指此时刻光波传播最前面的波振面(等相面),此类装置是指发生干涉的那些光束是从同一波振面分出来的,因此它们之间的初始相位差始终为零;另一类是所谓的分振幅(Amplitude Splitting)装置,即参与干涉的那些光束来自同一束光,如薄膜表面反射光之间的干涉可以看成都是来自同一束入射光。这两类干涉装置产生的干涉条纹区域是不同的,如分波前装置产生的干涉条纹的区域是不固定的,即非定域的条纹(Nonlocalized Fringe);而分振幅装置产生的干涉条纹的区域在无限远处,即条纹区域是定域条纹(Localized Fringe)。

1. 双缝干涉

在分波前干涉中较著名的是双缝干涉,也称杨氏(Young)干涉,如图 6.3 所示。

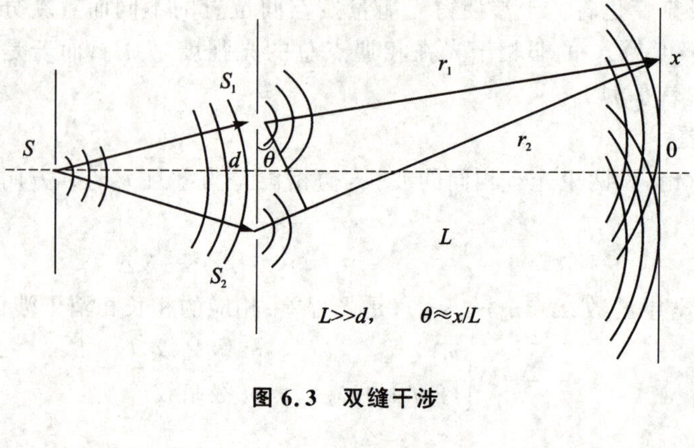

图 6.3 双缝干涉

单色点光源 S 发出球面波被间距为 d 的双缝屏分割，形成两个点光源 S_1、S_2，经过 L 后在屏幕上 x 位置相遇干涉，假设整个装置在空气中，S_1、S_2 处的光振动来自同一个波前，故可以发生干涉，从这两点到屏幕 x 位置产生的光程差为

$$\Delta = r_2 - r_1 \approx d\sin\theta \approx \theta d = xd/L \tag{6.1.12}$$

由式(6.1.11)可以得到 m 级亮纹所在位置 $x = m\lambda L/d$，亮纹间距 $\Delta l = \lambda L/d$。假定点光源 S_1 和 S_2 的强度都是 I_0，由式(6.1.7)得到屏幕上干涉条纹的强度分布为

$$I = 2I_0(1+\cos\delta) = 4I_0\cos^2\left(\frac{\pi xd}{\lambda L}\right) \tag{6.1.13}$$

2. 薄膜干涉

当光束被薄膜的上、下表面多次反射(或透射)时，反射(或透射)光之间产生的干涉如图 6.4 所示。当光线入射到厚度为 h、折射率为 n 的薄膜上时，在点 A 被分离，被薄膜的上表面和下表面反射，形成了相互平行的过点 A 的反射光和过点 B 的透射光。由于这两束光来自同一入射光，故满足干涉条件(分振幅干涉)，因此将在无穷远处(或如图 6.4 所示的透镜焦平面上)形成干涉图样。

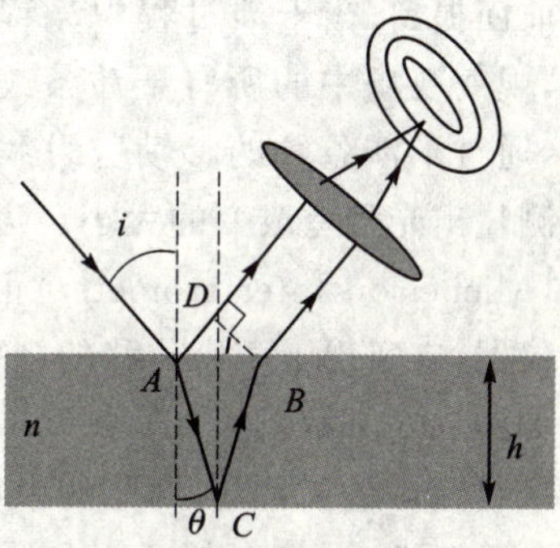

图 6.4　薄膜干涉

如图 6.4 所示，这两束相干光之间的光程差为

$$\Delta = n(\overline{AC}+\overline{CB}) - \overline{AD} - \lambda/2 \tag{6.1.14}$$

其中：$\lambda/2$ 是由于被薄膜反射的光存在半波损失造成的。

从图 6.4 所示的几何关系可以分析得到 $\overline{AC}=\overline{CB}=h/\cos\theta$，$\overline{AD}=\overline{AB}\sin i = 2h\tan\theta\sin i = 2hn\sin^2\theta/\cos\theta$，代入式(6.1.14)，最后可得

$$\Delta = 2nh\cos\theta - \lambda/2 \tag{6.1.15}$$

当然，如果只考虑薄膜下表面的透射光之间的干涉，则上式就没有半波损失问题。

分析光程差公式(6.1.15)，可以看到光程差与薄膜厚度 h 有关，也与光线的入射角有关(因式中含折射角 θ)，因此，只有薄膜厚度改变而形成的干涉条纹称为等厚干涉，而只与入射角有关的干涉称为等倾干涉。

如图 6.5 所示的装置，扩展光源照明薄膜形成的是等倾干涉条纹(见图 6.5(a))，而牛顿环形成的是等厚干涉条纹(见图 6.5(b))。当最后的干涉结果都一样(图 6.5(c))时，对于等倾干涉来说，中心条纹的级数要比外缘高；而对于等厚干涉来说，则中心的级数要比外缘的低。当产生干涉的薄膜厚度增加时，即光程差增大时，可以观察到，等倾干涉条纹随厚度的增加不断有条纹从中心冒出，而等厚干涉观察到的现象则恰好相反。

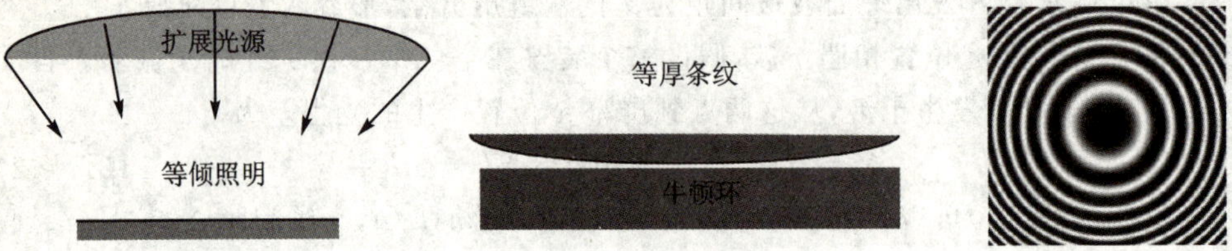

(a) 扩展光源照射薄膜　　(b) 牛顿环　　(c) 干涉条纹

图 6.5　等倾与等厚干涉

3. 迈克尔逊干涉仪

前面提到，当干涉过程中光程差发生变化后，观察视场中的所有干涉条纹都将发生移动，通过干涉条纹的移动数目我们可以精确地测量出光程差改变的大小。迈克尔逊干涉仪(Michelson Interferometer)正是这样的测量仪器，它实现了微小位移的精确测量，其原理如图 6.6 所示。

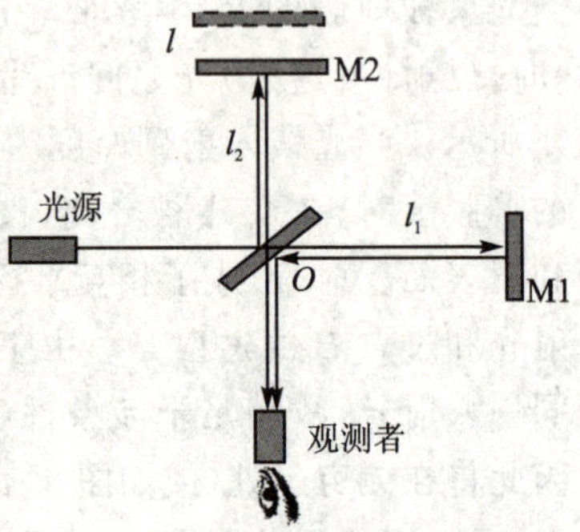

图 6.6　观测到 M1 和 M2 形成的薄膜干涉

来自光源的光经过 O 处的半反镜，分成 l_1 和 l_2 两束光，在经过镜 M1 和 M2 的反射后，最后到达观测者。在观测者视场中将会看到 M1 的像和 M2 形成的薄膜干涉条纹，当移动 M1 时，相当于改变了薄膜厚度，随之看到干涉条纹的移动，且 M1 每移动半个波长，即光程差改变一个波长，视场中所有条纹就移动一个条纹间隔。当移动 ΔN 个条纹间隔时，镜 M1 的位移就是

$$l = \Delta N \frac{\lambda}{2} \tag{6.1.16}$$

所以，测得干涉图样移动的条纹间隔数目 ΔN 就能知道位移 l。

4. 赛格纳克干涉仪

赛格纳克干涉仪(Sagnac Interferometer)实际上是迈克尔逊干涉仪的变形。如图 6.7 所示，A 处的半反镜把光线分为顺时针($ABCDA$)和逆时针($ADCBA$)两路，最后在 A 处汇合。当整个仪器绕中心顺时针旋转时，以经典物理的观点来看，观测者看到的顺时针光路的光速是 $c-v/\sqrt{2}$，而逆时针光路的光速则是 $c+v/\sqrt{2}$，这里的速度 $v=\omega R \ll c$，ω 是仪器绕轴转的角速度，顺时针一圈光所需要的时间为

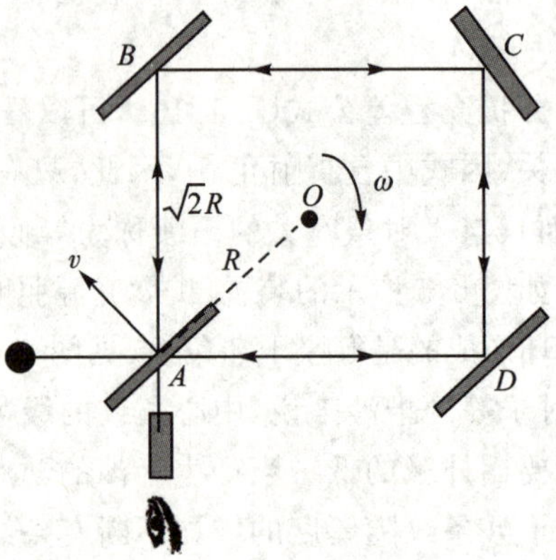

图 6.7　赛格纳克干涉仪

$$t_{ABCDA}=\frac{4R\sqrt{2}}{c-v\sqrt{2}}=\frac{8R}{\sqrt{2}c-\omega R}\approx\frac{8R}{\sqrt{2}c}\left(1+\frac{\omega R}{\sqrt{2}c}\right)\tag{6.1.17a}$$

同理，逆时针一圈所需要的时间为

$$t_{ADCBA}=\frac{4R\sqrt{2}}{c+v\sqrt{2}}\approx\frac{8R}{\sqrt{2}c}\left(1-\frac{\omega R}{\sqrt{2}c}\right)\tag{6.1.17b}$$

则时间差是

$$\Delta t=\frac{8R^2\omega}{c^2}=\frac{4A\omega}{c^2}\tag{6.1.18}$$

其中：$A=2R^2$，即光路所围矩形面积。两路光之间的光程差为

$$\Delta=c\Delta t=\frac{4A\omega}{c}\tag{6.1.19}$$

当角速度改变 $\Delta\omega$ 时，光程差也会相应地改变，进而使得视场中的干涉条纹发生移动，移动的条纹间隔数目为

$$\Delta N=\frac{4A}{\lambda c}\Delta\omega\tag{6.1.20}$$

式(6.1.19)的意义在于它将角速度与光程差联系起来，角速度的改变(即角加速度)通过干涉条纹的移动间隔数反映。基于此原理，人们制造了光纤陀螺仪，其在导航方面经常用到。如图 6.8 所示的光纤赛格纳克干涉仪，其中光程差为

$$\Delta=\frac{4AN}{c}\omega\tag{6.1.21}$$

其中：N 是光纤匝数。

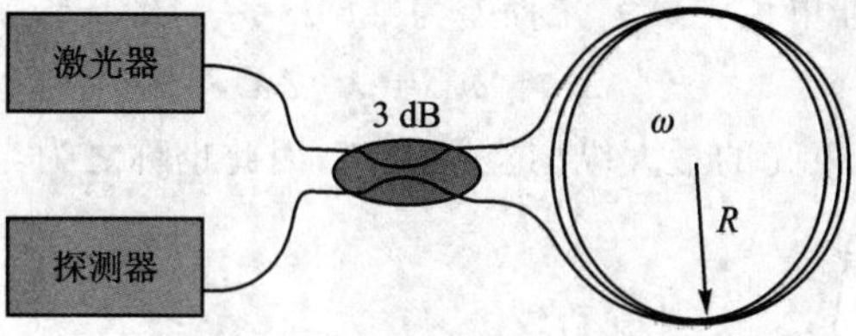

图 6.8　光纤赛格纳克干涉仪

这里需要指出的是，上述推导都是基于经典物理的观点，读者如有兴趣，可采用相对论理论进行推导，也可以得到类似的公式。

6.2　光的相干性讨论

以上讨论的干涉现象都是在单色点光源前提下进行的，如果有两个波长(或两个点)的光源参与干涉，每个波长(或每个点光源)都有一套干涉条纹，则当第一套条纹的亮纹位置与第二套的暗纹位置相重合时，视场中明暗相间的干涉条纹将消失。前一种情况是由光源非单色性引起的，涉及光的时间相干性；后一种情况由非点光源

(扩展光源)引起的,涉及光的空间相干性问题。

6.2.1 光的时间相干性

1. 准单色光

对单色光来说,光程差只要满足式(6.1.11)就能出现干涉条纹,理论上来讲光程差可以无限大。但实际中的光并非完全单色,而是所谓的准单色光,从强度上来看,它们是以某个平均波长 $\bar{\lambda}$(或频率 $\bar{\nu}$)为中心展开的,展宽为 $\Delta\lambda$(或 $\Delta\nu$),如图 6.9 所示。

准单色光的波长和频率仍有关系,即 $\bar{\lambda}=c/\bar{\nu}$,由此可以推得 $\Delta\lambda/\bar{\lambda}=-\Delta\nu/\bar{\nu}$,通常在不计正负号的情况下,有常用关系式为

$$\Delta\lambda/\bar{\lambda}=\Delta\nu/\bar{\nu} \tag{6.2.1}$$

2. 最大光程差

对准单色光来说,产生干涉的光程差不是任意的,它受到最大光程差的限制,当相干光之间的光程差达到(或大于)最大光程差时,视场中将看不到明暗相间的干涉条纹,此时所有的亮条纹都挤在一起。在图 6.10 中,由于准单色光的强度有一定展宽,当 m 级亮纹的右边缘与 $m+1$ 级亮纹的左边缘重合时,暗纹就消失了,即当 m 级亮纹右边缘的光程差等于 $m+1$ 级亮纹左边缘的光程差时,即

$$m(\bar{\lambda}+\Delta\lambda/2)=(m+1)(\bar{\lambda}-\Delta\lambda/2) \tag{6.2.2}$$

干涉现象消失,此时的光程差就是能形成干涉的最大光程差,由式(6.2.2)解得

$$m=\bar{\lambda}/\Delta\lambda+1/2\approx\bar{\lambda}/\Delta\lambda \tag{6.2.3}$$

因此,能产生干涉的准单色光最大光程差为

$$\Delta_c=m\bar{\lambda}=\bar{\lambda}^2/\Delta\lambda \tag{6.2.4}$$

此式表示能干涉的两束光的最大纵向空间距离,因此也称之为光的纵向相干长度。

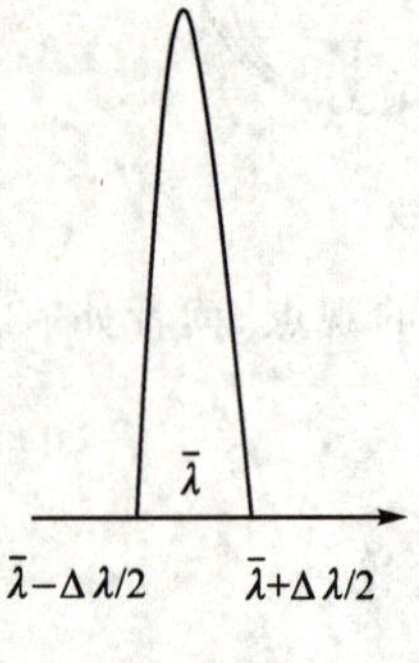

图 6.9 光强度按波长展开

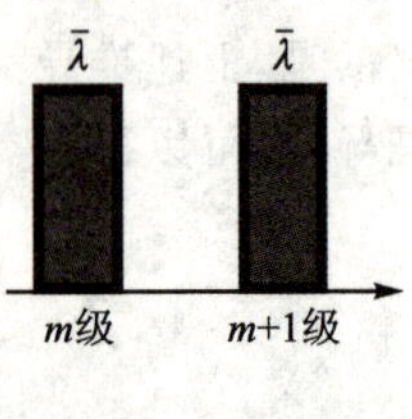

图 6.10 m 级右边与 $m+1$ 级的左边重合,干涉纹消失

3. 相干时间

光经过最大光程差(纵向相干长度)所需的时间 Δt_c 就是相干时间,$\Delta_c=c\Delta t_c$,将其代入式(6.2.4)并利用式(6.2.1)进行简单运算后得到相干时间为

$$\Delta t_c = 1/\Delta\nu \tag{6.2.5}$$

所以,能产生干涉的光束之间最大时间差与准单色光的频率展宽成反比,所以光的单色性越好($\Delta\nu$ 越小),相干时间(或纵向相干长度)就越长,光的时间相干性就越好。

我们也可以直接从单色光的干涉强度分布式(6.1.7)得到式(6.2.4)。对频率展宽为 $\Delta\nu$ 的准单色光来说,有类似式(6.1.7)的强度表达式

$$I(x) = \int_{\bar{\nu}-\Delta\nu/2}^{\bar{\nu}+\Delta\nu/2} 2I_0(1+\cos\delta)\mathrm{d}\nu \tag{6.2.6}$$

其中:$\delta=k\Delta=\dfrac{2\pi}{\lambda}\dfrac{xd}{L}=\dfrac{2\pi\nu}{c}\dfrac{xd}{L}$;令 $u=\dfrac{xd}{cL}$,则式(6.2.6)变为

$$I(x) = 2I_0\int_{\bar{\nu}-\Delta\nu/2}^{\bar{\nu}+\Delta\nu/2}[1+\cos(2\pi u\nu)]\mathrm{d}\nu \tag{6.2.7}$$

对上式进行计算,得

$$I(x) = 2I_0\Delta\nu[1+\mathrm{sinc}(u\Delta\nu)\cos(2\pi u\bar{\nu})] \tag{6.2.8}$$

上式中用到函数:

$$\mathrm{sinc}(x) = \frac{\sin(\pi x)}{\pi x} \tag{6.2.9}$$

其中:$\mathrm{sinc}(0)=1$,$\mathrm{sinc}(1)=0$。

图 6.11 所示是以 $u\Delta\nu$ 展开的强度分布,当 $u\Delta\nu=1$ 时,$\mathrm{sinc}(u\Delta\nu)=0$,得到均匀强度分布,干涉条纹消失。由式(6.1.12)和式(6.2.1)可得 $u\Delta\nu=\dfrac{xd}{cL}\dfrac{\Delta\lambda}{\bar{\lambda}}\bar{\nu}=\dfrac{\Delta}{c}\dfrac{\Delta\lambda}{\bar{\lambda}}\bar{\nu}=\Delta\dfrac{\Delta\lambda}{\bar{\lambda}^2}$。当 $u\Delta\nu=1$ 时,就得到与式(6.2.4)相同的最大光程差,即 $\Delta_c=\dfrac{\bar{\lambda}^2}{\Delta\lambda}$。

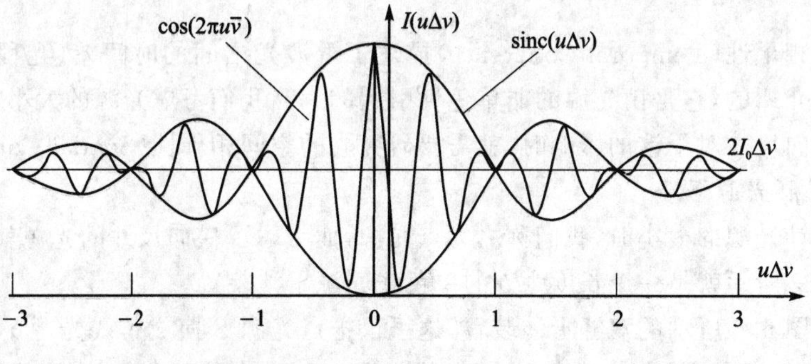

图 6.11　准单色光干涉强度分布

4. 相干与不确定性原理的关系

纵向相干长度实际上是微观粒子满足的测量不确定性原理在光学中的反映。我们知道微观粒子,如光子的能量和动量,其表达式如下:

$$E = h\nu \tag{6.2.10a}$$

$$p = h\nu/c = h/\lambda \tag{6.2.10b}$$

其中：$h=6.6\times10^{-34}\,\mathrm{J\cdot s}$，是普朗克常数。这里我们假定是准单色光。

下面的问题是要寻找测量光子动量的误差，或者寻找测量光子动量的不确定范围。

由式(6.2.10b)可得 Δp 的大小(不计负号)，即 $\Delta p = h\Delta\lambda/\bar{\lambda}^2$。由前面已知 $\bar{\lambda}^2/\Delta\lambda=\Delta_c$ 是光的相干长度，如果我们认为这是测量光子动量时的位置不确定范围 Δx，即 $\Delta_c=\Delta x$。那么，测量光子动量时，它的动量和位置不确定范围满足以下关系：

$$\Delta p \Delta x = h \tag{6.2.11a}$$

上式恰好是量子力学中著名的海森堡不确定性原理。这个原理告诉我们，不可能同时确定微观粒子的动量和位置(不可能同时测准)。如果粒子动量完全测准，即 $\Delta p\to 0$，则由式(6.2.11a)可知粒子的位置完全无法知道，因为此时 $\Delta x\to\infty$。

当测量光子能量不确定范围时，也会遇到类似问题，由式(6.2.10a)，可得 $\Delta E = h\Delta\nu$，如果我们认为相干时间就是测量光子能量时的时间不确定范围 Δt，则由式(6.2.5)可得

$$\Delta E \Delta t = h \tag{6.2.11b}$$

这也是不确定性原理的另一种表述，即微观粒子的能量和时间不能同时确定。因此，我们看到光的相干性与粒子的测不准量是一致的。

总结：光的时间相干性起源于光的准单色性，光的单色性越好，其相干长度与相干时间就越长。单色光的相干长度和相干时间都是无穷的，但实际中没有理论上的完全单色光。

6.2.2 光的空间相干性

时间相干性(Temporal Coherence)描述了干涉光之间的时间差(光程差)问题，正如前面介绍的，它是由光源的非单色性引起的。当我们考虑光源的大小，即光源在空间的横向尺寸对干涉的影响时，就需要研究光的空间相干性(Spatial Coherence)。

1. 扩展光源干涉

在不计光源的大小时，我们称之为点光源，而考虑了横向尺寸的光源就是扩展光源，图 6.12 所示就是一个长度为 b 的单色线光源干涉装置。

对照图 6.3 所示的双缝干涉装置，这里仅把点光源 S 换成了线光源 b，线光源上任一点坐标是 x'。类似公式(6.1.13)，线光源上点 x' 在屏幕点 x 处的光强度为

$$I(x,x') = 2I_0(1+\cos\delta) \tag{6.2.12}$$

其中：相位差 $\delta=k\Delta$，参考图 6.12 和式(6.1.12)的推导过程，可得光程差

$$\Delta = R_2 - R_1 + r_2 - r_1 \approx \frac{d}{D}x' + \frac{d}{L}x \tag{6.2.13}$$

因此，在考虑线光源尺寸后，屏幕上的光强度为

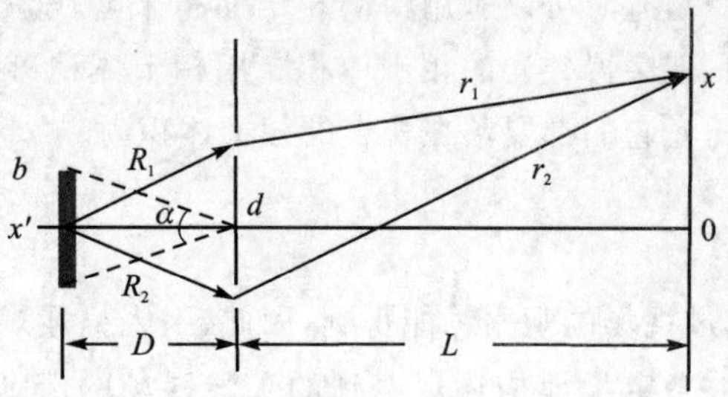

图 6.12　线光源照明双缝干涉系统

$$I(x)=\int_{-b/2}^{b/2}I(x,x')\mathrm{d}x'=2I_0\int_{-b/2}^{b/2}\left[1+\cos kd\left(\frac{x'}{D}+\frac{x}{L}\right)\right]\mathrm{d}x' \tag{6.2.14}$$

完成上述积分可得

$$I(x)=2I_0b\left[1+\mathrm{sinc}\left(\frac{bd}{D\lambda}\right)\cos\left(\frac{kxd}{L}\right)\right] \tag{6.2.15}$$

利用 sinc 函数的特性，在 $x=\pm1,\pm2,\cdots$ 处，$\mathrm{sinc}(x)=0$，这时 $I(x)=2I_0b$，干涉条纹消失。

取 $bd/D\lambda=1$，得到干涉条纹刚消失时两狭缝之间对应的距离为

$$d=\frac{D\lambda}{b}=\frac{\lambda}{\alpha} \tag{6.2.16}$$

其中：$\alpha=b/D$，是从两缝中心对光源所张的角，此角度越小，光源的尺寸就越小，由式(6.2.16)得出的能产生干涉的两个缝之间的最大距离就越大。

2. 横向相干长度

式(6.2.16)告诉我们，对于一定尺寸 b 的光源，相应有一个横向距离 d，只有在这个距离范围内的光源上任意两点的光才能发生干涉，我们把这个范围称为光的横向相干长度(横向是相对于光的传播方向)，用 d_c 表示。

由式(6.2.16)可知，横向相干长度取决于光源的几何尺寸，或准确地说由对光源所张角决定，光源越小，横向相干长度越大，在极限情况下，点光源的横向相干长度为无穷大。所以，星光的横向相干长度要远大于太阳光的横向相干长度。

在后续“扩展光源的相干性”的内容中还要推出对于圆形面光源的横向相干长度公式，即

$$d_c=1.22\frac{\lambda}{\alpha} \tag{6.2.17}$$

如果把太阳看作圆形面光源，测得 $\alpha=0.009\ 3$ rad(天文上称为角直径)，取 $\lambda=550$ nm，那么可得到太阳的横向相干长度 $d_c=19\ \mu$m，这是非常小的。

横向相干长度描述了光的空间相干特性，即发生干涉的两点之间最大的空间距离。而对应前面提到的纵向相干长度(或最大光程差)描述的是光的时间相干特性，即干涉的两束光之间最大的时间差(或光程差)。由于横向相干长度通常以面积的直

径表示(如式(6.2.17)),有时可以采用横向相干面积来替代。将光的纵向相干长度和横向相干面积相乘,就会得到光的相干体积。用相干体积可以统一描述光的相干性,凡是能发生相干的光它们都要落在各自的相干体积内。

6.2.3 可见度

干涉的结果要通过视场的观察才能得到,因此,引入描述观察干涉视场清晰与否的函数,即可见度函数来定量地描述观察到的干涉视场的清晰情况。可见度(Visibility)函数定义为视场中最亮条纹的强度与最暗条纹强度的差的模除以最亮强度与最暗强度和的模,即

$$V=\left|\frac{I_{max}-I_{min}}{I_{max}+I_{min}}\right| \tag{6.2.18}$$

很明显,对完全相干光,$V=1$;对完全非相干光,$V=0$;当 V 在 0～1 之间时,我们称之为部分相干光。

单色点光源的 $I_{max}=4I_0$,$I_{min}=0$,所以 $V=1$,它是完全相干光。

需要强调的是,可见度函数的一般意义在于,它能定量地衡量视场中观察图像的清晰程度。$V=1$ 表示完全清晰可见,而 $V=0$ 则为完全不清晰,不可见。所以,只要涉及观察图像的清晰程度问题的都可以用到它。在干涉图样的观察中,我们用它的值来区分完全相干光、部分相干光和非相干光;在偏振中有类似的偏振度的定义,用以区分完全偏振光和部分偏振光。

1. 准单色光干涉可见度

由准单色光源的强度分布式(6.2.8)可得

$$I_{max}=2I_0\Delta\nu[1+\mathrm{sinc}(u\Delta\nu)]$$
$$I_{min}=2I_0\Delta\nu[1-\mathrm{sinc}(u\Delta\nu)]$$

所以,准单色光的干涉可见度是

$$V=|\mathrm{sinc}(u\Delta\nu)| \tag{6.2.19a}$$

由于 $u=xd/cL=\Delta/c=\Delta t$,表示相干光之间的时间差,且有 $\Delta t_c\Delta\nu=1$,所以

$$V=|\mathrm{sinc}(\Delta t/\Delta t_c)| \tag{6.2.19b}$$

2. 扩展光源干涉可见度

从扩展光源干涉的强度分布式(6.2.15),很容易得到类似式(6.2.19a)的公式,如下:

$$V=|\mathrm{sinc}(bd/D\lambda)| \tag{6.2.20a}$$

因为 $d_c=D\lambda/b$,所以式(6.2.20a)也可以写为

$$V=|\mathrm{sinc}(d/d_c)| \tag{6.2.20b}$$

所以,只有单色点光源的干涉是完全相干的,准单色光和扩展光源干涉都是由 sinc 函数决定的部分相干光。

6.3　部分相干理论

6.3.1　互相干函数

1. 相干的复振幅描述

两点之间的相干性，可通过这两点在空间同一点的作用来研究，如图 6.13 所示，P_1 与 P_2 两点发出的光波分别经过路径 r_1 和 r_2，分别用时 $t_1=r_1/c$ 和 $t_2=r_2/c$ 传到点 P。那么，t 时刻点 P_1 在点 P 引起的光振动复振幅是 $U_1(t-t_1)$，点 P_2 在点 P 引起的光振动复振幅是 $U_2(t-t_2)$，点 P 总的复振幅是

$$U(P,t)=U_1(t-t_1)+U_2(t-t_2) \tag{6.3.1a}$$

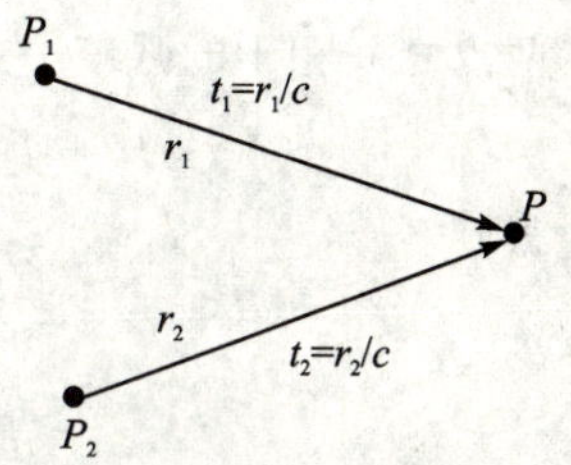

图 6.13　两点之间互作用

令 $t'=t-t_2$，$\tau=t_2-t_1$，将其代入上式，可得

$$U(P,t)=U_1(t'+\tau)+U_2(t') \tag{6.3.1b}$$

最后，点 P 的光强度为

$$I(P)=\langle UU^*\rangle=\langle U_1U_1^*\rangle+\langle U_2U_2^*\rangle+\langle U_1U_2^*\rangle+\langle U_1^*U_2\rangle$$

这里，$I_1=\langle U_1U_1^*\rangle$，$I_2=\langle U_2U_2^*\rangle$，分别是点 P_1 和点 P_2 单独在点 P 产生的光强，对干涉无贡献，而

$$\langle U_1U_2^*\rangle+\langle U_1^*U_2\rangle=\langle U_1U_2^*\rangle+\langle U_1U_2^*\rangle^*=2\mathrm{Re}\langle U_1U_2^*\rangle$$

因此，点 P 的光强度为

$$I(P)=I_1+I_2+2\mathrm{Re}\langle U_1U_2^*\rangle \tag{6.3.2}$$

引起点 P 干涉现象的就只有上式中的最后一项，前文我们称之为相干项。

2. 互相干函数

由式(6.3.2)可知，任意两点不同时刻的相干性，可以通过它们的复振幅共轭乘积的时间均值来表征。因此，定义互相干函数为

$$\Gamma_{12}(\tau)=\langle U_1U_2^*\rangle=\langle U_1(t'+\tau)U_2^*(t')\rangle \tag{6.3.3}$$

它是空间不同点和到考察点时间差的函数，可以分为以下几种情况：

互强度：空间不同点在同一时刻的相干性。此时，$\tau=0$，称为互强度(Mutual Intensity)，用 J_{12} 表示：

$$J_{12}=\Gamma_{12}(0)=\langle U_1(t')U_2^*(t')\rangle \tag{6.3.4a}$$

自相干函数：不同时刻在同一空间点的相干性。此时，互相干函数变为自相干函数(Self Coherence)，其表达式为

$$\Gamma_{11}(\tau)=\langle U_1(t'+\tau)U_1^*(t')\rangle \tag{6.3.4b}$$

复相干度：把互相干函数用 $\sqrt{I_1I_2}$ 归一化，称为复相干度(Complex Degree of Mutual Coherence)，其表达式为

$$\gamma_{12}(\tau) = \Gamma_{12}(\tau)/\sqrt{I_1 I_2} \tag{6.3.4c}$$

复相干因子：把互强度用 $\sqrt{I_1 I_2}$ 归一化，称为复相干因子（Complex Coherence Factor），其表达式为

$$\mu_{12} = J_{12}/\sqrt{I_1 I_2} = \Gamma_{12}(0)/\sqrt{I_1 I_2} \tag{6.3.4d}$$

很明显，$\mu_{12} = \gamma_{12}(0)$。$\mu_{12}$ 取值在 0～1 之间，$\mu_{12}=1$ 完全相干，$\mu_{12}=0$ 完全非相干。

两点之间相干的强度公式(6.3.2)可以写为

$$I(P) = I_1 + I_2 + 2\mathrm{Re}\Gamma_{12}(\tau) = I_1 + I_2 + 2\sqrt{I_1 I_2}\mathrm{Re}\gamma_{12}(\tau) \tag{6.3.5}$$

由此得到

$$I_{\max} = I_1 + I_2 + 2\sqrt{I_1 I_2}\,|\gamma_{12}|$$

$$I_{\min} = I_1 + I_2 - 2\sqrt{I_1 I_2}\,|\gamma_{12}|$$

当 $I_1 = I_2$ 时，得到可见度函数，即

$$V = |\gamma_{12}| \tag{6.3.6}$$

如果考察同一时刻($\tau=0$)、不同点之间的相干性，则有

$$V = |\gamma_{12}(0)| = |\mu_{12}| \tag{6.3.7}$$

所以，通过复相干因子可以研究相应的干涉图像的可见度问题。

6.3.2 扩展光源的相干性

现在考察扩展光源，例如面光源的相干性问题，这等效于考察同一时刻空间不同点之间的相干性问题，由式(6.3.7)可知，我们需要的结果是面光源的复相干因子，这个问题的结论就是范·泽尼克定理。

如图 6.14 所示，位于 $\xi-\eta$ 面上的面光源 S 照亮距离为 d 的空间两点 P_1 和 P_2。假若，S 上的小面元 $\Delta\sigma_m$ 在这两点的光振动复振幅分别是 $U_{1m}(t)$、$U_{2m}(t)$，则整个面光源在上述点的复振幅就分别为

$$\sum_m U_{1m}(t) = U_1(t)$$

$$\sum_{m'} U_{2m'}(t) = U_2(t)$$

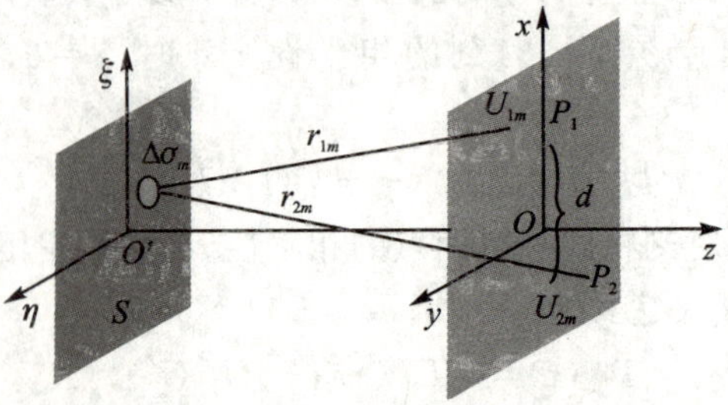

图 6.14 面光源 S 的干涉

由互强度的定义有以下关系：

$$J_{12}=\langle U_1U_2^*\rangle=\sum_{m=m'}\langle U_{1m}U_{2m'}^*\rangle+\sum_{m\neq m'}\langle U_{1m}U_{2m'}^*\rangle \tag{6.3.8}$$

式中的最右边项表示不同元面光源在点 P_1 和点 P_2 的复振幅乘积均值和，因为不同元面光源在空间不同点的复振幅之间的关系是随机的，因此，这个时间均值应该为零。因此，式(6.3.8)只剩下第一个求和项。

小面元 $\Delta\sigma_m$ 在点 P_1 和点 P_2 产生的光振动分别为

$$\left.\begin{aligned}U_{1m}&=A_m(t)\frac{e^{j\bar{k}r_{1m}}}{r_{1m}}\\U_{2m}&=A_m(t)\frac{e^{j\bar{k}r_{2m}}}{r_{2m}}\end{aligned}\right\} \tag{6.3.9}$$

其中：$A_m(t)$是面元处的光振幅，这里用平均 $\bar{k}$ 代替单色光的 k，代入式(6.3.8)化简得

$$J_{12}=\sum_m\langle U_{1m}U_{2m}^*\rangle=\sum_m\langle A_m(t)A_m^*(t)\rangle\frac{\exp[j\bar{k}(r_{1m}-r_{2m})]}{r_{1m}r_{2m}} \tag{6.3.10}$$

其中：$\sum\limits_m\langle A_m(t)A_m^*(t)\rangle=I_m(\sigma)$，是光源表面处的强度。把上式写成积分形式，得到互强度，即

$$J_{12}=\int_S I(\sigma)\frac{e^{j\bar{k}(r_1-r_2)}}{r_1r_2}d\sigma \tag{6.3.11}$$

由前面已知，归一化的互强度就是复相干因子，所以

$$\mu_{12}=\frac{1}{\sqrt{I_1I_2}}\int_S I(\sigma)\frac{e^{j\bar{k}(r_1-r_2)}}{r_1r_2}d\sigma \tag{6.3.12}$$

这里由于 z 远远大于 d 和光源 S 的尺寸，因此，$r_1\sim r_2\sim z$，光源在点 P_1处的光强度等于点 P_2处的光度强，即 $I_1=\int_S\frac{I(\sigma)}{r_1^2}d\sigma\sim\frac{1}{z^2}\int_S I(\sigma)d\sigma\sim I_2$，式(6.3.12)可以写为

$$\mu_{12}=\frac{\int_S I(\sigma)e^{j\bar{k}(r_1-r_2)}d\sigma}{\int_S I(\sigma)d\sigma} \tag{6.3.13}$$

用旁轴近似化简式(6.3.13)，可得

$$r_1=\sqrt{(x_1-\xi)^2+(y_1-\eta)^2+z^2}\approx z+\frac{(x_1-\xi)^2+(y_1-\eta)^2}{2z}$$

r_2 也有类似表达，两者差值为

$$r_1-r_2=\frac{(x_1^2+y_1^2)-(x_2^2+y_2^2)}{2z}-\frac{(x_1-x_2)\xi+(y_1-y_2)\eta}{z}$$

将两者差值代入式(6.3.13)，其中的指数项可以写为

$$\mathrm{j}\bar{k}(r_1-r_2)=\mathrm{j}\varphi-\mathrm{j}\frac{2\pi}{\bar{\lambda}z}(p\xi+q\eta) \tag{6.3.14}$$

其中：$\varphi=\frac{\bar{k}}{2z}[(x_1^2+y_1^2)-(x_2^2+y_2^2)]$，$p=x_1-x_2$，$q=y_1-y_2$。

式(6.3.13)可以写为

$$\mu_{12}=\frac{\mathrm{e}^{\mathrm{j}\varphi}}{\int_S I(\sigma)\mathrm{d}\sigma}\int_S I(\sigma)\mathrm{e}^{-\mathrm{j}\frac{2\pi}{\bar{\lambda}z}(p\xi+q\eta)}\mathrm{d}\sigma \tag{6.3.15}$$

将空间频率 $f_\xi=\frac{p}{\bar{\lambda}z}$，$f_\eta=\frac{q}{\bar{\lambda}z}$代入上式，并拓展积分限为无穷(因为大于光源时，强度为零，所以拓展是合理的)，我们注意到

$$\int_S I(\sigma)\mathrm{e}^{-\mathrm{j}2\pi(f_\xi\xi+f_\eta)}\mathrm{d}\sigma=\int_\infty I(\xi,\eta)\mathrm{e}^{-\mathrm{j}2\pi(f_\xi\xi+f_\eta)}\mathrm{d}\xi\mathrm{d}\eta$$

这里用到函数的傅里叶变换，即

$$\mathscr{F}\{I(\xi,\eta)\}=\int_\infty I(\xi,\eta)\mathrm{e}^{-\mathrm{j}2\pi(f_\xi\xi+f_\eta)}\mathrm{d}\xi\mathrm{d}\eta$$

所以，我们得到结论

$$\mu_{12}=\frac{\mathrm{e}^{\mathrm{j}\varphi}}{\int_S I(\xi,\eta)\mathrm{d}\xi\mathrm{d}\eta}\mathscr{F}\{I(\xi,\eta)\} \tag{6.3.16}$$

扩展光源的相干因子与光源强度的傅里叶变换成正比，或者与光源强度的频谱成正比，上述结论就是范·泽尼克定理。

1. 圆形面光源复相干因子

范·泽尼克定理的一个有用的例子是圆形面光源，直径为 b、强度为 I_0 的均匀面光源，应用式(6.3.16)，其中

$$\int_S I(\xi,\eta)\mathrm{d}\xi\mathrm{d}\eta=I_0\int_S\mathrm{d}\xi\mathrm{d}\eta=\frac{\pi b^2}{4}I_0$$

和

$$\mathscr{F}\{I(\xi,\eta)\}=\int_\infty I_0\mathrm{e}^{-\mathrm{j}2\pi(f_\xi\xi+f_\eta\eta)}\mathrm{d}\xi\mathrm{d}\eta=\frac{\pi b^2}{4}I_0\frac{2J_1(u)}{u}$$

其中：$J_1(u)$是一阶一类贝塞尔(Bessel)函数，$u=\frac{\pi b}{\bar{\lambda}z}\sqrt{p^2+q^2}=\frac{\pi}{\bar{\lambda}}\alpha d$，$\alpha=b/z$，$d=\sqrt{p^2+q^2}$。如图 6.15 所示，$\alpha$ 是对光源所张角，d 是考察面尺寸，所以得到的圆形均匀扩展光源的复相干度为

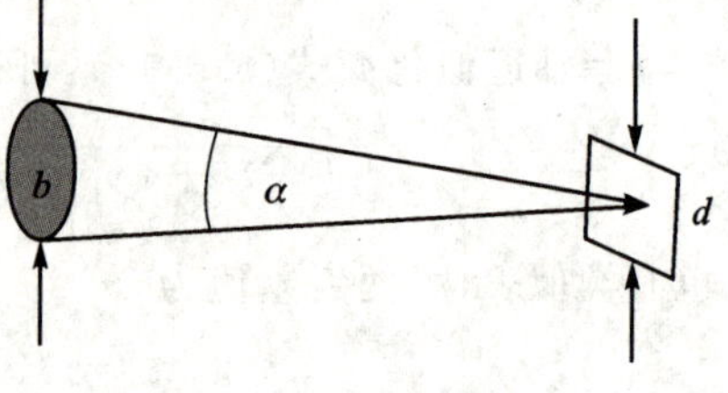

图 6.15　圆形光源

$$\mu_{12} = e^{j\varphi}\left[\frac{2J_1(u)}{u}\right] \tag{6.3.17}$$

考察上式，在 $u=0$ 时，$|\mu_{12}|=1$；在 $u=3.833$ 时，$|\mu_{12}|=0$，完全不相干。我们感兴趣的是，$|\mu_{12}|=0$ 时相应考察面尺寸是多少，这可以简单得到，此时的考察面直径为

$$d_c = 1.22\frac{\bar{\lambda}}{\alpha} \tag{6.3.18}$$

上式就是在"光的空间相干性"内容中提到的横向相干长度。它的意义是对于给定光源，当考察面上两点之间的距离等于或大于 d_c 时，干涉现象就消失了。其直接的应用就是天文学上常用于观测天体角直径的仪器。

2. 迈克尔逊星体测量仪

如图 6.16 所示，遥远星体的光同时照射到 M1 和 M2 上，经过反射及凸透镜汇聚到屏上，产生干涉图样。移动 M1 和 M2，调节它们的间距 d，当 $d=d_c$ 时，由式(6.3.18)可知，这时干涉消失，经过简单计算就可以得到星体的角直径 α。

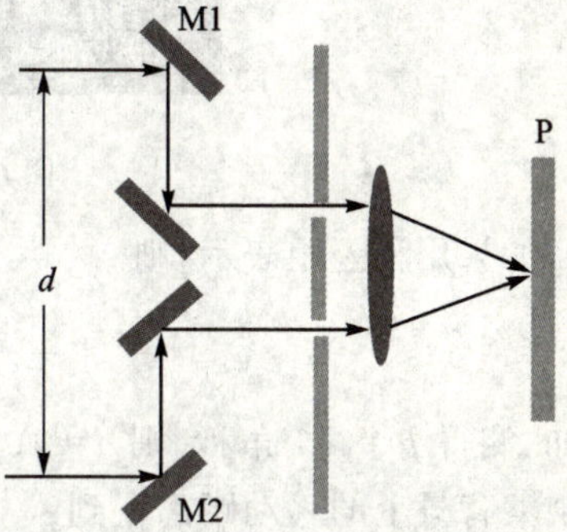

图 6.16　迈克尔逊星体测量仪

当人们已知星体的距离 l（如光行差法可测得星体离我们的距离）时，星体的直径就是

$$D = \alpha l$$

例如：天狼星（大犬座 α）距离地球 8.7 光年，测得它的角直径是 $\alpha=5.63$ 毫角秒，那么它的直径大约为 2.088×10^6 km。对比一下，太阳的直径约 1.4×10^6 km，而地球的直径才约为 1.2×10^4 km。

3. 光行差法测星距

用迈克尔逊星体测量仪可以测到遥远星体的角直径，而光行差法(Parallax)可以测得星体距离，最终能得到星体的大小。图 6.17 所示为光行差法原理图，要观察的星体到太阳的距离为 d，太阳—地球的距离 $a=1.5\times10^8$ km，称为一个天文单位，用 AU 表示。从被测星体看日—地距离，如果张角 p 为 1 角秒时，则此星体距离地球为一个秒差距(Parsec)，用 pc 表示，如图 6.17 所示，通过简单计算可以得到在张角为 1 角秒时，距离 $d=3.26$ 光年（光在一年中所走过的距离，约 9.6×10^{12} km），通常认为 d 近似为星体到地球的距离。

图 6.17 中的两个方框内的图像表示相隔半年观察同一颗星体显示的视场位置。因假设星体不动，半年时间地球运动刚好绕太阳半个公转周期，所以观察对象在视场中发生了移动（如图 6.17 中小方块内显示的情景），从图 6.17 所示的几何关系可以很快得出

$$d = \frac{a}{p}$$

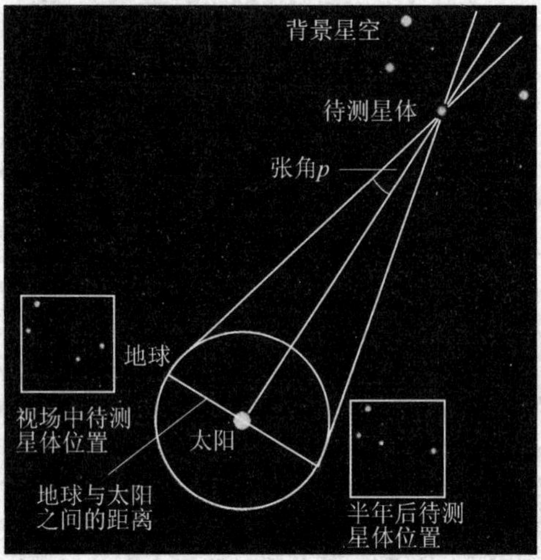

图 6.17　光行差法原理图

如果用秒差距表示，则

$$d = \frac{1}{p}(\mathrm{pc})$$

例如，测得 $p=0.1$ 角秒，则 $d=10$ pc。其中，p 的测量可以通过半年间隔的被测星体在观察背景上的移动距离得到。

6.3.3　高阶干涉

1. 强度相干

图 6.18 所示为强度干涉装置，半透镜 M 把入射光分为两部分，分别进入两个光电倍增管，对光强度放大，然后经过带通放大器滤波，得到光强度起伏 ΔI_1 和 ΔI_2，再经过相关器和积分器输出光强度起伏的相关均值$\overline{\Delta I_1 \Delta I_2}$——强度的涨落。

类似复振幅的互相干函数，引进强度互相干，即

$$\langle I_1(t_1)I_2(t_2)\rangle = \langle U_1(t_1)U_1^*(t_1)U_2(t_2)U_2^*(t_2)\rangle \tag{6.3.19}$$

其中把强度用复振幅的共轭乘积展开。

引进时间差 $\tau=t_2-t_1$，$t_1=t+\tau$，$t_2=t$，将复振幅按实部和虚部分开，即

$$\left.\begin{aligned} U_1(t+\tau) &= U_{r1}(t+\tau) + \mathrm{j}U_{i1}(t+\tau) \\ U_2(t) &= U_{r2}(t) + \mathrm{j}U_{i2}(t) \end{aligned}\right\} \tag{6.3.20}$$

其中：角标 r 表示实部，角标 i 表示虚部。

式(6.3.19)可变为

$$\begin{aligned} \langle I_1(t+\tau)I_2(t)\rangle = &\langle U_{r1}^2(t+\tau)U_{r2}^2(\tau)\rangle + \langle U_{i1}^2(t+\tau)U_{i2}^2(\tau)\rangle + \\ &\langle U_{r1}^2(t+\tau)U_{i2}^2(\tau)\rangle + \langle U_{i1}^2(t+\tau)U_{r2}^2(\tau)\rangle \end{aligned} \tag{6.3.21}$$

其中：

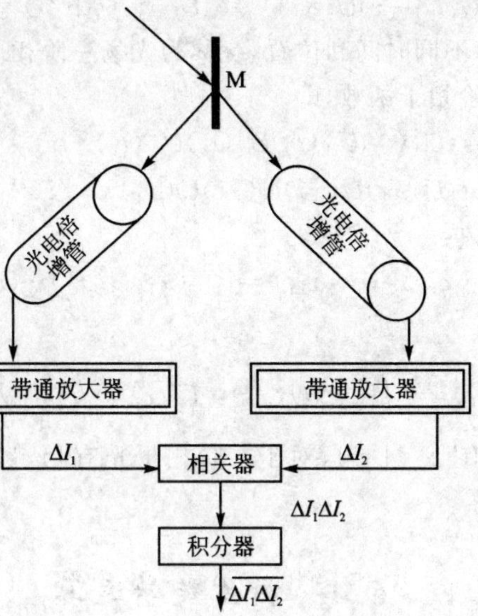

图 6.18　高阶相干光测量仪

$$\langle U_{r1}^2(t+\tau)\rangle = \frac{1}{2}\langle I_1\rangle$$

$$\langle U_{r2}^2(\tau)\rangle = \frac{1}{2}\langle I_2\rangle$$

$$\langle U_{r1}^2(t+\tau)U_{r2}^2(\tau)\rangle = \frac{1}{4}\langle I_1\rangle\langle I_2\rangle + 2\,\langle U_{r1}(t+\tau)U_{r2}(\tau)\rangle^2$$

$$\langle U_{r1}(t+\tau)U_{r2}(\tau)\rangle = \langle U_{i1}(t+\tau)U_{i2}(\tau)\rangle = \frac{1}{2}\mathrm{Re}[\Gamma_{12}(\tau)]$$

$$\langle U_{r1}(t+\tau)U_{i2}(\tau)\rangle = \langle U_{i1}(t+\tau)U_{r2}(\tau)\rangle = \frac{1}{2}\mathrm{Im}[\Gamma_{12}(\tau)]$$

化简后

$$\langle I_1(t+\tau)I_2(t)\rangle = \langle I_1\rangle\langle I_2\rangle[1+|\gamma_{12}(\tau)|^2] = \langle I_1\rangle\langle I_2\rangle + \langle I_1\rangle\langle I_2\rangle\,|\gamma_{12}(\tau)|^2 \tag{6.3.22}$$

可得差值

$$\langle I_1(t+\tau)I_2(t)\rangle - \langle I_1\rangle\langle I_2\rangle = \langle I_1\rangle\langle I_2\rangle\,|\gamma_{12}(\tau)|^2 \tag{6.3.23}$$

经过带通放大器,平均光强直流成分被滤掉,只保留起伏 $\Delta I = I - \langle I\rangle$,可得

$$\langle \Delta I_1(t+\tau)\Delta I_2(t)\rangle = \langle I_1\rangle\langle I_2\rangle\,|\gamma_{12}(\tau)|^2 \tag{6.3.24}$$

强度干涉仪输出的是强度涨落相关值,不用像迈克尔逊干涉仪那样需要保持光场的稳定性。因此,它可以测到更小的角直径,其测量精度可以高到纳弧度。

2. *n* 阶相干

前面小节内容实际上讨论了复振幅平方的相干,即强度相干性,类似的可以把复振幅相干函数写为

$$\Gamma_{12}(\tau)=\langle U_1(t+\tau)U_2^*(t)\rangle\equiv\langle U(x_1)U(x_2)\rangle\equiv\Gamma^{(1)}(x_1,x_2)\quad(6.3.25)$$

其中：变量 x_1、x_2 表示不同时间和位置，统称为光场一阶相干函数。

同样定义光场二阶相干函数，即

$$\langle I_1(t_1)I_2(t_2)\rangle=\langle U_1(t_1)U_1^*(t_1)U_2(t_2)U_2^*(t_2)\rangle=$$
$$\langle U(x_1)U(x_2)U(x_3)U(x_4)\rangle\equiv\Gamma^{(2)}(x_1,x_2,x_3,x_4)\quad(6.3.26)$$

以及光场 n 阶相干函数：

$$\Gamma^{(n)}(x_1,x_2,\cdots,x_{2n})=\langle U(x_1)U(x_2)\cdots U(x_{2n})\rangle\quad(6.3.27)$$

光场 n 阶相干度：

$$\gamma^{(n)}(x_1,x_2,\cdots,x_{2n})=\langle U(x_1)U(x_2)\cdots U(x_{2n})\rangle\Big/\prod_{i=1}^{2n}\sqrt{\Gamma(x_i,x_i)}\quad(6.3.28)$$

对于一阶相干光有 $|\gamma^{(1)}|=1$，对于二阶相干光有 $|\gamma^{(2)}|=1$，而对 n 阶相干光则有 $|\gamma^{(n)}|=1$。

6.4　相关数学运算

为以后方便，这里简单介绍一些将要涉及的数学知识。当然，从纯数学角度来看并不是很严格，我们仅就一些基本概念进行讨论。

6.4.1　相关与卷积

1. 函数的互相关

任意两个实函数 $f(x,y)$、$h(x,y)$，当它们满足下列关系时，我们说它们进行了互相关(Mutual Correlation)运算，其表达式为

$$f(x,y)☆h(x,y)\equiv\begin{cases}\int_\infty f^*(\xi,\eta)h(x+\xi,y+\eta)\mathrm{d}\xi\mathrm{d}\eta\\ \int_\infty f^*(\xi-x,\eta-y)h(\xi,\eta)\mathrm{d}\xi\mathrm{d}\eta\end{cases}\quad(6.4.1)$$

当函数与自身进行相关运算时，称为自相关，其表达式为

$$f(x,y)☆f(x,y)\equiv\int_\infty f^*(\xi,\eta)f(x+\xi,y+\eta)\mathrm{d}\xi\mathrm{d}\eta\quad(6.4.2)$$

对于相干函数，我们有

$$\Gamma_{12}(\tau)=\langle U_1(t+\tau)U_2^*(t)\rangle\propto\int_t U_2^*(t)U_1(t+\tau)\mathrm{d}t$$

如果令 $U_2(t)=f(x)$，$U_1(t)=h(x)$，则有

$$\int_t U_2^*(t)U_1(t+\tau)\mathrm{d}t=\int_\infty f^*(\xi)h(x+\xi)\mathrm{d}\xi=f(x)☆h(x)$$

由此看来，互相干函数是一种函数互相关，最紧密的互相关表现在光学上就是完全相干。这里把积分空间合理地拓展到无穷。

2. 函数的卷积运算

卷积定义为，当两个任意实函数之间满足以下关系时，它们之间进行了卷积(Convolution)运算，其表达式为

$$f(x,y)*h(x,y)\equiv\iint_{\infty}f(\xi,\eta)h(x-\xi,y-\eta)\mathrm{d}\xi\mathrm{d}\eta \tag{6.4.3}$$

卷积运算与相关运算很相似，它们之间有一定关系，即

$$f^*(-x,-y)*h(x,y)=\iint_{\infty}f^*(-\xi,-\eta)h(x-\xi,y-\eta)\mathrm{d}\xi\mathrm{d}\eta$$

令 $\xi'=-\xi,\eta'=-\eta$，将其代入上式，可得

$$\iint_{\infty}f^*(\xi',\eta')h(x+\xi',y+\eta')\mathrm{d}\xi'\mathrm{d}\eta'=f(x,y)☆h(x,y)$$

上式最后用到相关的定义。因此，两个函数的相关等于其中一个函数自变量取反且本身共轭，再与另一个函数的卷积。

3. 卷积的特性

下面给出卷积的一些有用的特性，不做证明，有兴趣的读者可根据定义自己练习。

(1) 线性关系

$$[af_1(x)+bf_2(x)]*h(x)=a[f_1(x)*h(x)]+b[f_2(x)*h(x)] \tag{6.4.4}$$

即和的卷积等于卷积的和。

(2) 交换律

$$f(x,y)*h(x,y)=h(x,y)*f(x,y) \tag{6.4.5}$$

(3) 满足分配率

$$[f(x,y)*h_1(x,y)]*h_2(x,y)=f(x,y)*[h_1(x,y)*h_2(x,y)] \tag{6.4.6}$$

(4) 平移不变性

如果 $f(x,y)*h(x,y)=g(x,y)$，则有

$$f(x-x_0,y-y_0)*h(x,y)=f(x,y)*h(x-x_0,y-y_0)=g(x-x_0,y-y_0) \tag{6.4.7}$$

(5) 相似性

如果 $f(x,y)*h(x,y)=g(x,y)$，则有

$$f(ax,by)*h(ax,by)=\frac{g(ax,by)}{|ab|} \tag{6.4.8}$$

(6) 筛选性

$$f(x,y)*\delta(x-x_0,y-y_0)=f(x-x_0,y-y_0) \tag{6.4.9}$$

上式用到狄拉克函数 $\delta(x,y)$。

6.4.2 傅里叶变换

函数的傅里叶展开指的是函数满足以下关系：

$$f(x,y)\equiv\int_{\infty}F(f_x,f_y)\mathrm{e}^{\mathrm{j}2\pi(xf_x+yf_y)}\mathrm{d}f_x\mathrm{d}f_y \tag{6.4.10}$$

其中：$f_x=x/z\lambda$，$f_y=y/z\lambda$，它们是空间频率。展开系数是

$$F(f_x,f_y)\equiv\int_{\infty}f(x,y)\mathrm{e}^{-\mathrm{j}2\pi(xf_x+yf_y)}\mathrm{d}x\mathrm{d}y \tag{6.4.11}$$

称为函数的傅里叶变换，也可以记为

$$\mathscr{F}\{f(x,y)\}=F(f_x,f_y) \tag{6.4.12}$$

在光学里把傅里叶变换也称为函数的频谱，或简称函数的谱。函数的自变量空间是 x,y 几何空间，而函数谱自变量的空间是 f_x,f_y。所以，傅里叶变换就是把几何空间的函数变换到相应的频率空间的谱函数。如果函数代表图像，则傅里叶变换就是把研究几何空间的图像问题转变为研究图像谱的问题，即空间领域（空域）的问题转变为频谱领域（频域）的问题，这为研究图像问题开辟了新的领域。

也可以用逆傅里叶变换表示原来函数，即

$$f(x,y)=F^{-1}(f_x,f_y)=\mathscr{F}^{-1}\{f(x,y)\} \tag{6.4.13}$$

1. 性　质

如果函数 $f(x,y)$、$h(x,y)$的傅里叶变换分别是 $F(f_x,f_y)$和 $H(f_x,f_y)$，则有以下性质：

(1) 卷积定理

$$\mathscr{F}\{f(x,y)*h(x,y)\}=F(f_x,f_y)H(f_x,f_y) \tag{6.4.14}$$

上式表明两个函数卷积的傅里叶变换等于函数傅里叶变换的乘积。简单地说，卷积的谱等于谱的乘积，谱的乘积对应于卷积的谱。如果函数代表某图像分布，则在空域里两幅图像的卷积问题在频域里就是相应图像谱的乘积问题。

(2) 相关定理

$$\mathscr{F}\{f(x,y)☆h(x,y)\}=F^{*}(f_x,f_y)H(f_x,f_y) \tag{6.4.15}$$

上式表明函数相关的谱等于其中一个谱的共轭与另一谱的乘积。

$$\mathscr{F}\{f(x,y)h(x,y)\}=F^{*}(f_x,f_y)☆H(f_x,f_y) \tag{6.4.16}$$

上式表明乘积的谱等于一个谱的共轭与另一个谱的相关。

(3) 积分定理

$$\mathscr{F}^{-1}\mathscr{F}\{f(x,y)\}=\mathscr{F}\mathscr{F}^{-1}\{f(x,y)\}=f(x,y) \tag{6.4.17}$$

上式表明连续正逆傅里叶变换等于原来函数。

$$\mathscr{F}\mathscr{F}\{f(x,y)\}=f(-x,-y) \tag{6.4.18}$$

连续傅里叶变换等于原来函数坐标取反，也就是说，如果对一幅图像连续进行两次傅里叶变换，则最后等于倒立原图。这点后面光学实验可以证实，对物体成像过程

就是连续两次傅里叶变换过程，得到的是倒立像。

(4) 帕塞瓦定理

$$\int_{\infty} |f(x,y)|^2 \mathrm{d}x\mathrm{d}y = \int_{\infty} |F(f_x,f_y)|^2 \mathrm{d}f_x \mathrm{d}f_y \qquad (6.4.19)$$

此式的物理意义非常明显，如果 $f(x,y)$ 代表图像的复振幅分布，则振幅平方与光强度成正比，因此，等式左边积分代表了全空间的图像光能量，等式右边表示频域空间内的能量，根据能量守恒原理，空域所有能量必定等于频域中所有能量。

2. 某些函数的傅里叶变换

(1) 矩形函数与三角形函数

矩形函数定义为

$$\mathrm{rect}(x) = \begin{cases} 1, & |x| \leqslant 1/2 \\ 0 \end{cases} \qquad (6.4.20)$$

三角形函数定义为

$$\Lambda(x) = \begin{cases} 1-|x|, & |x| \leqslant 1 \\ 0 \end{cases} \qquad (6.4.21)$$

它们的傅里叶变换即频谱分别是

$$\mathscr{F}\{\mathrm{rect}(x)\} = \mathrm{sinc}(f_x) \qquad (6.4.22)$$

$$\mathscr{F}\{\Lambda(x)\} = \mathrm{sinc}^2(f_x) \qquad (6.4.23)$$

矩形函数与三角形函数如图 6.19 所示。

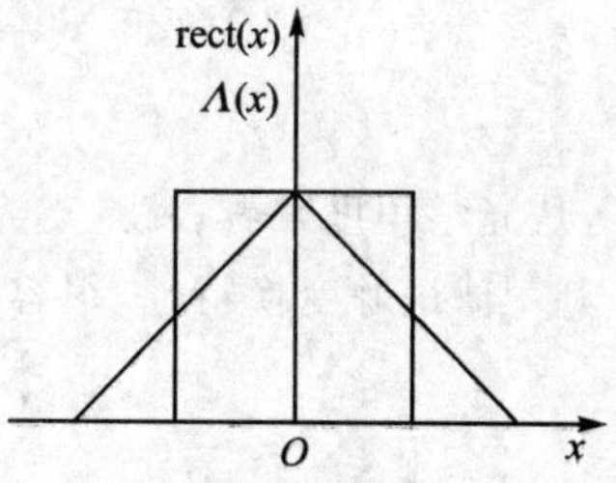

图 6.19　矩形函数与三角形函数

(2) sinc 函数

sinc 函数定义为

$$\mathrm{sinc}(x) = \frac{\sin \pi x}{\pi x} \qquad (6.4.24)$$

它的傅里叶变换即频谱是

$$\mathscr{F}\{\mathrm{sinc}(x)\} = \mathrm{rect}(f_x) \qquad (6.4.25)$$

$\mathrm{sinc}(x)$ 及 $\mathrm{sinc}^2(x)$ 如图 6.20 所示。

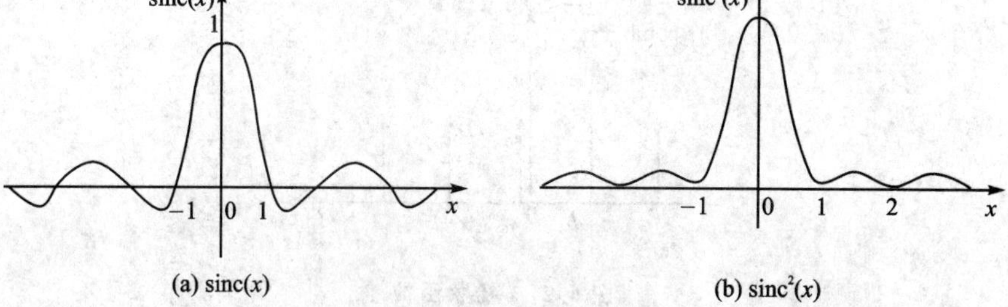

(a) sinc(x)　　(b) sinc²(x)

图 6.20　sinc(x) 及 sinc²(x)

(3) 狄拉克函数

狄拉克函数定义为

$$\delta(x-x_0)=\begin{cases}0, & x\neq x_0\\ \infty, & x=x_0\end{cases}$$

$$\int_{\infty}\delta(x-x_0)\mathrm{d}x=1 \tag{6.4.26}$$

狄拉克函数在物理中应用非常多,如信号中的脉冲激励、光学里的点光源,故有时称为脉冲函数,其频谱称为脉冲响应。

狄拉克函数的有关特性如下:

① 筛选性:

$$\int_{\infty}f(x)\delta(x-x_0)\mathrm{d}x=f(x_0) \tag{6.4.27}$$

② 缩放性和奇偶性:

$$\left.\begin{aligned}\delta(ax)&=\frac{\delta(x)}{|a|}\\ \delta(-x)&=\delta(x)\end{aligned}\right\} \tag{6.4.28}$$

③ 狄拉克函数的傅里叶变换:

$$\mathscr{F}\{\delta(x-x_0)\}=\int_{\infty}\delta(x-x_0)\mathrm{e}^{-\mathrm{j}2\pi xf_x}\mathrm{d}x=\mathrm{e}^{-\mathrm{j}2\pi x_0f_x} \tag{6.4.29a}$$

$$\mathscr{F}\{\delta(x)\}=1 \tag{6.4.29b}$$

所以,从光学角度来看,就是点光源的频谱是一个相位移动。

利用傅里叶变换特性,很容易得到狄拉克函数的傅里叶展开,即

$$\delta(x-x_0)=\int_{\infty}\mathrm{e}^{\mathrm{j}2\pi f(x-x_0)}\mathrm{d}f \tag{6.4.29c}$$

(4) 梳状函数

梳状函数定义为

$$\mathrm{comb}(x)=\sum_{n=-\infty}^{\infty}\delta(x-n) \tag{6.4.30}$$

其物理意义是一维光栅函数,如图 6.21 所示。

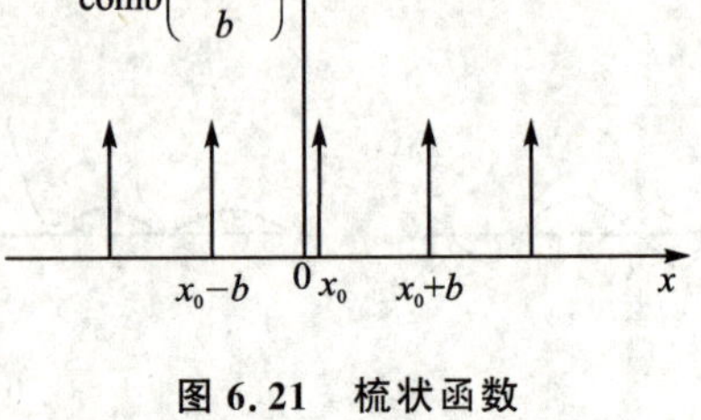

图 6.21 梳状函数

梳状函数的傅里叶变换为

$$\mathscr{F}\{\mathrm{comb}(x)\}=\mathrm{comb}(f_x) \tag{6.4.31}$$

即梳状函数的频谱仍为梳状函数,可以简单地推出,对二维函数有

$$\mathscr{F}\{\text{comb}(x)\text{comb}(y)\} = \text{comb}(f_x)\text{comb}(f_y) \tag{6.4.32}$$

(5) 圆形函数

圆形函数(见图 6.22)定义为,在半径为 r_0 的圆内函数为 1,其余地方为 0,即

$$\text{circ}\left(\frac{r}{r_0}\right) = \begin{cases} 1, & r = \sqrt{x^2 + y^2} \leqslant r_0 \\ 0 \end{cases} \tag{6.4.33}$$

很明显,光学上它可以被看成圆形光学孔、圆形光源等。

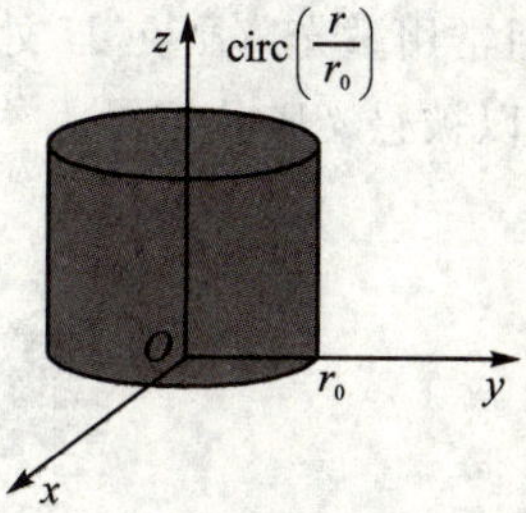

图 6.22　圆形函数

圆形函数的傅里叶变换是

$$\mathscr{F}\left\{\text{circ}\left(\frac{r}{r_0}\right)\right\} = \frac{J_1(2\pi u)}{u} \tag{6.4.34}$$

其中:$u = \sqrt{f_x^2 + f_y^2}$,J_1 是一阶一类贝塞尔函数。

6.5　光学全息

波动的两个主要代表量,一个是波动振幅,一个是相位。我们知道,波动强度与振幅平方成正比,例如光强度等于复振幅共轭乘积的时间均值。而光学仪器只能记录光强度,因此作为光波的另一个重要的物理量——相位信息,并未被仪器记录。能记录光波全部信息(振幅和相位)的技术称为光学全息术。由于相位的变化能反映光源离仪器的距离(光程),因此从相位信息中我们能得知光源的空间深度位置。但是,由于相位中还含有时间量,光波的相位随时间在不停地变化,时间平均的结果往往是零,因此,相位无法直接被观察到。利用干涉技术可以解决这一问题,因为干涉现象是由于两个干涉源在观察点由不随时间变化的恒定相位差产生的,所以干涉的一个最大的应用就是解决了如何记录全部光学信息——全息的问题。

6.5.1　波前记录

光学全息一般分为两步:第一步是怎样把物体的复振幅分布记录下来,称为波前记录,波前是指从物体发出(或反射)的并在最前面的那个波振面;第二步是将这个记录的波前还原出来,也就是物体原有的波振面,称为波前再现。

为了说明问题,假设某时刻物体的复振幅分布是

$$O(x,y) = O_0(x,y)e^{j\varphi_o(x,y)} \tag{6.5.1}$$

其中:$O_0(x,y)$是振幅,$\varphi_o(x,y)$是相位。这时物体的光强度是

$$I(x,y) = \langle O(x,y)O^*(x,y)\rangle = O_0^2(x,y) \tag{6.5.2}$$

只有振幅量而没有了相位部分。因此,单纯的光强度只反映了物体光波的部分信息,并不是全部信息。

为了能完整地记录物体的全部信息，采用图 6.23 所示的方式，用一束参考光 R 和物光 O 一起同时射到 H 处的感光胶片上，由于物光 O 和参考光 R 的相干性非常好(通常用激光)，则在 H 处的感光胶片上产生良好的明暗相间干涉条纹，这些条纹都可以被感光胶片记录。

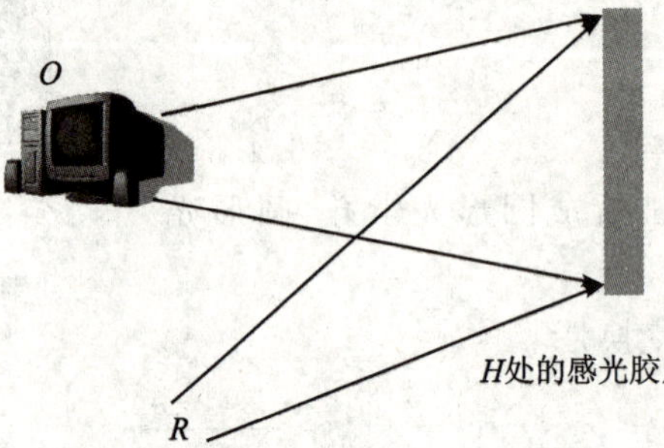

图 6.23　全息记录

设物光仍是

$$O(x,y)=O_0(x,y)e^{j\varphi_O(x,y)}$$

参考光是

$$R(x,y)=R_0(x,y)e^{j\varphi_R(x,y)} \tag{6.5.3}$$

则在 H 处感光胶片上的干涉产生的复振幅分布是

$$U(x,y)=O(x,y)+R(x,y) \tag{6.5.4}$$

H 处的干涉光强度是

$$\begin{aligned}I(x,y)=&\langle U(x,y)U^*(x,y)\rangle=\\&OO^*+RR^*+OR^*+O^*R=\\&|O_0|^2+|R_0|^2+O_0R_0^*e^{j(\varphi_O-\varphi_R)}+O_0^*R_0e^{j(\varphi_R-\varphi_O)}\end{aligned} \tag{6.5.5}$$

最后结果的第一项是物光强度，第二项是参考光强，第三和第四项中含有物光与参考光两者的相位差。

在 H 处放置感光胶片的透过率正比于此处的光强，即

$$t(x,y)\propto I(x,y)=|O_0|^2+|R_0|^2+O_0R_0^*e^{j(\varphi_O-\varphi_R)}+O_0^*R_0e^{j(\varphi_R-\varphi_O)} \tag{6.5.6}$$

所以，得到了透过率与干涉光强分布一样的胶片，物光的波前被完整地记录到感光胶片上。

6.5.2　波前再现

波前再现，或波前重构，是把原来物体的波前再给还原出来，由于这与原来物波的波前一样，因此这是一个真实的三维物像。

如图 6.24 所示，以再现光 C 照射记录了物波波前的 H 处的感光胶片，在胶片后观察，O' 处就出现了原有物波的波前所生成的虚像。

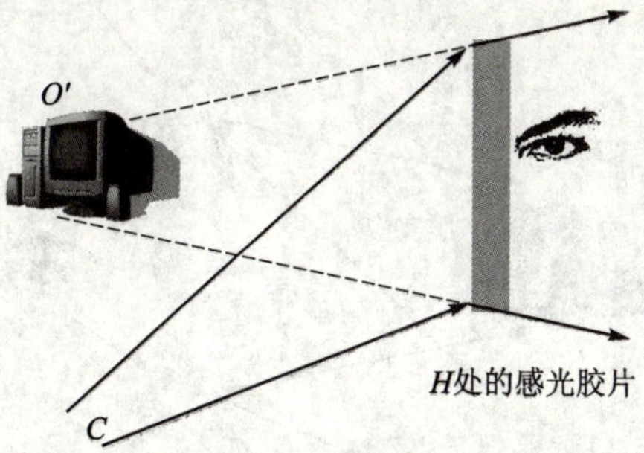

图 6.24　波前再现

设再现光是

$$C(x,y) = C_0(x,y)e^{j\varphi_C(x,y)} \tag{6.5.7}$$

经过胶片后的光波复振幅是

$$\begin{aligned} U(x,y) = & C(x,y)t(x,y) = \\ & CO_0^2 + CR_0^2 + CO_0R_0e^{j(\varphi_O-\varphi_R)} + CO_0R_0e^{j(\varphi_R-\varphi_O)} = \\ & C_0O_0^2e^{j\varphi_C} + C_0R_0^2e^{j\varphi_C} + C_0O_0R_0e^{j(\varphi_O-\varphi_R+\varphi_C)} + \\ & C_0O_0R_0e^{-j(\varphi_O-\varphi_R-\varphi_C)} \end{aligned} \tag{6.5.8}$$

上式结果中的第一和第二项是再线光，只是光振幅有所改变，即再现光亮度有变化。第三项和第四项都含有物光、参考光和再现光相位。

现在对式(6.5.8)进行讨论。

① 当再现光与参考光完全相同时，即

$$C(x,y) = R(x,y) \tag{6.5.9}$$

那么式(6.5.8)变为

$$U(x,y) = (R_0O_0^2 + R_0^3)e^{j\varphi_R} + O_0R_0^2e^{j\varphi_O} + O_0R_0^2e^{-j(\varphi_O-2\varphi_R)} \tag{6.5.10}$$

上式中的第一项还是参考光，第二项与原有物光的相位完全一样，但振幅不同，这是原有物的波前，只是波前亮度不同于原来的，并且这是个虚像；第三项的相位与物的相位完全不同。

② 当再现光与参考光共轭时，即

$$C(x,y) = R^*(x,y) \tag{6.5.11}$$

最后结果从式(6.5.8)得到

$$U(x,y) = (R_0O_0^2 + R_0^3)e^{-j\varphi_R} + O_0R_0^2e^{j(\varphi_O-2\varphi_R)} + O_0R_0^2e^{-j\varphi_O} \tag{6.5.12}$$

上式中第一项和第二项分析同前，第三项的相位与原物的相位相反，称为原有物体的赝实像。赝实像的特点是原来突出的物体，现在凹下去，简单地说，就是近的变远，远的变近。赝实像如图 6.25 所示。

全息照相可以再现原有物体波前，如果物体是一个三维结构的，得到的是与原物一样的三维像。这不同于现在的立体电影，利用人的两眼视差产生的立体感，这是真

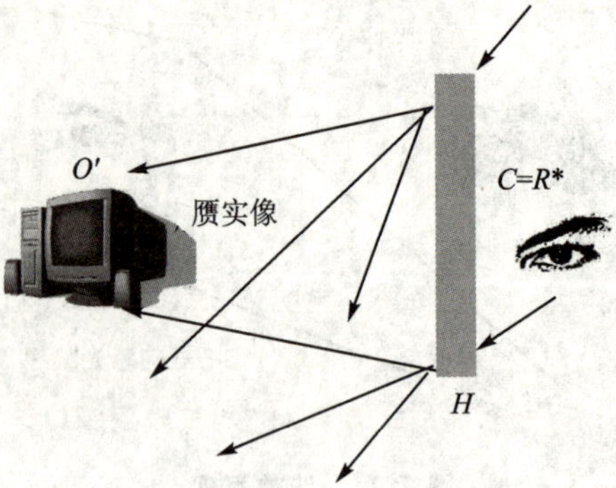

图 6.25　赝实像

正的三维立体感,即如果前面物体遮挡了后面物体,那么当人眼离开两物连线时就可以看到后一物体。

思考题

6-1　什么是纵向相干性？什么是横向相干性？产生光时间相干和空间相干的原因是什么？

6-2　解释:最大光程差、相干时间、波列长度、位置测不准、时间测不准、纵向相干长度和横向相干长度。

6-3　如果薄膜变薄,等厚干涉视场中有 3 条亮条纹向右移,则视场中哪边条纹级高？薄膜变薄多少？

6-4　试从狭义相对论推导赛格纳克干涉仪光程差公式。

6-5　试用数学归纳法证明 n 个相干光(每个强度 I_0)最大总光强度是 n^2I_0。

6-6　与经典机械波相比,下列结论说明光波具有什么特性？

① $c=1/\sqrt{\mu_0\varepsilon_0}$。

② 光的偏振性。

6-7　光学中是如何实现相关性的？

6-8　什么是互相干函数？什么是互强度？什么是相干因子？什么是相干度？

6-9　推导范·泽尼克定理中出现的 $I(\sigma)$,$\int_S \frac{I(\sigma)}{r_1^2}\mathrm{d}\sigma$,$\int_S I(\sigma)\mathrm{d}\sigma$。它们各自表示什么？之间有什么差别？

6-10　光干涉的意义是什么？

6-11　如何研究空间两点间的相干性？

6-12　全息系统的意义是什么？如何重构波前？

第 7 章 光的衍射

最明显地反映光波动本性的现象，除了干涉以外就是衍射现象了。简单地说，衍射是指光在传播过程中偏离直线传播规律的现象，如图 7.1 所示。常识告诉我们，在屏幕后偏离光直接照射的地方并不是漆黑一片，而是仍然有光照亮，光线似乎绕过屏幕开口边沿照亮了屏的后面。

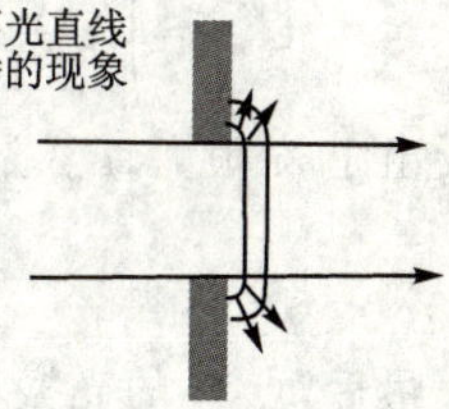

图 7.1 光偏离直线传播

7.1 衍射的解释

最早解释光衍射现象的是惠更斯，他提出了今天我们所称的惠更斯-菲涅耳(Huygens - Fresnel)原理，它能很好地解释衍射现象，并能在一定限度内给出定量结果。

7.1.1 惠更斯-菲涅耳原理

惠更斯-菲涅耳原理可通过描述从点 P_0 到点 P 的光传播来说明。如图 7.2(a)所示，t 时刻点 P_0 的波前是以点 P_0 为中心的球面 S，而 $t+\Delta t$ 时刻的波前是以面 S 上各点为子波源发出的所有子球面波的包络面，点 P 的光振动则是各子波在点 P 产生的光振动之和。

设面 S 上某点 P_1 的光振动复振幅为 U_{P_1}，而从点 P_1 到点 P 的光振动复振幅，按照球面波公式则有 $U_{P_1}\mathrm{e}^{\mathrm{j}k\cdot r}/r$，考虑到这个光振动与点 P_1 所在小面元 $\Delta\sigma$ 成正比以及小面元相对于 P 位置的影响 $K(\theta)$，整个球面(t 时刻的波前)的各子波在点 P 产生的光振动之和的复振幅是

$$U_P=\int_S U_{P_1}K(\theta)\,\frac{\mathrm{e}^{\mathrm{j}k\cdot r}}{r}\mathrm{d}\sigma \tag{7.1.1}$$

其中：$K(\theta)$ 称为倾斜因子。

上式是惠更斯-菲涅耳原理的理论表示，但要用它来计算具体对象时，就需要确定倾斜因子的大小，所以一般式(7.1.1)不易计算。

1. 惠更斯半波带

具体如何计算式(7.1.1)，可以采用惠更斯半波带法。如图 7.2(b)所示，点 P_0 发出的球面波波前为 $A\mathrm{e}^{\mathrm{j}kr_1}/r_1$，将这个波前以 P_0 - P 为轴线划分为许多波带，使得相邻波带到点 P 的光程差为半个波长，应用式(7.1.1)，则第 m 个半波带在点 P 产生的光扰动是

$$U_m = \int_m A \frac{e^{jkr_1}}{r_1} K_m \frac{e^{jkr}}{r} d\sigma \tag{7.1.2a}$$

参照图 7.2(b)，式中 $r=R\sin\theta$，$dr=r_1 d\theta$，$d\sigma=r_1\sin\theta d\varphi dr=r_1\dfrac{r}{R}d\varphi dr$，则上式可以改写为

$$U_m = \int_m A \frac{e^{jkr_1}}{r_1} K_m \frac{e^{jkr}}{r}\frac{r_1 r}{R} d\varphi dr = \frac{2\pi A e^{jkr_1}}{R}\int_{b+(m-1)\frac{\lambda}{2}}^{b+m\frac{\lambda}{2}} K_m e^{jkr} dr$$

由于 m 很大，K_m 是 r 的缓变量，且 $R=r_1+b$，化简后

$$U_m = j\lambda(-1)^{m+1}K_m\frac{Ae^{jkR}}{R} \tag{7.1.2b}$$

最后，点 P 的光振动是所有这些波带扰动之和，即

$$U_P = \sum_m U_m = \frac{j\lambda A e^{jkR}}{R}\sum_m(-1)^{m+1}K_m \tag{7.1.3}$$

因为相邻波带的 K_m 相差不大，则 $\sum\limits_m(-1)^{m+1}K_m \sim K_1+(-1)^n K_n$，所以观察点的光振动为

$$U_P \sim \frac{j\lambda A e^{jkR}}{R}[K_1+(-1)^n K_n] = U_1+(-1)^n U_n \tag{7.1.4}$$

即只与第一个和最后一个波带产生的光振动有关。

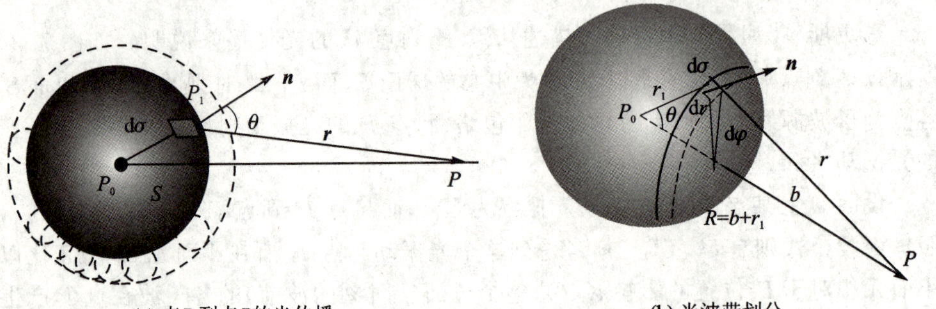

图 7.2　从点 P_0 到点 P 的光传播计算

由式(7.1.4)可以看出：

① 观察点可能为亮点也可能是暗点，这完全由划分出的半波带是偶数还是奇数决定，所以若观察者在 P_0-P 轴线上移动，观察到的 P_0 点光源就会出现或明或暗的现象。

② 当子波带划分趋于无穷时，很显然 U_n 的影响为零，则由式(7.1.4)得到

$$U_P \sim U_1 = \frac{j\lambda K_1 A e^{jkR}}{R} \sim \lambda\frac{A}{R}e^{j(kR+\pi/2)} \tag{7.1.5}$$

但是，如果将 P_0 看作点光源发出的球面波，并将光扰动直接扩大到 P，则有 $U_P=Ae^{jkR}/R$，对比可知，惠更斯-菲涅耳原理的结论比真实波前振幅增大 λ 倍，相位

超前 π/2。

想用惠更斯-菲涅耳原理得到与实际相符的结果，必须对惠更斯-菲涅耳原理的结果进行修正，即乘以$(j\lambda)^{-1}$因子。

2. 圆孔衍射

我们用修正的惠更斯-菲涅耳原理来讨论如图 7.3 所示的圆孔屏 Σ 衍射，Σ 的半径为 a，第 m 个半波带在圆孔上的半径是 R_m，则有光程差为

$$(r_1 + r) - (r_{10} + r_0) = m\lambda/2 \tag{7.1.6}$$

其中：$r_1 = \sqrt{r_{10}^2 + R_m^2}$，$r = \sqrt{r_0^2 + R_m^2}$。

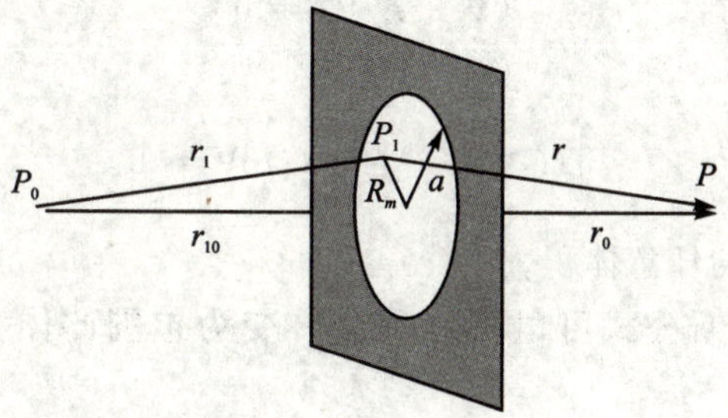

图 7.3　圆孔屏衍射

第 m 个半波带上任一点 P_1 的复振幅 $U_{P_1} = A\mathrm{e}^{\mathrm{j}kr_1}/r_1$，点 P 的复振幅为

$$U_P \approx \frac{1}{\mathrm{j}\lambda}\int_{\Sigma} U_{P_1}\ \frac{\mathrm{e}^{\mathrm{j}kr}}{r}\mathrm{d}s = \frac{2\pi A}{\mathrm{j}\lambda}\int_0^a \frac{\mathrm{e}^{\mathrm{j}k(r_1+r)}}{r_1 r} R\,\mathrm{d}R \tag{7.1.7}$$

利用半波带法，可得

$$U_P = \frac{A\mathrm{e}^{\mathrm{j}k(r_0+r_{10})}}{r_0 + r_{10}}(1 - \mathrm{e}^{\mathrm{j}\pi m}) = U_0(1 - \mathrm{e}^{\mathrm{j}\pi m}) \tag{7.1.8}$$

其中：$U_0 = \dfrac{A\mathrm{e}^{\mathrm{j}k(r_0+r_{10})}}{r_0 + r_{10}}$，是无衍射屏时，从点 P_0 直接到点 P 的复振幅。

点 P 的光强度为

$$I = \langle UU^* \rangle = 4I_0 \sin^2(m\pi/2) \tag{7.1.9}$$

很显然，偶数半波带时，$I=0$。

3. 圆盘衍射

当我们将圆孔屏换为同半径的圆盘时，假设考察点的复振幅为 $U_{盘}$，孔屏的衍射场为 $U_{孔}$，很明显，无屏时的衍射场 $U_0 = U_{盘} + U_{孔}$，则

$$U_{盘} = U_0 - U_{孔} = U_0 - U_0(1 - \mathrm{e}^{\mathrm{j}\pi m}) = U_0\mathrm{e}^{\mathrm{j}\pi m} \tag{7.1.10a}$$

$$I_{盘} = \langle U_{盘} U_{盘}^* \rangle = U_0^2 = I_0 \tag{7.1.10b}$$

这时圆盘与圆孔为互补屏。一般情况下，如果屏 Σ_1 的衍射复振幅 U_1、屏 Σ_2 的衍射复振幅 U_2 和无屏时的光场复振幅 U_0 满足 $U_1 + U_2 = U_0$，则屏 Σ_1 和屏 Σ_2 为互补屏，U_1 与 U_2 为互补屏光场，这称为巴比涅(Babinet)原理。

可以看出，当 $U_0 = 0$ 时，$U_1 = -U_2$，即互补屏复振幅互为反相，强度相等。当

$U_2=0$时，$U_1=U_0$，这时互补屏的光场等于无屏时的光场。

7.1.2 衍射理论

由上一小节的内容可以看出，惠更斯-菲涅耳原理无法准确计算衍射场分布。完整地解释衍射现象可采用菲涅耳-基尔霍夫（Fresnel - Kirchhoff）衍射理论。

1. 菲涅耳-基尔霍夫衍射

设到达观察点 P 的光波 U 和 G 都是简谐波，故都满足亥姆霍兹方程，即有下式：

$$\left.\begin{aligned}(\nabla^2+k^2)U=0\\(\nabla^2+k^2)G=0\end{aligned}\right\}\tag{7.1.11}$$

简单运算可得

$$\int_V(G\nabla^2U-U\nabla^2G)\mathrm{d}V=0\tag{7.1.12}$$

其中：V 是包含点 P 的任意体积。

利用数学上的高斯公式可以将体积分转变为包围此体积的闭合曲面 S 的积分，即

$$\oint_S(G\nabla U-U\nabla G)\cdot\mathrm{d}\boldsymbol{s}=0\tag{7.1.13a}$$

因为函数的梯度等于沿法线方向的方向导数，有$\nabla U=\partial U/\partial n$，$\nabla G=\partial G/\partial n$，所以上式变为

$$\oint_S\left(G\frac{\partial U}{\partial n}-U\frac{\partial G}{\partial n}\right)\cdot\mathrm{d}\boldsymbol{s}=0\tag{7.1.13b}$$

从体积分到面积分的过程中，点 P 被面 S 包围，数学上要求闭合曲面内不应包含此点（称为奇点），所以要剔除此点。式（7.1.13a）和式（7.1.13b）的闭合曲面应该是面 S 加上围绕点 P 的半径为 ε 的小球面，如图 7.4(a)所示。上述积分式变为

$$\int_S\left(G\frac{\partial U}{\partial n}-U\frac{\partial G}{\partial n}\right)\cdot\mathrm{d}\boldsymbol{s}+\int_\varepsilon\left(G\frac{\partial U}{\partial n}-U\frac{\partial G}{\partial n}\right)\cdot\mathrm{d}\boldsymbol{s}=0\tag{7.1.14}$$

函数 G 称为格林（Green）函数，取 $G=\mathrm{e}^{\mathrm{j}kr}/r$，这是以点 P 为源点的单位球面波。在 ε 小球面上，$r=\varepsilon$，$\partial G/\partial n=\cos(\boldsymbol{n},\boldsymbol{r})\partial G/\partial r=-(\mathrm{j}k-1/\varepsilon)\mathrm{e}^{\mathrm{j}k\varepsilon}/\varepsilon$，式（7.1.14）中第二项积分为

$$\int_\varepsilon\left(G\frac{\partial U}{\partial n}-U\frac{\partial G}{\partial n}\right)\mathrm{d}s=\int_\Omega\left[\frac{\mathrm{e}^{\mathrm{j}k\varepsilon}}{\varepsilon}\frac{\partial U}{\partial n}-U\left(\frac{1}{\varepsilon}-\mathrm{j}k\right)\frac{\mathrm{e}^{\mathrm{j}k\varepsilon}}{\varepsilon}\right]\varepsilon^2\mathrm{d}\Omega=$$

$$\int_\Omega\left[\varepsilon\mathrm{e}^{\mathrm{j}k\varepsilon}\frac{\partial U}{\partial n}-U(1-\mathrm{j}k\varepsilon)\mathrm{e}^{\mathrm{j}k\varepsilon}\right]\mathrm{d}\Omega$$

其中：Ω 是圆球面所对应的立体角，我们知道全空间的立体角 $\Omega=4\pi$。

当 $\varepsilon\to0$ 时，很容易看出上式等于 $-4\pi U$。将结果代入式（7.1.14），得到亥姆霍兹-基尔霍夫积分公式，可得

$$U_P = \frac{1}{4\pi}\iint_S \left(G\frac{\partial U}{\partial n} - U\frac{\partial G}{\partial n}\right)\mathrm{d}s \qquad (7.1.15)$$

上式左边把 U 写成 U_P 表示经过点 P 的 U。

当波前遇到孔屏时，如图 7.4(b)所示，积分域 S 被分为两个部分，一个是没遇屏的半径为 R 的球面 S_2 和另一个遇到屏的 S_1。在 S_2 上有 $r=R$，$\partial G/\partial n=\cos(\boldsymbol{n},R)\partial G/\partial r=(\mathrm{j}k-1/R)G$，当 R 很大时，$\partial G/\partial n=\mathrm{j}kG$。由式(7.1.15)，我们有

$$\iint_{S_2}\left(G\frac{\partial U}{\partial n} - U\frac{\partial G}{\partial n}\right)\mathrm{d}s = \iint_{\Omega} G\left(\frac{\partial U}{\partial n} - \mathrm{j}kU\right)R^2\mathrm{d}\Omega \qquad (7.1.16)$$

应用索墨菲(Sommerfeld)的条件：$\lim\limits_{R\to\infty}R(\partial U/\partial n-\mathrm{j}kU)=0$，上述积分在 R 很大时为零。这样式(7.1.15)的积分域只剩下 S_1，但 S_1 又分为有屏遮挡部分和衍射孔 Σ 部分。基尔霍夫边界条件告诉我们：屏遮挡部分的光振动及其梯度为零，即 $U=\partial u/\partial n=0$。所以，式(7.1.15)的积分最后只在衍射孔上有值，即

$$U_P = \frac{1}{4\pi}\iint_{\Sigma}\left(G\frac{\partial U}{\partial n} - U\frac{\partial G}{\partial n}\right)\mathrm{d}s \qquad (7.1.17)$$

参看图 7.4(c)，Σ 上任一点 P_1 的复振幅 $U=A\mathrm{e}^{\mathrm{j}kr_1}/r_1$，由于 r_1 和 r 都远远大于零，所以 $\partial U/\partial n=U(\mathrm{j}k-1/r_1)\cos(\boldsymbol{n},\boldsymbol{r}_1)\approx U\mathrm{j}k\cos(\boldsymbol{n},\boldsymbol{r}_1)$，同理有 $\partial G/\partial n\approx G\mathrm{j}k\cos(\boldsymbol{n},\boldsymbol{r})$，代入式(7.1.17)，化简得到

$$U_P = \frac{1}{\mathrm{j}\lambda}\iint_{\Sigma} U\,\frac{\cos(\boldsymbol{n},\boldsymbol{r})-\cos(\boldsymbol{n},\boldsymbol{r}_1)}{2}\,\frac{\mathrm{e}^{\mathrm{j}kr}}{r}\mathrm{d}s$$

这里 $G=\mathrm{e}^{\mathrm{j}kr}/r$。对于图 7.4(c)来说，在傍轴近似条件下 $\cos(\boldsymbol{n},\boldsymbol{r})=\cos\theta$，$\cos(\boldsymbol{n},\boldsymbol{r}_1)\approx-1$，最后得到著名的菲涅耳-基尔霍夫衍射定理，即

$$U_P = \frac{1}{\mathrm{j}\lambda}\iint_{\Sigma} U\,\frac{1+\cos\theta}{2}\,\frac{\mathrm{e}^{\mathrm{j}kr}}{r}\mathrm{d}s \qquad (7.1.18)$$

对比惠更斯-菲涅耳原理(式(7.1.1))，可知惠更斯-菲涅耳原理的倾斜因子 $K(\theta)=(1+\cos\theta)/2$，而 $(\mathrm{j}\lambda)^{-1}$ 则是修正的惠更斯原理中的修正因子。

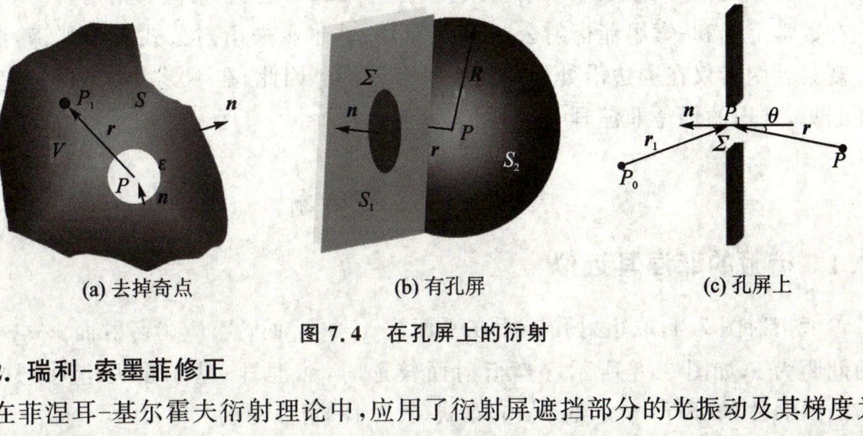

图 7.4　在孔屏上的衍射

2. 瑞利-索墨菲修正

在菲涅耳-基尔霍夫衍射理论中，应用了衍射屏遮挡部分的光振动及其梯度为零的边界条件，即 $U=\partial u/\partial n=0$。但实际的物理过程是，在衍射屏遮挡部分的光振动与

复振幅导数不可能同时为零，瑞利-索墨菲(Reyleigh-Sommerfeld)对此做了工作。

如图 7.5 所示，取点 P 的对称点 $\widetilde{P}$，取格林函数

$$G = \mathrm{e}^{\mathrm{j}kr}/r - \mathrm{e}^{\mathrm{j}k\widetilde{r}}/\widetilde{r} \qquad (7.1.19)$$

很明显紧贴屏后 $G=0$，并假设光振动 $U=0$，但注意并未要求 $\partial u/\partial n=0$，因此，$G\dfrac{\partial U}{\partial n} - U\dfrac{\partial G}{\partial n}=0$。在 Σ 孔上 $G\dfrac{\partial U}{\partial n} - U\dfrac{\partial G}{\partial n} = -U\dfrac{\partial G}{\partial n}$，这样式(7.1.15)变为

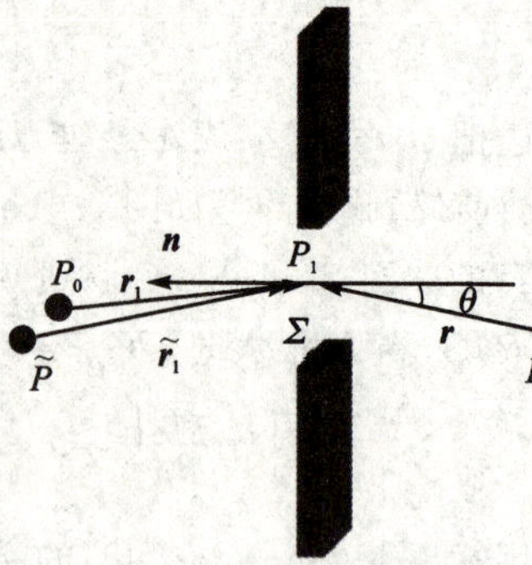

图 7.5　索墨菲的边界条件

$$U_P = \frac{1}{4\pi}\int_{S_1}\left(G\frac{\partial U}{\partial n} - U\frac{\partial G}{\partial n}\right)\mathrm{d}s = \frac{-1}{4\pi}\int_{\Sigma}U\frac{\partial G}{\partial n}\mathrm{d}s \qquad (7.1.20)$$

代入 G 的表达式，$\partial G/\partial n = 2\cos(\boldsymbol{n},\boldsymbol{r})(\mathrm{j}k - 1/r)\mathrm{e}^{\mathrm{j}kr}/r \approx 2\mathrm{j}k\cos\theta\mathrm{e}^{\mathrm{j}kr}/r$，最后得到点 P 的光场为

$$U_P = \frac{1}{\mathrm{j}\lambda}\int_{\Sigma}U\cos\theta\frac{\mathrm{e}^{\mathrm{j}kr_1}}{r_1}\mathrm{d}s \qquad (7.1.21)$$

上式称为瑞利-索墨菲衍射公式，或者称为第一类瑞利-索墨菲衍射解。

如果取格林函数为另一种形式，即

$$G = \mathrm{e}^{\mathrm{j}kr}/r + \mathrm{e}^{\mathrm{j}k\widetilde{r}}/\widetilde{r} \qquad (7.1.22)$$

紧贴屏后 $\partial U/\partial n=0$，$\partial G/\partial n=0$，但并未要求 $U=0$，采用同样的分析，也可以得到点 P 光振动的表达式，即

$$U_P = \frac{1}{4\pi}\int_{\Sigma}\frac{\partial U}{\partial n}G\mathrm{d}s = \frac{1}{2\pi}\int_{\Sigma}\frac{\partial U}{\partial n}\frac{\mathrm{e}^{\mathrm{j}kr}}{r}\mathrm{d}s \qquad (7.1.23)$$

式(7.1.23)也是瑞利-索墨菲衍射公式，或称为第二类瑞利-索墨菲衍射解。

在数学上瑞利-索墨菲衍射公式较菲涅耳-基尔霍夫衍射公式更为严谨，但从实验上观察到两者仅在屏边沿处的衍射场稍有差别。因此，在不影响结果的情况下，为方便起见，常用的仍是菲涅耳-基尔霍夫衍射。

7.2　菲涅耳衍射

7.2.1　衍射的菲涅耳近似

参考衍射图 7.4，取衍射孔屏所在平面为 x_1-y_1 面，点 P 在衍射面 $x-y$ 上，两平面间距为 z，如图 7.6 所示。当衍射面较远时，菲涅耳-基尔霍夫衍射定理积分式(7.1.18)中的分母 $r\sim z$，而 $\theta\sim 0$，则式(7.1.18)可以写为

$$U(x,y)=\frac{1}{\mathrm{j}\lambda z}\int_{\Sigma}U(x_1,y_1)\mathrm{e}^{\mathrm{j}kr}\mathrm{d}x_1\mathrm{d}y_1 \qquad (7.2.1)$$

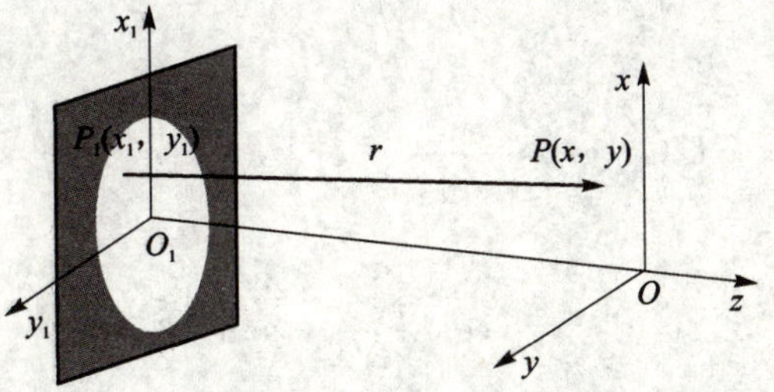

图 7.6　衍射场表示

如果认为孔屏外的光场为零，则积分域可扩展到无穷，将被积函数幂次项中的

$$r=\sqrt{z^2+(x-x_1)^2+(y-y_1)^2}\approx z+\frac{1}{2z}[(x-x_1)^2+(y-y_1)^2]$$

代入式(7.2.1)化简，则点 P 的复振幅为

$$U(x,y)=\frac{\mathrm{e}^{\mathrm{j}kz}}{\mathrm{j}\lambda z}\int_{\infty}U(x_1,y_1)\mathrm{e}^{\frac{\mathrm{j}k}{2z}[(x-x_1)^2+(y-y_1)^2]}\mathrm{d}x_1\mathrm{d}y_1 \qquad (7.2.2)$$

在数学上，我们知道任意两个函数 $f(x,y)$ 与 $h(x,y)$ 之间的卷积定义为

$$f(x,y)*h(x,y)\equiv\int_{\infty}f(\xi,\eta)h(x-\xi,y-\eta)\mathrm{d}\xi\mathrm{d}\eta \qquad (7.2.3)$$

对比式(7.2.2)，点 P 的光振动(即衍射场)可以写为

$$U(x,y)=\frac{\mathrm{e}^{\mathrm{j}kz}}{\mathrm{j}\lambda z}U_1(x,y)*\mathrm{e}^{\frac{\mathrm{j}k}{2z}(x^2+y^2)} \qquad (7.2.4)$$

这里用 $U_1(x,y)$ 替代了式(7.2.2)中孔屏上的光振动 $U(x_1,y_1)$，常将孔屏内的光振动 $U_1(x,y)$ 称为物函数，则式(7.2.4)表示衍射场复振幅比例于孔屏上的物函数和一个二次相位因子的卷积，我们把具有此类近似特性的衍射称为菲涅耳衍射。以后就会看到菲涅耳衍射是所有衍射计算的理论基础。

7.2.2　菲涅耳方形孔衍射

一般来说，菲涅耳衍射的计算公式(7.2.4)是很复杂的。这里以方形衍射孔为例，说明菲涅耳衍射过程。

假设单位振幅的单色光波沿 z 轴入射到边长 l 的方形衍射孔，其复振幅为

$$U(x_1,y_1)=\mathrm{e}^{\mathrm{j}kz},\quad x_1<l,\ y_1<l$$

将上式代入式(7.2.2)中，我们得到衍射场

$$U(x,y)=\frac{\mathrm{e}^{\mathrm{j}2kz}}{\mathrm{j}\lambda z}\int_{\infty}\mathrm{e}^{\frac{\mathrm{j}k}{2z}[(x-x_1)^2+(y-y_1)^2]}\mathrm{d}x_1\mathrm{d}y_1=$$

$$\frac{\mathrm{e}^{\mathrm{j}2kz}}{\mathrm{j}\lambda z}\int_{-l/2}^{l/2}\mathrm{e}^{\frac{\mathrm{j}k}{2z}(x-x_1)^2}\mathrm{d}x_1\int_{-l/2}^{l/2}\mathrm{e}^{\frac{\mathrm{j}k}{2z}(y-y_1)^2}\mathrm{d}y_1 \qquad (7.2.5)$$

为了计算这两个积分，令

$$\xi = \sqrt{\frac{k}{\pi z}}(x_1 - x), \quad \eta = \sqrt{\frac{k}{\pi z}}(y_1 - y)$$

则式(7.2.5)化简为

$$U(x,y) = \frac{e^{j2kz}}{2j}\int_{\xi_1}^{\xi_2} e^{\frac{j\pi}{2}\xi^2}\,d\xi \int_{\eta_1}^{\eta_2} e^{\frac{j\pi}{2}\eta^2}\,d\eta \tag{7.2.6}$$

由欧拉公式

$$e^{\frac{j\pi}{2}\xi^2} = \cos\frac{\pi\xi^2}{2} + j\sin\frac{\pi\xi^2}{2}$$

$$e^{\frac{j\pi}{2}\eta^2} = \cos\frac{\pi\eta^2}{2} + j\sin\frac{\pi\eta^2}{2}$$

积分限变为

$$\int_{\xi_1}^{\xi_2} = \int_0^{\xi_2} - \int_0^{\xi_1}$$

$$\int_{\eta_1}^{\eta_2} = \int_0^{\eta_2} - \int_0^{\eta_1}$$

令 $C(\xi_i) = \int_0^{\xi_i}\cos\frac{\pi}{2}\xi^2\,d\xi, S(\xi_i) = \int_0^{\xi_i}\sin\frac{\pi}{2}\xi^2\,d\xi$，我们将此称为菲涅耳积分。

最后，衍射场用菲涅耳积分可以表示为

$$U(x,y) = \frac{e^{j2kz}}{2j}\left\{[C(\xi_2) - C(\xi_1)] + j[S(\xi_2) - S(\xi_1)]\right\}\left\{[C(\eta_2) - C(\eta_1)] + j[S(\eta_2) - S(\eta_1)]\right\} \tag{7.2.7}$$

同样，衍射场强度表示为

$$I(x,y) = \langle UU^*\rangle = \frac{1}{4}\left\{[C(\xi_2) - C(\xi_1)]^2 + [S(\xi_2) - S(\xi_1)]^2\right\}\left\{[C(\eta_2) - C(\eta_1)]^2 + [S(\eta_2) - S(\eta_1)]^2\right\} \tag{7.2.8}$$

如果用图解法表示上式数值，则可以用菲涅耳积分作为横、纵坐标，如图 7.7 所示，图中的曲线称为科纽螺线(Cornu's Spiral)。纵轴表示虚部 S，横轴是实部 C，则

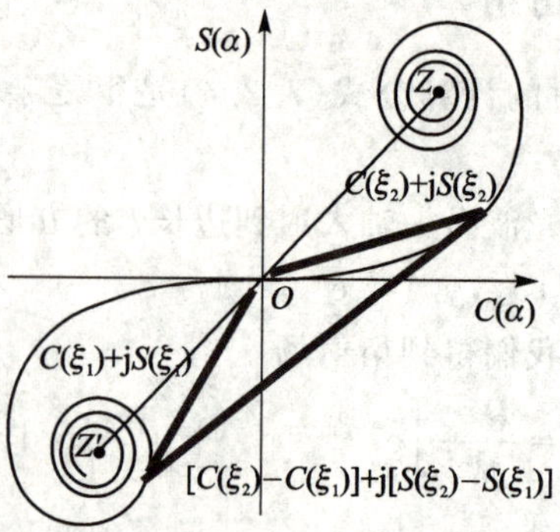

图 7.7　利用科纽螺线表示衍射场强度

从原点到螺线上任一点的矢径是 $C+\mathrm{j}S$。对应于 ξ_1 和 ξ_2，螺线上两点之间的矢径差为 $[C(\xi_2)-C(\xi_1)]+\mathrm{j}[S(\xi_2)-S(\xi_1)]$，其模的平方就是 $[C(\xi_2)-C(\xi_1)]^2+[S(\xi_2)-S(\xi_1)]^2$。所以，衍射场强度可以用科纽螺线两个矢径差的模方的乘积表示。

7.3　夫琅禾费衍射

7.3.1　夫琅禾费近似

在菲涅耳衍射公式(7.2.2)中，利用 $k=2\pi/\lambda$，展开指数项为

$$\frac{\mathrm{j}k}{2z}(x^2+y^2+x_1^2+y_1^2)-\frac{\mathrm{j}k}{z}(xx_1+yy_1)=$$

$$\frac{\mathrm{j}\pi}{\lambda z}(x^2+y^2+x_1^2+y_1^2)-\frac{\mathrm{j}2\pi}{\lambda z}(xx_1+yy_1) \tag{7.3.1}$$

从“2.3 空间频率”一节内容可知：$\frac{x}{z\lambda}\approx\frac{\cos\alpha}{\lambda}=f_x$，$\frac{y}{z\lambda}\approx\frac{\cos\beta}{\lambda}=f_y$，上式可写为

$$\frac{\mathrm{j}k}{2z}(x^2+y^2+x_1^2+y_1^2)-\frac{\mathrm{j}k}{z}(xx_1+yy_1)=$$

$$\frac{\mathrm{j}\pi}{\lambda z}(x^2+y^2+x_1^2+y_1^2)-\mathrm{j}2\pi(f_xx_1+f_yy_1)$$

菲涅耳衍射公式(7.2.2)可化简为

$$U(x,y)=\frac{1}{\mathrm{j}\lambda z}\mathrm{e}^{\mathrm{j}kz+\frac{\mathrm{j}\pi}{\lambda z}(x^2+y^2)}\int_{\infty}U(x_1,y_1)\mathrm{e}^{\frac{\mathrm{j}\pi}{\lambda z}(x_1^2+y_1^2)}\,\mathrm{e}^{-2\pi\mathrm{j}(f_xx_1+f_yy_1)}\,\mathrm{d}x_1\mathrm{d}y_1 \tag{7.3.2}$$

从数学上知道这恰好是傅里叶变换，故上式化简为

$$U(x,y)=\frac{\mathrm{e}^{\mathrm{j}kz+\frac{\mathrm{j}\pi}{\lambda z}(x^2+y^2)}}{\mathrm{j}\lambda z}\mathscr{F}\left\{U(x_1,y_1)\mathrm{e}^{\frac{\mathrm{j}\pi}{\lambda z}(x_1^2+y_1^2)}\right\} \tag{7.3.3}$$

当 $\frac{\pi(x_1^2+y_1^2)}{\lambda}\ll z$，即满足夫琅禾费近似时，式(7.3.3)就成为

$$U(x,y)=\frac{\mathrm{e}^{\mathrm{j}kz+\frac{\mathrm{j}\pi}{\lambda z}(x^2+y^2)}}{\mathrm{j}\lambda z}\mathscr{F}\{U(x_1,y_1)\} \tag{7.3.4a}$$

衍射场与物函数的傅里叶变换成正比，如果将函数的傅里叶变换称为该函数的频谱，则夫琅禾费衍射的衍射场比例于物函数的频谱。相应的衍射场强度分布是

$$I=\langle UU^*\rangle=\frac{1}{(\lambda z)^2}\mathscr{F}^2\{U(x_1,y_1)\} \tag{7.3.4b}$$

即夫琅禾费衍射场强度比例于物函数的频谱强度。

在光学上，通常将满足菲涅耳衍射的情形称为近场衍射，而满足夫琅禾费衍射的情形称为远场衍射。从它们各自的表达式中可以看到，夫琅禾费衍射的计算较菲涅耳衍射要容易得多。

当用单位振幅的平面光 $U_0=\exp(\mathrm{j}kz)$ 照明衍射孔屏时，定义孔屏处的透过率为

$$t(x_1,y_1)\equiv\frac{U(x_1,y_1)}{U_0}=\frac{U(x_1,y_1)}{\mathrm{e}^{jkz}}$$

那么物函数$U(x_1,y_1)=t(x_1,y_1)\mathrm{e}^{jkz}$。所以,衍射场与透过率函数之间的关系为

$$U(x,y)=\frac{\mathrm{e}^{2jkz+\frac{j\pi}{\lambda z}\left(x^2+y^2\right)}}{j\lambda z}\mathscr{F}\{t(x_1,y_1)\}\tag{7.3.5a}$$

$$I=\langle UU^*\rangle=\mathscr{F}^2\{t(x_1,y_1)\}/\lambda^2z^2\tag{7.3.5b}$$

因此,知道透过率函数,就等于知道了衍射场的复振幅分布。

7.3.2 矩形孔衍射

1. 夫琅禾费矩形孔衍射

引入矩形函数

$$f(x,y)\equiv\mathrm{rect}\left(\frac{x}{a}\right)=\begin{cases}1, & 0\leqslant x\leqslant a\\ 0\end{cases}\tag{7.3.6}$$

它的傅里叶变换是

$$\mathscr{F}\{f(x,y)\}=a\,\mathrm{sinc}\left(\frac{ax}{\lambda z}\right)\tag{7.3.7}$$

对于边长分别为a和b的矩形衍射孔,其透过率函数为

$$t=\mathrm{rect}\left(\frac{x_1}{a}\right)\mathrm{rect}\left(\frac{y_1}{a}\right)\tag{7.3.8}$$

则其频谱为

$$\mathscr{F}\{t(x_1,y_1)\}=ab\,\mathrm{sinc}\left(\frac{ax}{\lambda z}\right)\mathrm{sinc}\left(\frac{by}{\lambda z}\right)\tag{7.3.9}$$

夫琅禾费衍射场分布为

$$U(x,y)=\frac{ab}{j\lambda z}\mathrm{e}^{2jkz+\frac{j\pi}{\lambda z}\left(x^2+y^2\right)}\mathrm{sinc}\left(\frac{ax}{\lambda z}\right)\mathrm{sinc}\left(\frac{by}{\lambda z}\right)\tag{7.3.10a}$$

其强度分布为

$$I(x,y)=\left(\frac{ab}{\lambda z}\right)^2\mathrm{sinc}^2\left(\frac{ax}{\lambda z}\right)\mathrm{sinc}^2\left(\frac{by}{\lambda z}\right)\tag{7.3.10b}$$

2. 单缝衍射

如果矩形孔一边远远大于另一边,矩形就变成单缝。对于宽度为a的单缝,其透过率为

$$t(x_1)=\mathrm{rect}\left(\frac{x_1}{a}\right)\tag{7.3.11}$$

则其频谱为

$$\mathscr{F}\{t(x_1)\}=\int_{-a/2}^{a/2}\mathrm{e}^{-j2\pi x_1f_x}\,\mathrm{d}x_1=a\,\mathrm{sinc}(af_x)\tag{7.3.12}$$

其中:$f_x=x/\lambda z$。

衍射场复振幅为

$$U(x) = \frac{a}{\mathrm{j}\lambda z}\mathrm{e}^{\mathrm{j}2kz + \frac{\mathrm{j}\pi}{\lambda z}x^2}\,\mathrm{sinc}\left(\frac{ax}{\lambda z}\right) \tag{7.3.13}$$

单缝衍射强度分布为

$$I(x) = \left(\frac{a}{\lambda z}\right)^2 \mathrm{sinc}^2\left(\frac{ax}{\lambda z}\right) = I_0\,\mathrm{sinc}^2\left(\frac{ax}{\lambda z}\right) \tag{7.3.14}$$

在衍射场中央，$x=0$ 处 $I(x)=I_0$，最亮。当 $(ax/\lambda z)=n(n=\pm1,\pm2,\cdots)$，$I(x)=0$ 时，衍射角 $\sin\theta\approx x/z$，即衍射为零处满足 $a\sin\theta=n\lambda$。

3. 双缝衍射

把单缝沿垂直于缝方向横移 d，参考双缝干涉过程，引起的光程差是 $\Delta=xd/z$，相应有一个相位滞后 $\delta=k\Delta$，所以复振幅是两个有相位差的单缝衍射复振幅的叠加。如果用 U_0 表示单缝衍射复振幅，则双缝衍射复振幅为

$$U(x) = U_0(1+\mathrm{e}^{-\mathrm{j}\delta}) \tag{7.3.15}$$

强度是

$$I(x) = 2U_0^2(1+\cos\delta) = 4I_0\,\mathrm{sinc}^2\left(\frac{ax}{\lambda z}\right)\cos^2\left(\frac{\pi xd}{\lambda z}\right) \tag{7.3.16}$$

这与前面学到的双缝干涉强度分布形式类似，所以双缝衍射可以看作是被单缝衍射调制的无限窄双缝干涉。

4. 多缝衍射

多缝衍射可以看作是，宽度为 a、间距为 d 的 N 条缝之间的衍射，类似上面的双缝衍射，多缝衍射复振幅是 N 个复振幅分别为 U_0，$U_0\mathrm{e}^{-\mathrm{j}\delta}$，$U_0\mathrm{e}^{-2\mathrm{j}\delta}$，…，$U_0\mathrm{e}^{-(N-1)\mathrm{j}\delta}$ 单缝的叠加

$$U(x) = U_0\sum_{m=0}^{N}\mathrm{e}^{-\mathrm{j}m\delta} = U_0\,\frac{1-\mathrm{e}^{-\mathrm{j}N\delta}}{1-\mathrm{e}^{-\mathrm{j}\delta}} \tag{7.3.17}$$

其中：$\delta=k\Delta=(2\pi xd)/(\lambda z)$。相应强度是

$$I(x) = U_0^2\,\frac{\sin^2(N\delta/2)}{\sin^2(\delta/2)} = I_0\,\mathrm{sinc}^2\left(\frac{ax}{\lambda z}\right)\sin^2\left(\frac{N\pi xd}{\lambda z}\right)\Big/\sin^2\left(\frac{\pi xd}{\lambda z}\right) \tag{7.3.18}$$

上式类似于多缝干涉公式，干涉的主极大是 $\delta=2m\pi(m=0,\pm1,\pm2,\cdots)$，在位置 $x=m\lambda z/d$ 处，主极大的光强是 $I_{\max}=N^2I_0\,\mathrm{sinc}^2(am/d)$，但当 $am/d=n$ 即 $d/a=m/n$ 为整数时，第 m 级干涉亮纹与第 n 级衍射暗纹重合，出现缺级。所以，它的强度分布图样仍是单缝衍射调制的 N 个窄缝的干涉图样。

7.3.3　圆形孔衍射

1. 夫琅禾费圆孔衍射

对于孔径为 D 的圆孔（见图 7.8），引入圆函数

$$f(r_1) \equiv \mathrm{circ}\left(\frac{r_1}{D/2}\right) = \begin{cases}1, & 0\leqslant r_1\leqslant D/2\\ 0\end{cases} \tag{7.3.19}$$

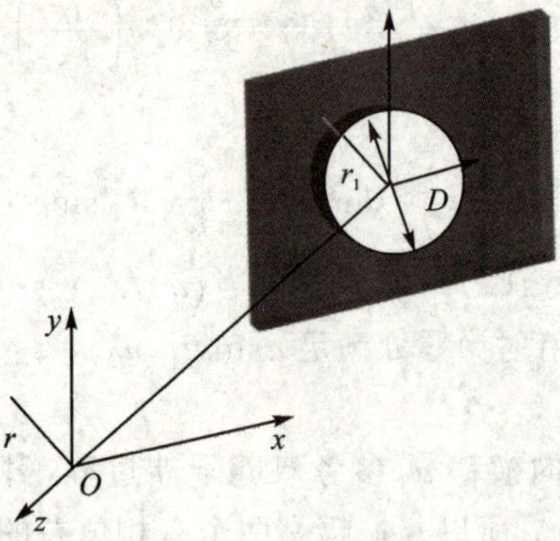

图 7.8　圆孔衍射

其中：$r_1=\sqrt{x_1^2+y_1^2}$。

取极坐标，圆函数的傅里叶变换改写为傅里叶-贝塞尔变换，或称为汉克尔变换，其表达式为

$$\mathscr{F}\{f(r_1)\}=B\{f(r_1)\}=\frac{D}{2}\frac{J_1(\pi\rho D)}{\rho} \tag{7.3.20}$$

其中：J_1 是一阶贝塞尔函数；$\rho=\dfrac{r}{\lambda z}=\sqrt{f_x^2+f_y^2}$，$r=\sqrt{x^2+y^2}$。

取孔径的透过率为上述圆函数，则衍射场复振幅为

$$U(r)=\frac{\mathrm{e}^{\mathrm{j}2kz}}{\mathrm{j}\lambda z}\mathrm{e}^{\frac{\mathrm{j}\pi}{\lambda z}r^2}\mathscr{F}\{t(r_1)\}=\frac{\mathrm{e}^{\mathrm{j}2kz}}{\mathrm{j}\lambda z}\mathrm{e}^{\frac{\mathrm{j}\pi}{\lambda z}r^2}\ \frac{D}{2}\ \frac{J_1(\pi\rho D)}{\rho} \tag{7.3.21}$$

强度分布为

$$I(r)=I_0\left[\frac{2J_1(\pi\rho D)}{\pi\rho D}\right]^2 \tag{7.3.22}$$

其中：$I_0=\left(\dfrac{\pi D^2}{2\lambda z}\right)^2$。

这个强度分布称为爱里(Airy)图样，图样中心是一个亮斑，周围是圆环环绕，如图 7.9 所示，中央亮斑称为爱里斑。可以求得此斑半径，当 $\pi\rho D=1.22\pi$ 时，$J_1(\pi\rho D)=0$，$I(r)=0$，其半径为

$$r_{\mathrm{Airy}}=1.22\frac{\lambda z}{D}=1.22\frac{\lambda}{\alpha} \tag{7.3.23}$$

其中：$\alpha=D/z$，是从衍射面看圆孔所张的角度，借用天文术语称为角直径。

另外，还可以计算出爱里斑集中了衍射光能量的 84%。

2. 光学系统分辨角

物体经光学系统成像，类似于圆孔衍射。在观察平面上，当一个物体的爱里图样与另一个物体的爱里图样重合时，即两像重合，我们的系统就无法分辨出这两个物体。瑞利(Rayleigh)给出了系统分辨两个物体的标准，即“瑞利判据”，具体如下。

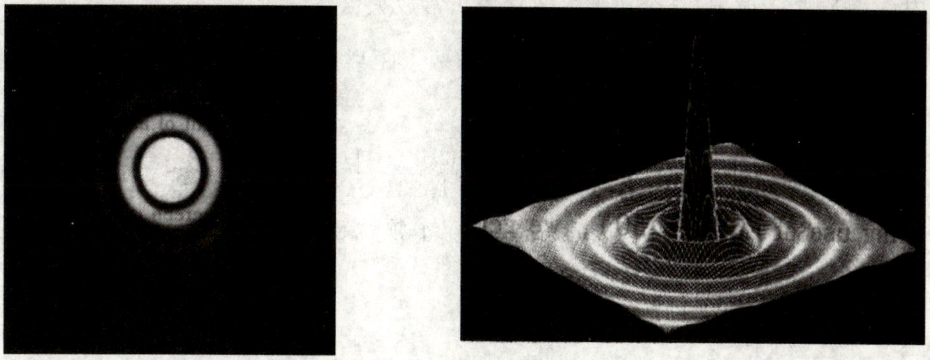

(a) 圆孔衍射，中央亮斑是爱里斑　　(b) 中央亮斑集中了大部分光能量

图 7.9　爱里图样

瑞利判据：如图 7.10 所示，经过系统成像，当一个物体的爱里斑中心恰好落在另一个物体的爱里斑的边缘处时，则称系统刚好能分辨出这两个物体，此时这两个物体对系统中心所张的角称为系统分辨角，系统的焦距 $f=z$，系统分辨角的表达式为

$$\Delta\varphi = \frac{r_{\text{Airy}}}{f} = 1.22\,\frac{\lambda}{D} \tag{7.3.24}$$

所以，要提高光学系统的分辨本领，即获得系统最小分辨角，可以采用两种方式：一是减小照明物体的波长，如电子显微镜；另一种是增大观察系统的口径，如大口径的天文望远镜。

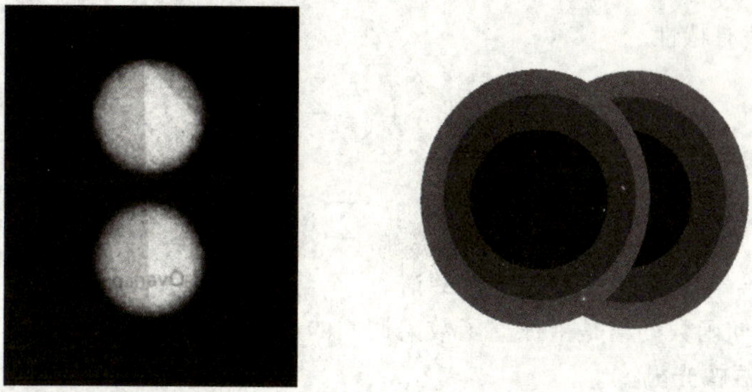

(a) 两个物体能分辨　　(b) 两个物体刚好能分辨

图 7.10　成像分辨

例如：直径 50 mm 物镜的望远镜，其 $\Delta\theta\sim1.4\times10^{-5}$ rad（这里 $\lambda=550$ nm）；人眼瞳孔孔径～3 mm，其 $\Delta\theta\sim3\times10^{-4}$ rad；要使望远镜的 $\Delta\theta$ 放大 M_e 倍后恰好等于人眼的 $\Delta\theta$，这时的放大倍数为

$$M_e = \frac{D|_{\text{望远镜}}}{nD|_{\text{人眼}}} \tag{7.3.25}$$

其中：n 是眼睛折射率，这个放大倍数称为正常放大倍数。

对照相机来说，镜头能分辨的最靠近的两点距离为 $\delta l = f\Delta\theta = 1.22\lambda \dfrac{f}{D}$（$f$ 是镜头焦距），镜头单位长度能分辨 N 条线：

$$N = \frac{1}{\delta l} = \frac{1}{1.22\lambda}\frac{D}{f} \tag{7.3.26}$$

相对孔径 D/f 越大，照相机镜头的分辨本领就越好。好的镜头都在 500 线对/毫米(lp/mm)以上。

7.3.4 光栅衍射

光栅是使光能量（振幅或相位）在空间呈现周期分布的光学元件，通常将光栅的透过率函数为实周期函数的光栅称为振幅型光栅，而为虚周期函数的称为相位型光栅。

对于周期函数，如周期型开孔的光栅，可以用所谓的阵列定理来处理，即周期为 T 的一维无界函数 $f(x)$ 可以写为孤立函数 $\tilde{f}$ 与梳状函数 comb(x) 的卷积，即

$$f(x) = \tilde{f}(x) * \mathrm{comb}(x) \tag{7.3.27}$$

其中：梳状函数为

$$\mathrm{comb}(x) = \sum_{n=-\infty}^{\infty} \delta(x - nT) \tag{7.3.28}$$

以上函数为透过率的光栅，则

$$t(x_1) = t_0(x_1) * \sum \delta(x_1 - nT) \tag{7.3.29}$$

由于梳状函数有特性

$$\mathscr{F}\left\{\sum_{n=-\infty}^{\infty} \delta(x - nT)\right\} = \sum_{n=-\infty}^{\infty} \delta\left(f_x - \frac{n}{T}\right) \tag{7.3.30}$$

则透过率的傅里叶变换为

$$F(f_x) = \tilde{F}(f_x) \cdot \sum \delta\left(f_x - \frac{n}{T}\right) \tag{7.3.31}$$

其中：$\tilde{F}(f_x) = \mathscr{F}\{\tilde{f}(x)\}$ 是孤立函数的谱。

所以，周期函数的谱是由孤立函数谱调制的周期为 $1/T$ 的分立谱。

1. 正弦振幅光栅

正弦振幅光栅的振幅透过率为

$$t(x_1, y_1) = \left[\frac{1}{2} + \frac{m}{2}\cos\left(\frac{2\pi x_1}{d}\right)\right]\mathrm{rect}\left(\frac{x_1}{l}\right)\mathrm{rect}\left(\frac{y_1}{l}\right) \tag{7.3.32}$$

其中：m 为振幅调制度；d 为光栅常数；rect 函数表示此光栅位于边长为 l 的方形孔内。由于乘积的傅里叶变换等于傅里叶变换的卷积，所以透过率函数的谱为

$$\mathscr{F}\{t(x_1, y_1)\} = \mathscr{F}\left\{\frac{1}{2} + \frac{m}{2}\cos\left(\frac{2\pi x_1}{d}\right)\right\} * \mathscr{F}\left\{\mathrm{rect}\left(\frac{x_1}{l}\right)\mathrm{rect}\left(\frac{y_1}{l}\right)\right\} \tag{7.3.33}$$

分别计算

$$\mathscr{F}\left\{\frac{1}{2}+\frac{m}{2}\cos\left(\frac{2\pi x_1}{d}\right)\right\}=\frac{\delta(f_x,f_y)}{2}+\frac{m\delta(f_x-1/d,f_y)}{4}+\frac{m\delta(f_x+1/d,f_y)}{4}$$

$$\mathscr{F}\left\{\mathrm{rect}\left(\frac{x_1}{l}\right)\mathrm{rect}\left(\frac{y_1}{l}\right)\right\}=l^2\,\mathrm{sinc}(lf_x)\,\mathrm{sinc}(lf_y)$$

所以

$$\mathscr{F}\{t(x_1,y_1)\}=\frac{l^2\,\mathrm{sinc}(lf_y)}{2}\left\{\mathrm{sinc}(lf_x)+\frac{m}{2}\mathrm{sinc}[l(f_x+1/d)]+\frac{m}{2}\mathrm{sinc}[l(f_x-1/d)]\right\} \tag{7.3.34}$$

衍射复振幅为

$$U(x,y)=\frac{e^{jkz}e^{\frac{j\pi}{\lambda z}(x^2+y^2)}}{j\lambda z}\frac{l^2}{2}\mathrm{sinc}\left(\frac{ly}{\lambda z}\right)\left\{\mathrm{sinc}\left(\frac{lx}{\lambda z}\right)+\frac{m}{2}\mathrm{sinc}\left[\frac{l}{\lambda z}\left(x+\frac{\lambda z}{d}\right)\right]+\frac{m}{2}\mathrm{sinc}\left[\frac{l}{\lambda z}\left(x-\frac{\lambda z}{d}\right)\right]\right\} \tag{7.3.35}$$

上式平方得到强度分布，由于 $d\leqslant l$，所以平方后 3 个 sinc 函数交叠项为零，那么

$$I(x,y)=\left(\frac{l^2}{2\lambda z}\right)^2\mathrm{sinc}^2\left(\frac{ly}{\lambda z}\right)\left\{\mathrm{sinc}^2\left(\frac{lx}{\lambda z}\right)+\frac{m^2}{4}\mathrm{sinc}^2\left[\frac{l}{\lambda z}\left(x+\frac{\lambda z}{d}\right)\right]+\frac{m^2}{4}\mathrm{sinc}^2\left[\frac{l}{\lambda z}\left(x-\frac{\lambda z}{d}\right)\right]\right\} \tag{7.3.36}$$

正弦振幅光栅衍射图样如图 7.11 所示。

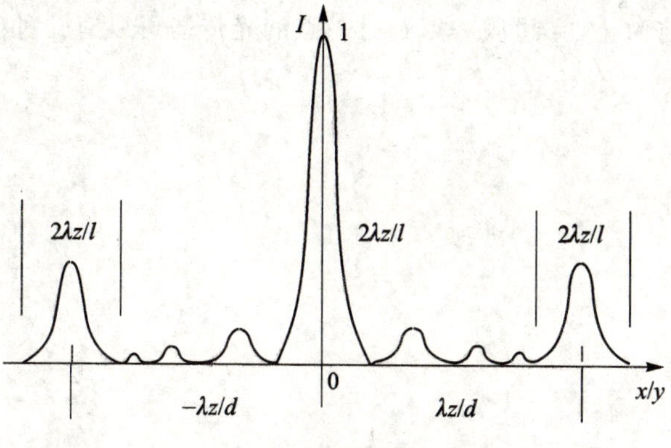

图 7.11　正弦振幅光栅衍射图样

强度分布有 3 个峰值，分别在 $x=0$，$x=-\lambda z/d$（负一级），以及 $x=\lambda z/d$（正一级），每个峰的半宽度是 $\lambda z/l$。

2. 正弦相位光栅

相位型光栅的透过率函数是

$$t(x_1,y_1)=e^{\frac{jm}{2}\sin\frac{2\pi x_1}{d}}\,\mathrm{rect}\left(\frac{x_1}{l}\right)\mathrm{rect}\left(\frac{u_1}{l}\right) \tag{7.3.37}$$

其中：m 是相位调制度。

由于

$$\mathscr{F}\left\{\exp\left(\frac{\mathrm{j}m}{2}\sin\frac{2\pi x_1}{d}\right)\right\}=\sum_{q=-\infty}^{\infty}J_q\left(\frac{m}{2}\right)\delta\left(f_x-\frac{qx_1}{d},f_y\right) \qquad (7.3.38)$$

其中：$J_q(m/2)$是一类贝塞尔函数，那么

$$U(x,y)=\frac{\mathrm{e}^{\mathrm{j}kz}\mathrm{e}^{\frac{\mathrm{j}\pi}{\lambda z}(x^2+y^2)}}{\mathrm{j}\lambda z}\sum_q l^2J_q\left(\frac{m}{2}\right)\mathrm{sinc}\left[\frac{l}{\lambda z}(x-q\lambda z/d)\right]\mathrm{sinc}\left(\frac{ly_1}{\lambda z}\right) \qquad (7.3.39)$$

同样原因 $d\ll l$，平方时忽略交叉项，则衍射强度为

$$I(x,y)=\left(\frac{l^2}{\lambda z}\right)^2\mathrm{sinc}^2\left(\frac{ly_1}{\lambda z}\right)\sum_q J_q^2\left(\frac{m}{2}\right)\mathrm{sinc}^2\left[\frac{l}{\lambda z}\left(x-\frac{q\lambda z}{d}\right)\right] \qquad (7.3.40)$$

思考题

7-1　利用菲涅耳-基尔霍夫理论如何解释光的衍射与传播？

7-2　菲涅耳衍射与夫琅禾费衍射有何不同？

7-3　索墨菲是如何解决基尔霍夫衍射理论中边界条件的缺陷问题的？

7-4　为什么要用大口径望远镜进行天文观测？

7-5　在推导菲涅耳-基尔霍夫衍射定理时用了 3 次格林函数，3 次表达式分别是什么样的？各代表什么意义？解决了什么问题？

7-6　到目前为止，空间从一点到另一点的光传播可以有几种描述方式？

第 8 章　系统衍射成像

8.1　系统成像变换及点光源成像

8.1.1　透镜成像过程中的相位变换

1. 薄透镜的相位变换

如图 8.1 所示，如果将单位振幅的点光源放置于透镜前 P_0 处，经过透镜汇聚到点 P，由于点光源向四周发出的是球面波，所以到达透镜前表面 p_1 的波面是 e^{jkr}/r。由于经过透镜最后要汇聚到点 P，因此，面 p_2 的波面汇聚的是单位振幅球面波 e^{-jkr}/r。利用第 1 章介绍的球面波的二次曲面近似方法，透镜前、后面的复振幅可以分别表示为

$$U_1 = \frac{1}{r}e^{jkr} \approx \frac{e^{jkd_1}}{d_1}\exp\left[\frac{jk}{2d_1}(x^2+y^2)\right] \tag{8.1.1}$$

$$U_2 = \frac{e^{-jkd_2}}{d_2}\exp\left[\frac{-jk}{2d_2}(x^2+y^2)\right] \tag{8.1.2}$$

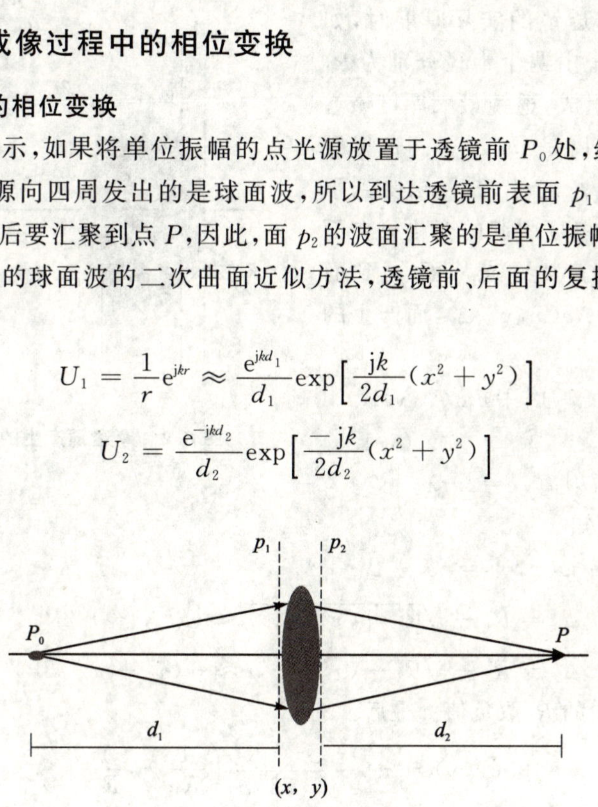

图 8.1　薄透镜成像过程中的相位变换

由式(8.1.1)和式(8.1.2)可以看到，透镜前、后表面上的都是球面波，一个是发散球面波，一个是汇聚球面波。因此，我们能得到透镜的透射率为

$$t = \frac{U_2}{U_1} = \frac{e^{-jk(d_1+d_2)}}{d_2/d_1}\exp\left[-\frac{jk}{2}\left(\frac{1}{d_1}+\frac{1}{d_2}\right)(x^2+y^2)\right] \tag{8.1.3}$$

透镜的成像公式为

$$\frac{1}{f} = \frac{1}{d_1}+\frac{1}{d_2} \tag{8.1.4}$$

这里 f 是透镜的焦距，将上式代入式(8.1.3)中，可得

$$t=\frac{e^{-jk(d_1+d_2)}}{d_2/d_1}e^{\frac{-j\pi}{\lambda f}(x^2+y^2)}=c_1e^{\frac{-j\pi}{\lambda f}(x^2+y^2)} \tag{8.1.5}$$

上式用 c_1 表示指数项前的常数。从这个结果可以看到，薄透镜在成像过程中，透射率与指数因子成正比，我们知道指数因子表示相位，因此如不计常数，经过薄透镜的光波波面只是附加了一个相位变化。简单地说，在成像过程中，透镜仅仅使原来物波有一个相位转变。

2. 厚透镜的相位变换

当我们考虑透镜的实际厚度时，如图 8.2 所示，透镜由两个半径分别为 R_1 和 R_2 的球面镜组成，透镜最大厚度 w_0，光通过的透镜厚度是 $w(x,y)$。这里假定，在面 p_1 和面 p_2 之外，波面未受到干扰，所以，由透镜厚度引起的变化只在面 p_1 和面 p_2 之间产生。光从面 p_1 到面 p_2，中间经过 Δ_1、$w(x,y)$、Δ_2，而产生的相位变化是

$$k\{[w_0-w(x,y)]+nw(x,y)\} \tag{8.1.6}$$

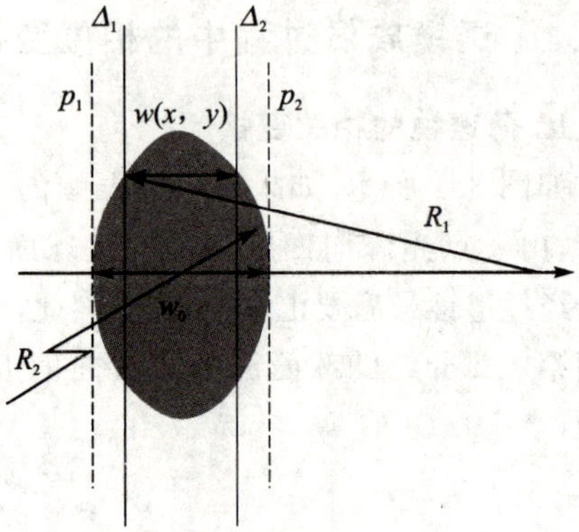

图 8.2 厚透镜产生的相位变化

其中：n 是透镜折射率，$k=2\pi/\lambda$。

从图 8.2 可知

$$\left.\begin{aligned} w(x,y)&=w_0-\Delta_1-\Delta_2\\ \Delta_1&=R_1-\sqrt{R_1^2-(x^2+y^2)}\approx(x^2+y^2)/2R_1\\ \Delta_2&=R_2+\sqrt{R_2^2-(x^2+y^2)}\approx-(x^2+y^2)/2R_2\end{aligned}\right\} \tag{8.1.7}$$

上式 Δ_2 表达式中的 R_2 取负值。最后

$$w(x,y)=w_0-\frac{x^2+y^2}{2}\left(\frac{1}{R_1}-\frac{1}{R_2}\right) \tag{8.1.8}$$

所以

$$k(w_0-w+nw)=kw_0+k(n-1)w=knw_0-k\frac{x^2+y^2}{2f} \tag{8.1.9}$$

上式的最后结果用到高斯公式

$$1/f=(n-1)(1/R_1-1R_2) \tag{8.1.10}$$

所以，经过厚透镜，光波产生的附加相位是

$$e^{j\left(knw_0-k\frac{x^2+y^2}{2f}\right)}=e^{jknw_0}e^{\frac{-j\pi}{\lambda f}(x^2+y^2)} \tag{8.1.11}$$

上式类似于薄透镜对光波的附加相位变化。

8.1.2　透镜成像中的傅里叶变换

如图 8.3 所示，物面上有一个复振幅分布为 $U_1(x_1, y_1)$ 的物体，经过透镜在成像面的像分布为 $U(x, y)$。根据第 7 章所介绍的知识，我们可以把这一成像过程看成是物 $U_1(x_1, y_1)$ 经过距离 d_1 后到达透镜的前表面的衍射过程，经过透镜的相位变换到达透镜后表面，再经过距离 d_2，在像面上得到原来物的衍射图像分布 $U(x, y)$。因此，透镜的成像过程是由两次衍射和一次透镜的相位变换组成的。所以，成像过程也称为衍射成像。又由于，实际透镜都有一定大小(后面用光瞳函数表示了这一效应)，即这是受到一定限制的衍射过程，因此，准确地说应该是衍射受限光学系统成像。为简单起见，我们只考虑在透镜后焦面上的成像，即 $d_2 = f$。

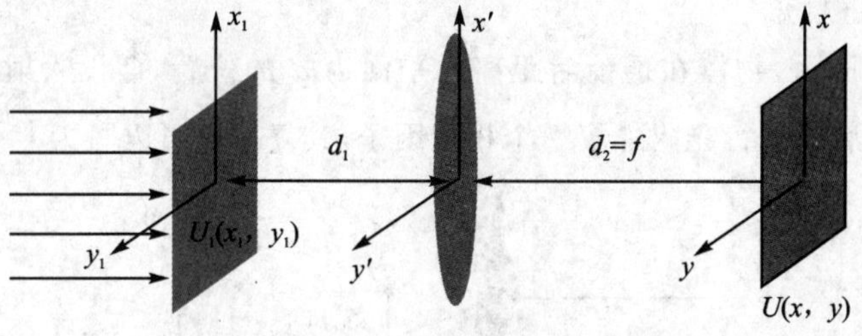

图 8.3　透镜成像

由菲涅耳衍射公式(7.2.4)可知，透镜前表面的复振幅分布是

$$\frac{e^{jkd_1}}{j\lambda d_1}U_1(x', y') * e^{\frac{j\pi}{\lambda d_1}\left(x'^2+y'^2\right)} \tag{8.1.12}$$

经过透镜，在透镜后表面上的复振幅分布是(这里不计透镜相位变换常数)

$$U' = \left[\frac{e^{jkd_1}}{j\lambda d_1}U_1(x', y') * e^{\frac{j\pi}{\lambda d_1}\left(x'^2+y'^2\right)}\right]e^{-\frac{j\pi}{\lambda f}\left(x'^2+y'^2\right)} \tag{8.1.13}$$

最后，在像面上像的复振幅分布是

$$U(x, y) = \frac{e^{jkf}}{j\lambda f}U'(x, y) * e^{\frac{j\pi}{\lambda f}\left(x^2+y^2\right)} \tag{8.1.14}$$

对式(8.1.14)进行计算，可得

$$U = \frac{j}{\lambda f}\exp\left[\frac{jk(f-d_1)(x^2+y^2)}{2f^2}\right]\iint_{\infty} U_1(x_1, y_1)e^{-j2\pi\left(x_1 f_x + y_1 f_y\right)}\,dx_1\,dy_1 \tag{8.1.15}$$

其中：空间频率 $f_x = x/\lambda f$，$f_y = y/\lambda f$。

上式右边的积分恰好是物函数的傅里叶变换，所以有

$$U(x, y) = \frac{j}{\lambda f}\exp\left[\frac{j\pi(f-d_1)(x^2+y^2)}{\lambda f^2}\right]\mathscr{F}\{U_1(x_1, y_1)\} \tag{8.1.16}$$

由上式可以看出，像是由物的傅里叶变换构成的，即像与物的频谱有关。

(1) 物在透镜的前焦面

这时 $d_1=f$，由式(8.1.16)有

$$U(x,y)=\frac{\mathrm{j}}{\lambda f}\mathscr{F}\{U_1(x_1,y_1)\} \tag{8.1.17}$$

由上式可以看出，如果不考虑常数项，则像就是物函数的傅里叶变换，即像是物的频谱。因此，对于透镜光学系统，透镜后焦面上的像是前焦面上物的频谱。

(2) 物在透镜的前表面

这时 $d_1=0$，则式(8.1.16)成为

$$U(x,y)=\frac{\mathrm{j}}{\lambda f}\mathrm{e}^{\frac{\mathrm{j}\pi}{\lambda f}\left(x^2+y^2\right)}\mathscr{F}\{U_1(x_1,y_1)\} \tag{8.1.18}$$

与式(8.1.17)相比，多了一个指数相位因子。

(3) 物在透镜后

如图 8.4 所示，物体在透镜后距离像平面为 d 的位置，假设入射照明光为平行光。经过透镜后的平行光附加了一个相位因子，其复振幅可以写为 $\mathrm{e}^{-\frac{\mathrm{j}\pi}{\lambda f}\left(x'^2+y'^2\right)}$。

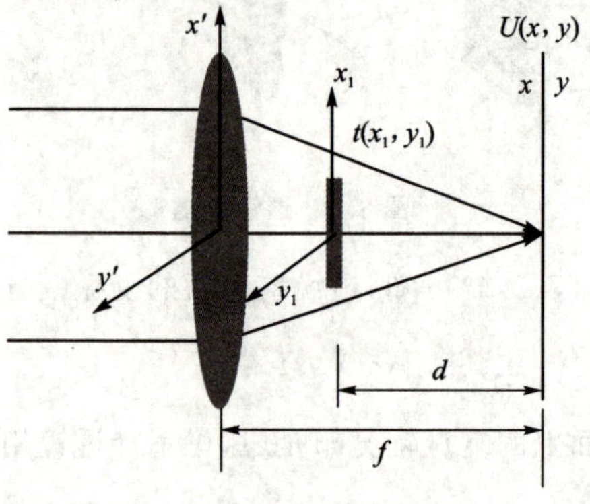

图 8.4　物在透镜后的成像

光通过透镜后，又照明了物体，假设物体的透过率是 t，那么透过物的光的复振幅为

$$U_1(x_1,y_1)=\frac{\mathrm{e}^{\mathrm{j}k(f-d)}}{\mathrm{j}\lambda(f-d)}\left[\mathrm{e}^{-\frac{\mathrm{j}\pi}{\lambda f}\left(x_1^2+y_1^2\right)} * \mathrm{e}^{\frac{\mathrm{j}\pi}{\lambda(f-d)}\left(x_1^2+y_1^2\right)}\right]t(x_1,y_1) \tag{8.1.19}$$

这个光场又经过距离 d，最后到达像平面成像，即

$$U(x,y)=\frac{\mathrm{e}^{\mathrm{j}kd}}{\mathrm{j}\lambda d}U_1(x,y) * \mathrm{e}^{\frac{\mathrm{j}\pi}{\lambda d}\left(x^2+y^2\right)} \tag{8.1.20}$$

依次做出每步卷积，最后得到像场复振幅分布为

$$U(x,y)=\frac{f}{\mathrm{j}\lambda d^2}\mathrm{e}^{\frac{\mathrm{j}\pi}{\lambda d}\left(x^2+y^2\right)}\int_{\infty}t(x_1,y_1)\mathrm{e}^{-\mathrm{j}2\pi\left(x_1f_x+y_1f_y\right)}\mathrm{d}x_1dy_1=$$

$$\frac{f}{\mathrm{j}\lambda d^2}\mathrm{e}^{\frac{\mathrm{j}\pi}{\lambda d}(x^2+y^2)}\mathscr{F}\{t(x_1,y_1)\} \tag{8.1.21}$$

可以看出，这时成像类似于式(8.1.8)，也是与物(这时以物的透过率表示)的频谱有关。最后总结一下，在透镜成像中，透镜的前后焦面形成了物-像共轭关系，像面就是物的频谱面。如果从空间域和频率域来看成像，透镜就是将空间域的物函数变换到频率域的谱，即透镜完成了从空域(空间域)到频域(频率域)的变换(傅里叶变换)。

光瞳函数

正如前面提到的，在成像过程中透镜尺寸对成像有影响，很明显在透镜尺寸范围内的入射光通过透镜后对成像有贡献，而大于透镜尺寸的入射光则与成像无关。因此，我们定义光瞳函数(Pupil Function)，此函数以透镜口径为定义域，自变量在定义域内(口径内)时函数为 1，超出时函数则为 0，即

$$P(x',y') = \begin{cases} 1 & (x',y' \text{ 在透镜范围内}) \\ 0 & (x',y' \text{ 不在透镜范围内}) \end{cases} \tag{8.1.22}$$

用光瞳函数能较真实地描述透镜成像，而式(8.1.17)的成像就成为

$$U(x,y) = c_1 \mathscr{F}\{U_1(x_1,y_1)P(x',y')\} \tag{8.1.23}$$

其中：c_1 表示所有常数项。

光瞳函数的意义在于，只有在透镜口径内的物光才能到达像平面成像。因此，光学系统的口径就相当于一个滤波器，只有靠近光轴附近的光线才能最后参与成像，而远离光轴的物光则不能，这种由于系统有限口径使得成像质量受影响的现象称为渐晕性(Vignetting)。

从空间频率看，沿光轴的空间频率是零频率，即基频，则光瞳函数的影响就相当于成像是物光通过了一个低通滤波器。有光瞳函数的成像过程如图 8.5 所示。

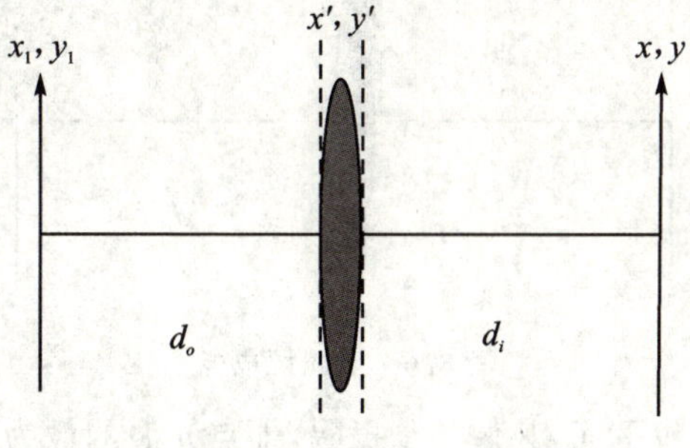

图 8.5　有光瞳函数的成像过程

8.1.3　透镜对点光源成像

由于物体可以分解为许多物点，因此，我们可以把物体成像过程看成是组成物体的所有物点成像之和，称这些物点为点光源。要了解物体成像，需要先了解点光源成像。

类似物理上的质点、点电荷，为分析问题方便，数学上常采用狄拉克函数(或称为

脉冲函数)来描述点光源,如一维狄拉克函数是

$$\delta(x)=\begin{cases}1, & x=0\\ \infty, & x\neq 0\end{cases} \tag{8.1.24}$$

这里要强调的是,人类眼睛只能接收光强刺激,我们看到的所有光学现象都是有一定强度的光学信息,而光强度与光波复振幅共轭乘积的时间平均值成正比。因此,物体成像过程可以采用两种方式研究:一种是将所有点光源成像叠加得到像的复振幅,再得到像的强度,由于这是所有点光源像的复振幅叠加,因此通常称为相干光成像;另一种方法是把所有点光源强度成像叠加直接得到像的强度分布,由于强度叠加是标量求和,因此通常称为非相干光成像。分析上两种方法并不一致,但在实验上,两种方法得到的结果都可以应用。

1. 透镜的点扩散函数

透镜对点光源成的像称为透镜的点扩散函数,当把点光源作为对透镜的激励,则成像就是对这种激励的响应,因此,透镜点光源成像也称为透镜的脉冲响应,用 h 表示。

物平面上某点的点扩散函数通常与所在位置 (x_o,y_o) 和像平面上成像点的位置 (x_i,y_i) 有关,即点扩散函数表示为 $h(x_o,y_0,x_i,y_i)$,是 4 个变量的函数。如图 8.6 所示,物平面上 (x_o,y_o) 处有点光源 $\delta(x_o,y_o)$,由菲涅耳衍射可知,到达透镜前表面的复振幅是(忽略常数)$\delta(x,y) * \mathrm{e}^{\frac{\mathrm{j}\pi}{\lambda d_o}\left(x^2+y^2\right)}$,经过薄透镜的相位变换并考虑透镜的光瞳函数的复振幅是

$$\left(\delta(x,y) * \mathrm{e}^{\frac{\mathrm{j}\pi}{\lambda d_o}\left(x^2+y^2\right)}\right)\mathrm{e}^{-\frac{\mathrm{j}\pi}{\lambda f}\left(x^2+y^2\right)}P(x,y)$$

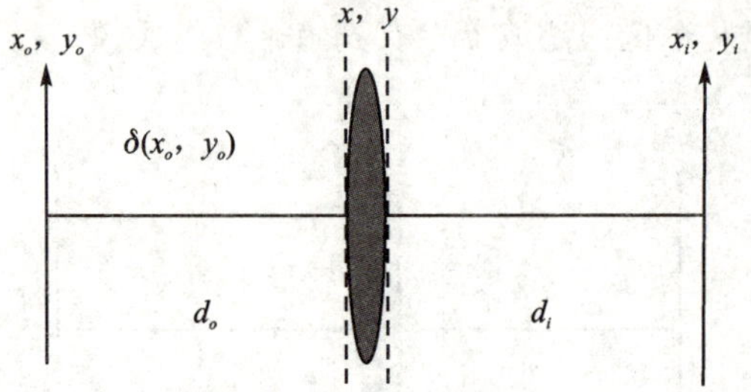

图 8.6 点光源成像

最后,再经过衍射到达像平面,其像的复振幅,即点光源的像为

$$h(x_o,y_o,x_i,y_i)=\left[\left(\delta(x,y) * \mathrm{e}^{\frac{\mathrm{j}\pi}{\lambda d_o}\left(x^2+y^2\right)}\right)\mathrm{e}^{-\frac{\mathrm{j}\pi}{\lambda f}\left(x^2+y^2\right)}P(x,y)\right] * \mathrm{e}^{\frac{\mathrm{j}\pi}{\lambda d_i}\left(x_i^2+y_i^2\right)} \tag{8.1.25}$$

把上式卷积展开,可得

$$h(x_o,y_o,x_i,y_i)=\frac{1}{\lambda^2 d_o d_i}\iint\limits_{\infty}\left\{\left[\iint\limits_{\infty}\delta(\xi-x_o,\eta-y_o)\mathrm{e}^{\frac{\mathrm{j}\pi}{\lambda d_0}\left[(x-\xi)^2+(y-\eta)^2\right]}\mathrm{d}\xi\mathrm{d}\eta\right]\cdot P(x,y)\mathrm{e}^{-\frac{\mathrm{j}\pi}{\lambda f}\left(x^2+y^2\right)}\right\}\mathrm{e}^{\frac{\mathrm{j}\pi}{\lambda d_i}\left[\left(x_i-x\right)^2+\left(y_i-y\right)^2\right]}\mathrm{d}x\mathrm{d}y \tag{8.1.26}$$

经过运算,得到透镜的点扩散函数为

$$h(x_o,y_o,x_i,y_i)=\frac{1}{\lambda^2 d_o d_i}\int_{\infty}P(x,y)\mathrm{e}^{-\frac{\mathrm{j}2\pi}{\lambda d_i}[(x_i-Mx_o)x+(y_i-My_o)y]}\,\mathrm{d}x\mathrm{d}y \tag{8.1.27}$$

其中:$M=d_i/d_0$ 称为像的横向放大率。

当以空间频率和坐标变换表示时,即 $f_x=x/\lambda d_i$,$f_y=y/\lambda d_i$,$\tilde{x}_o=Mx_o$,$\tilde{y}_o=My_o$,将其代入式(8.1.27)化简,可得

$$h(x_o,y_o,x_i,y_i)=M\int_{\infty}P(\lambda d_i f_x,\lambda d_i f_y)\mathrm{e}^{-\mathrm{j}2\pi[(x_i-\tilde{x}_o)f_x+(y_i-\tilde{y}_o)f_y]}\,\mathrm{d}f_x\mathrm{d}f_y=$$

$$h(x_i-\tilde{x}_o,y_i-\tilde{y}_o) \tag{8.1.28}$$

由上式可以看出,原本与物点和像点位置有关的点扩散函数,实际上只是与像点与物点位置差有关,即与物点的相对位置有关。这种成像只与物-像的相对位置有关的特性,称为空间不变性,简称空不变。任何能成良好像的光学系统都是满足空不变性的,在光学上称为等晕性(Isoplanatism)。

当忽略光瞳的影响时,利用狄拉克函数特性

$$\delta(x-x_0)=\int_{\infty}\mathrm{e}^{\mathrm{j}2\pi(x-x_0)}\,\mathrm{d}f_x=\int_{\infty}\mathrm{e}^{-\mathrm{j}2\pi(x-x_0)}\,\mathrm{d}f_x \tag{8.1.29}$$

点扩散函数式(8.1.28)变为

$$h(x_i-\tilde{x}_o,\ y_i-\tilde{y}_o)=M\delta(x_i-\tilde{x}_o,\ y_i-\tilde{y}_o) \tag{8.1.30}$$

即点光源的像仍然是个点像,这与我们实验观察的一样。一般情况下,光瞳大小要对点光源成像产生影响。

2. 系统对点光源成像——光学系统点扩散函数

由很多透镜组成的光学系统也有相应的点扩散函数,类似式(8.1.27),光学系统的点扩散函数是

$$h(x_o,y_o,x_i,y_i)=K\int_{\infty}P(x,y)\mathrm{e}^{-\frac{\mathrm{j}2\pi}{\lambda d_i}[(x_i-Mx_o)x+(y_i-My_o)y]}\,\mathrm{d}x\mathrm{d}y \tag{8.1.31}$$

所有的常数都归到系数 K 里。同样引入空间频率和坐标变换 $f_x=x/\lambda d_i$,$f_y=y/\lambda d_i$,$\tilde{x}_o=Mx_o$,$\tilde{y}_o=My_o$,得到

$$h(x_o,y_o,x_i,y_i)=K\lambda^2 d_i^2\int_{\infty}P(\lambda d_i f_x,\lambda d_i f_y)\mathrm{e}^{-\mathrm{j}2\pi[(x_i-\tilde{x}_o)f_x+(y_i-\tilde{y}_o)f_y]}\,\mathrm{d}f_x\mathrm{d}f_y \tag{8.1.32}$$

上式仍然满足空间不变性,即 $h(x_o,y_o,x_i,y_i)=h(x_i-\tilde{x}_o,\ y_i-\tilde{y}_o)$。根据傅里叶变换定义,上式右边的积分就是光瞳函数的傅里叶变换,即

$$h(x_o,y_o,x_i,y_i)=K\lambda^2 d_i^2\mathscr{F}\{P(\lambda d_i f_x,\lambda d_i f_y)\} \tag{8.1.33}$$

所以,光学系统的点扩散函数与光瞳函数的傅里叶变换成正比,或点扩散函数正比于光瞳的频谱。

同样的，当出射光瞳很大时，由式(8.1.33)有

$$h(x_o,y_o,x_i,y_i)=K\lambda^2 d_i^2\int_{\infty} e^{-j2\pi[(x_i-\tilde{x}_o)f_x+(y_i-\tilde{y}_o)f_y]}\mathrm{d}f_x\mathrm{d}f_y=$$

$$K\lambda^2 d_i^2\delta(x_i-\tilde{x}_o,\ y_i-\tilde{y}_o) \tag{8.1.34}$$

所以，系统的点扩散函数仍是一个点像。

8.2 系统成像及相干传递函数

8.2.1 系统成像

1. 光学系统成像

物体经过光学系统在像面上的成像过程如图 8.7 所示。在物面上有一个空间分布为 $f(x_o,y_o)$ 的物体，经过距离 d_o 进入有一定入射光瞳和出射光瞳的光学系统 $S\{\ \}$，最后从系统的出射光瞳射出，经过距离 d_i 到达像面成像 $g(x_i,y_i)$。这种物-像关系可以简写为

$$g(x_i,y_i)=S\{f(x_o,y_o)\} \tag{8.2.1}$$

即成像仅是光学系统对物函数的一种变换，系统的光瞳决定了变换(成像)的质量。

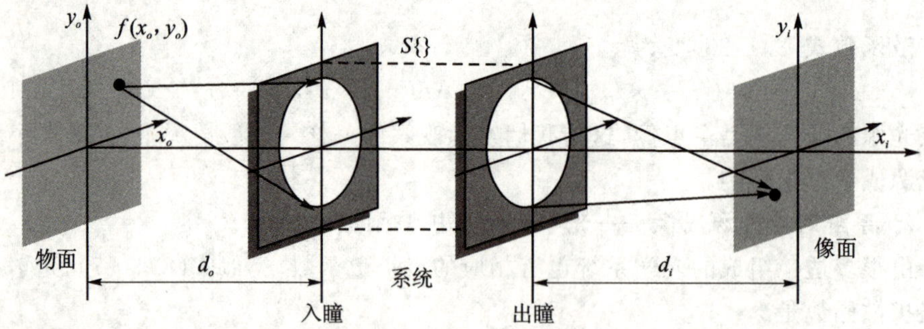

图 8.7 光学成像系统

入射光瞳限定了进入系统的物光的量，它越多系统接收物体信息就越全面；出射光瞳限定了成像光束的量，它越多成像质量就越高。因此，通常把考虑光瞳影响的成像系统称为衍射受限系统成像。如前面讨论，系统对物点成像再叠加得到的物的像复振幅分布，是相干光成像；系统对物点强度成像再叠加直接得到的像强度分布，就是非相干光成像。

从数学上看，代表像复振幅分布的 g 与物的复振幅函数 f 之间满足系统变换 $g=S\{f\}$，利用狄拉克函数的筛选特性，可得

$$f(\xi,\eta)=\int_{\infty} f(x_o,y_o)\delta(\xi-x_o,\ \eta-y_o)\mathrm{d}x_o\mathrm{d}y_o \tag{8.2.2}$$

其中：ξ、η 是物面上的点。

上式的物理意义是物函数是由物点叠加组成的，即物的组成满足叠加原理。对于物体成像，就是对所有这些物点叠加成像，如果成像系统是线性系统，则对物点叠加成像应该等于对每个物点成像的叠加，即

$$S\left\{\int_{\infty} f(x_o, y_o)\delta(\xi - x_o, \eta - y_o)\mathrm{d}x_o\mathrm{d}y_o\right\} = \int_{\infty} f(x_o, y_o)S\{\delta(\xi - x_o, \eta - y_o)\}\mathrm{d}x_o\mathrm{d}y_o \tag{8.2.3}$$

物点的像，即点扩散函数 $h(x_o, y_o, x_i, y_i) = S\{\delta(\xi - x_o, \eta - y_o)\}$，满足空间不变性

$$h(x_o, y_o, x_i, y_i) = h(x_i - x_o, y_i - y_o)$$

最后成像

$$S\left\{\int_{\infty} f(x_o, y_o)\delta(\xi - x_o, \eta - y_o)\mathrm{d}x_o\mathrm{d}y_o\right\} = \int_{\infty} f(x_o, y_o)h(x_i - x_o, y_i - y_o)\mathrm{d}x_o\mathrm{d}y_o \tag{8.2.4}$$

上式右边的表示恰好就是两个函数卷积的定义，所以系统成像

$$g(x_i, y_i) = S\{f(\xi, \eta)\} = f(x_i, y_i) * h(x_i, y_i) \tag{8.2.5}$$

因此，光学系统对物成像等于物函数与系统点扩散函数的卷积。

2. 衍射受限相干成像

如前所述，成像过程中要考虑实际光瞳大小的影响，成像就是衍射受限成像。而对组成物体的物点复振幅成像，就是相干成像。这时，像面上的复振幅分布 U 由卷积定义可得

$$U(x_i, y_i) = f(x_i, y_i) * h(x_i, y_i) = \int_{\infty} f(x_o, y_o)h(x_i - x_o, y_i - y_o)\mathrm{d}x_o\mathrm{d}y_o \tag{8.2.6}$$

类似前述引入 $\tilde{x}_o = Mx_o$，$\tilde{y}_o = My_o$，则上式变为

$$U(x_i, y_i) = \frac{1}{M^2}\int_{\infty} f\left(\frac{\tilde{x}_o}{M}, \frac{\tilde{y}_o}{M}\right)h(x_i - \tilde{x}_o, y_i - \tilde{y}_o)\mathrm{d}\tilde{x}_o\mathrm{d}\tilde{y}_o \tag{8.2.7}$$

对于不考虑光瞳影响的理想系统，其成像是理想几何像（Geometric Image），而系统的点扩散函数 h 已经由式（8.1.34）给出，这时所成像

$$\begin{aligned} U_g(x_i, y_i) &= \frac{1}{M^2}\int_{\infty} f\left(\frac{\tilde{x}_o}{M}, \frac{\tilde{y}_o}{M}\right)K\lambda^2 d_i^2 \delta(x_i - \tilde{x}_o, y_i - \tilde{y}_o)\mathrm{d}\tilde{x}_o\mathrm{d}\tilde{y}_o = \\ &\frac{K\lambda^2 d_i^2}{M^2} f\left(\frac{x_i}{M}, \frac{y_i}{M}\right) \end{aligned} \tag{8.2.8}$$

分析结果，$f\left(\frac{x_i}{M}, \frac{y_i}{M}\right)$ 与 $f(x_i, y_i)$ 都是物函数分布，只是坐标伸缩了 M 倍，即原来的物被放大了 M 倍。这里的 $f(x_i, y_i)$ 仅是取像面坐标的物函数分布，与物函数 $f(x_o, y_o)$ 一样，所以理想几何像就是放大了 M 倍的物函数。把式（8.2.8）代入式（8.2.7）得到

$$U(x_i,y_i)=\frac{1}{K\lambda^2 d_i^2}\int_{\infty}U_g(\tilde{x}_o,\ \tilde{y}_o)h(x_i-\tilde{x}_o,\ y_i-\tilde{y}_o)\mathrm{d}\tilde{x}_o\mathrm{d}\tilde{y}_o \tag{8.2.9}$$

令

$$\frac{1}{K\lambda^2 d_i^2}h(x_i-\tilde{x}_o,\ y_i-\tilde{y}_o)=\tilde{h}(x_i-\tilde{x}_o,\ y_i-\tilde{y}_o) \tag{8.2.10}$$

为变形的点扩散函数,最后有

$$U(x_i,y_i)=\int_{\infty}U_g(\tilde{x}_o,\ \tilde{y}_o)\tilde{h}(x_i-\tilde{x}_o,\ y_i-\tilde{y}_o)\mathrm{d}\tilde{x}_o\mathrm{d}\tilde{y}_o=$$

$$U_g(x_i,\ y_i)*\tilde{h}(x_i,\ y_i) \tag{8.2.11}$$

由上式可知,相干成像的复振幅是理想几何像与系统点扩散函数(变形)的卷积。由于理想几何像分布与物的分布函数一样,我们也可以说成像是物函数与点扩散函数的卷积。

8.2.2 相干传递函数

1. 相干成像频谱

由式(8.2.11)我们得到相干成像。当对式(8.2.11)两边取傅里叶变换时,即在频谱空间看式(8.2.11),有

$$\mathscr{F}\{U(x_i,\ y_i)\}=\mathscr{F}\{U_g(x_i,\ y_i)\}\mathscr{F}\{\tilde{h}(x_i,\ y_i)\} \tag{8.2.12}$$

这里用到卷积的特性,即两个函数卷积的傅里叶变换等于两个函数傅里叶变换的乘积。

令

$$\left.\begin{aligned}G_i(f_x,f_y)&=\mathscr{F}\{U(x_i,y_i)\}\\G_g(f_x,f_y)&=\mathscr{F}\{U_g(x_i,y_i)\}\\H_c(f_x,f_y)&=\mathscr{F}\{\tilde{h}(x_i,y_i)\}\end{aligned}\right\} \tag{8.2.13}$$

则在频谱域,式(8.2.12)简写为

$$G_i(f_x,f_y)=G_g(f_x,f_y)H_c(f_x,f_y) \tag{8.2.14}$$

所以,像的频谱就等于几何像的频谱与点扩散函数频谱的乘积,因为理想几何像分布与物函数分布一样,几何像的频谱就是物的频谱。因此,式(8.2.14)的意义在于知道了物函数频谱和点扩散函数的频谱,其乘积就是成像系统像的频谱。对不同的物有不同的频谱,而一个光学系统只有一个特定点扩散函数频谱,所以点扩散函数的频谱在成像系统中具有很重要的地位。

2. 相干传递函数

通常把点扩散函数的频谱称为系统相干传递函数(Coherent Transfer Function, CTF),其表达式为

$$H_c(f_x,f_y)\equiv\mathscr{F}\{\tilde{h}(x_i,y_i)\}=\frac{G_i(f_x,f_y)}{G_g(f_x,f_y)} \tag{8.2.15}$$

即系统相干传递函数等于像的频谱除以物的频谱，其意义在于，从频谱域看有百分之多少物的频谱从物方传到像方成为像的频谱。相干传递函数越接近 1，说明传到像方的频谱越多，成像就越准确。

由式(8.1.33)和式(8.2.10)可知

$$\tilde{h}(x_i,y_i)=\frac{1}{K\lambda^2 d_i^2}h(x_i,y_i)=\mathscr{F}\{P(\lambda d_i f_x,\lambda d_i f_y)\} \tag{8.2.16}$$

代入式(8.2.15)，则 CTF 为

$$H_c(f_x,f_y)=\mathscr{F}\mathscr{F}\{P(\lambda d_i f_x,\lambda d_i f_y)\}=P(-\lambda d_i f_x,-\lambda d_i f_y) \tag{8.2.17}$$

上式利用傅里叶变换特性可知，函数连续傅里叶变换等于坐标取反的原来函数。因光瞳函数是偶函数，所以，相干传递函数等于系统的光瞳函数，准确地说是系统出射光瞳函数。这里只是把自变量换为相应的空间频率，即

$$H_c(f_x,f_y)=P(\lambda d_i f_x,\lambda d_i f_y) \tag{8.2.18}$$

我们知道，当考察点在出射光瞳内时，光瞳函数值为一，其他地方的值为零。因此，相干传递函数只在光瞳范围内等于一。由相干传递函数的定义可知，此时像的频谱等于物的频谱，即进入系统的物的频谱全部用于成像。但当考察点偏离光瞳范围时，像的频谱为零，即没有一点物的频谱贡献。在光瞳范围内，靠近系统光轴的区域，空间频率较低，远离光轴的较高。所以，从频谱角度看，光学系统的相干成像是一个低通滤波器，它只允许靠近光轴的较低空间频率的光通过系统成像。

3. 相干成像截止频率

当相干传输函数为零时，按照传输函数的意义，表示没有任何物的频谱传到像方。从系统成像角度来看，此时应该是成像截止了，对应的空间频率称为截止频率。系统的相干传输函数是系统的光瞳函数(出射光瞳)，所以光瞳大小表示了传输函数在空域的范围，由此我们进一步得到截止频率 f_{cx} 和 f_{cy}。

如在空域，光瞳函数在 x 方向的最大值是 $|x_m|$，y 方向的最大值是 $|y_m|$，按照式(8.2.18)，相应的截止频率为

$$\left.\begin{aligned} f_{cx}&=\frac{|x_m|}{\lambda d_i}\\ f_{cy}&=\frac{|y_m|}{\lambda d_i}\end{aligned}\right\} \tag{8.2.19}$$

由此看出，光瞳函数的大小决定了成像频谱的最高空间频率。所以，系统光瞳越大，系统的截止频率越高，成像频谱越丰富，成像质量就越高。

4. 方形出射瞳的相干传递函数

对于边长为 $2a$ 的方形出射瞳系统，其出射瞳函数是两个矩形函数的乘积，即

$$P(x,y)=\mathrm{rect}\left(\frac{x}{2a}\right)\mathrm{rect}\left(\frac{y}{2a}\right)=\begin{cases}1, & |x|=|y|\leqslant a\\ 0\end{cases} \tag{8.2.20}$$

因此，它的相干传递函数为

$$H_c(f_x,f_y)=\mathrm{rect}\left(\frac{\lambda d_i f_x}{2a}\right)\mathrm{rect}\left(\frac{\lambda d_i f_y}{2a}\right) \tag{8.2.21}$$

从 x、y 的最大取值可以得到相应的截止空间频率，即

$$\begin{cases}|x_{\max}|=\lambda d_i f_{cx}=a\\|y_{\max}|=\lambda d_i f_{cy}=a\end{cases}$$

相应的截止频率为

$$\left.\begin{aligned}f_{cx}=a/\lambda d_i=f_0\\f_{cy}=a/\lambda d_i=f_0\end{aligned}\right\} \tag{8.2.22a}$$

最后，相干传递函数可写为

$$H_c(f_x,f_y)=\mathrm{rect}\left(\frac{f_x}{2f_0}\right)\mathrm{rect}\left(\frac{f_y}{2f_0}\right) \tag{8.2.22b}$$

5. 有像差的相干传递函数

像差(Aberration)是由于系统本身的原因造成成像偏离理想几何像的现象。这时的光瞳函数值就不简单地是 0 或 1 了，而是更复杂的形式。这种像差可以等效为在出射光瞳中心有一个相移板，使理想几何像有一个附加相位移动 $W(x,y)$，这时出射光瞳函数成为

$$P'(x,y)\equiv P(x,y)e^{jkW(x,y)}=\begin{cases}e^{jkW(x,y)}, & \text{出瞳内}\\0\end{cases} \tag{8.2.23}$$

有时称之为广义光瞳函数。

此时，相干传递函数(在出射光瞳内)为

$$H_c(f_x,f_y)=P'(\lambda d_i f_x,\lambda d_i f_y)=e^{jkW(\lambda d_i f_x,\lambda d_i f_y)} \tag{8.2.24}$$

在出射瞳内像的频谱为

$$G_i(f_x,f_y)=G_g(f_x,f_y)e^{jkW(\lambda d_i f_x,\lambda d_i f_y)} \tag{8.2.25}$$

其是理想几何像的谱与产生像差的相位因子指数的乘积。

8.3 系统的光学传递函数

8.3.1 非相干系统成像及光学传递函数

相干成像是组成物体的物点成像，再叠加得到像的复振幅分布。非相干成像则是由组成物体的物点强度成像，再叠加得到像的强度分布。由 8.2.1 节我们知道，相干成像复振幅是物函数与点扩散函数的卷积(准确地说，应是理想几何像与点扩散函数的卷积)。类似的，非相干成像强度就应该是物函数强度与点扩散函数强度的卷积，即下式成立：

$$I_i(x,y)=I_g(x,y)*\tilde{h}_I(x,y) \tag{8.3.1}$$

其中：$I_i=\langle UU^*\rangle$ 是像强度，$I_g=\langle U_gU_g^*\rangle$ 是理想像强度(也就是物的强度)，$\tilde{h}_I=$

$\langle \tilde{h}\tilde{h}^* \rangle$是点扩散函数强度。

同样，在频谱域中考察上式，对式(8.3.1)两端进行傅里叶变换，即

$$\mathscr{F}\{I_i(x,y)\} = \mathscr{F}\{I_g(x,y) * \tilde{h}_I(x,y)\} = \mathscr{F}\{I_g(x,y)\}\mathscr{F}\{\tilde{h}_I(x,y)\} \tag{8.3.2}$$

上式同样利用了两函数卷积的频谱等于两个函数频谱的乘积这一特性。令 G_{I_i} 表示像强度谱，G_{I_g} 表示物强度谱，H_I 表示点扩散函数强度谱，则式(8.3.2)可以写为

$$G_{I_i}(f_x,f_y) = G_{I_g}(f_x,f_y)H_I(f_x,f_y) \tag{8.3.3}$$

即，像强度谱是物强度谱与点扩散函数强度谱的乘积。

由于强度是非负的量，而对于基频有

$$G_{I_i}(0,0) = G_{I_g}(0,0)H_I(0,0) \tag{8.3.4}$$

人们最关心的是非零频谱，因此，用基频谱把式(8.3.3)归一化，有

$$\frac{G_{I_i}(f_x,f_y)}{G_{I_i}(0,0)} = \frac{G_{I_g}(f_x,f_y)}{G_{I_g}(0,0)}\ \frac{H_I(f_x,f_y)}{H_I(0,0)} \tag{8.3.5}$$

若用 H_i、H_g、H_o 分别表示式中归一化的像强度谱、物强度谱以及点扩散函数强度谱，则式(8.3.5)最后简单写为

$$H_i(f_x,f_y) = H_g(f_x,f_y)H_o(f_x,f_y) \tag{8.3.6}$$

上式表示归一化的像强度谱等于物强度谱与点扩散函数强度谱的乘积。由于点扩散函数强度谱是系统独有的，因此定义系统的光学传递函数(Optical Transfer Function，OTF)为

$$\text{OTF} = H_o(f_x,f_y) = \frac{H_i(f_x,f_y)}{H_g(f_x,f_y)} \tag{8.3.7}$$

从上式可以看出，光学传递函数是像强度谱除以物强度谱，其物理意义在于，有百分之多少的物强度谱传到像方成为像强度谱。因此，光学传递函数越大，表示参与成像的物强度谱越多，成像越准确。

8.3.2　调制度传递函数与相位传递函数

通常以上频谱函数都是复数，我们可以把它们分别写为

$$\left.\begin{aligned} H_o &= m(f_x,f_y)e^{j\varphi(f_x,f_y)} \\ H_i &= |H_i(f_x,f_y)|e^{j\varphi_i(f_x,f_y)} \\ H_g &= |H_g(f_x,f_y)|e^{j\varphi_g(f_x,f_y)} \end{aligned}\right\} \tag{8.3.8}$$

其中：m 称为调制度传递函数(Modulation Transfer Function，MTF)，φ 称为相位传递函数(Phase Transfer Function，PTF)，由光学传递函数定义很容易得到

$$\left.\begin{aligned} m(f_x,f_y) &= \frac{|H_i(f_x,f_y)|}{|H_g(f_x,f_y)|} \\ \varphi(f_x,f_y) &== \varphi_i - \varphi_g \end{aligned}\right\} \tag{8.3.9}$$

所以，调制度传递函数等于从物方到像方强度谱大小变化的百分比，而相位传递函数则表示在成像过程中从物方到像方强度谱的相位改变量。

1. 调制度函数

回想一下可见度函数，它描述了视场中图像的清晰程度，其定义为视场中最亮光强与最弱光强差除以最亮光强与最弱光强的和，即

$$V_i = \left| \frac{I_{max} - I_{min}}{I_{max} + I_{min}} \right| \tag{8.3.10}$$

这种定义方式在相干度定义和偏振度定义中都曾用过，只是在相干中称为相干最强和最弱，在偏振中称为偏振最强和最弱而已，在频域里可见度函数常称为调制度函数。已知像强度谱 $G_{I_i}(f_x, f_y)$ 和物强度谱（理想几何像强度谱）$G_{I_g}(f_x, f_y)$，则像的调制度函数为

$$V_i(f_x, f_y) = \frac{(G_{0i} + |G_{I_i}|) - (G_{0i} - |G_{I_i}|)}{(G_{0i} + |G_{I_i}|) + (G_{0i} - |G_{I_i}|)} = \frac{G_{I_i}}{G_{0i}} = H_i(f_x, f_y) \tag{8.3.11}$$

其中：$G_{0i} = G_{I_i}(0,0)$，是像的基频强度谱。所以，像的调制度等于归一化的像强度谱。

同样，也可以定义物的调制度函数是

$$V_g(f_x, f_y) = \frac{(G_{0g} + |G_{I_g}|) - (G_{0g} - |G_{I_g}|)}{(G_{0g} + |G_{I_g}|) + (G_{0g} - |G_{I_g}|)} = \frac{G_{I_g}}{G_{0g}} = H_g(f_x, f_y) \tag{8.3.12}$$

即物的调制度等于归一化的物强度谱。

再进一步看看像基频强度谱和物基频强度谱的物理意义，由于

$$\left. \begin{aligned} G_{0i} &= G_{I_i}(0,0) = \int_{\infty} I_i(x,y)\mathrm{d}x\mathrm{d}y \\ G_{0g} &= G_{I_g}(0,0) = \int_{\infty} I_g(x,y)\mathrm{d}x\mathrm{d}y \end{aligned} \right\} \tag{8.3.13}$$

上式积分是对整个成像空间或物空间进行的，因此表示全部像空间的光能量或全部物空间的光能量。由此可以说明，基频强度谱代表了相应空间（像空间或物空间）的所有光能量。

2. 调制度传递函数的物理意义

把式(8.3.12)和式(8.3.13)代入调制度传递函数的定义可得

$$m(f_x, f_y) = \frac{|H_i(f_x, f_y)|}{|H_g(f_x, f_y)|} = \frac{V_i(f_x, f_y)}{V_g(f_x, f_y)} \tag{8.3.14}$$

调制度传递函数等于像的调制度除以物的调制度，或者说有百分之多少物的调制度在成像过程中传递到像方。如 $V_g(f_x, f_y) = 0.8$，$V_i(f_x, f_y) = 0.2$，则 $m(f_x, f_y) = 0.25$，表示有 25%的物强度谱传到像方构成像强度谱。

3. 余弦辐射体的调制度传递函数

已知余弦辐射体的光强度分布为

$$I_g(\tilde{x}_o, \tilde{y}_o) = a + b\cos[2\pi(f_x\tilde{x}_o + f_y\tilde{y}_o) + \varphi_g] \tag{8.3.15}$$

像的光强度分布是

$$I_i(x_i, y_i) = a + bm\cos[2\pi(f_x x_i + f_y y_i) + \varphi_i] \tag{8.3.16}$$

则物的调制度为

$$V_g = \frac{I_{max} - I_{min}}{I_{max} + I_{min}} = \frac{b}{a} \tag{8.3.17}$$

像的调制度为

$$V_i = \frac{bm}{a} \tag{8.3.18}$$

最后得到调制度传递函数，即

$$MTF = \frac{V_i}{V_g} = m \tag{8.3.19}$$

8.3.3　调制度传递函数在摄影中的应用

调制度函数能准确地反映图像的清晰程度，因此在应用中具有很重要的意义；而且调制度传递函数又反映了经过光学系统后，调制度的变化情况，因此，它可以直接用于评价光学系统成像质量的好坏。

常用于图像清晰的术语还有对比度、反差，其中，对比度是图像最亮与最暗的比值（或反之），而反差则是图像明暗程度，其量化指标可以说就是调制度。

衡量图像精细程度通常用分辨率表示，在摄影领域称之为图像的锐度，锐度越高，分辨图像精细程度的能力就越高，这体现在图像边沿清晰度上。摄影界常用线频（见图 8.8）来定量描述，1 mm 间隔分辨出一对黑白线，称为 1 线对/毫米（1 lp/mm），好的光学镜头可以达到 40 lp/mm 以上的高线频，并且还有很高的 MTF 值。

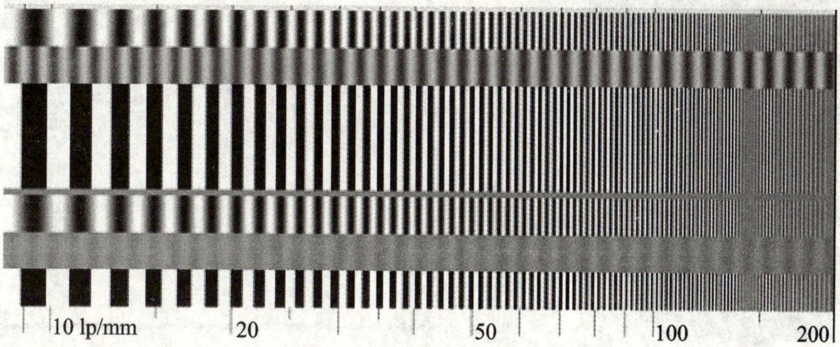

图 8.8　线　频

可以用反差和锐度共同反映一幅图像的清晰可辨程度，如图 8.9 分别对反差和锐度进行了比较。

在 35 mm 的底片上，在 40 lp/mm 时，优质镜头的 MTF＞70％，而一般的镜头只有 40％左右，德国的《彩色摄影》期刊对光学镜头常用标准进行了简单分类，如表 8.1 所列。

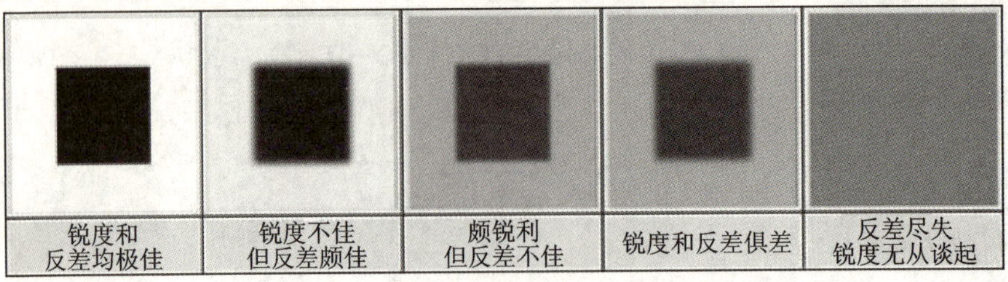

图 8.9　反差与锐度

表 8.1　良好的光学镜头

40 lp/mm(红)	20 lp/mm(紫)	10 lp/mm(绿)	5 lp/mm(蓝)
中心 MTF>65%,边沿 MTF>20%	中心 MTF>80%,边沿 MTF>45%	MTF>95%	MTF>95%

一个光学镜头,要有相应的 MTF 性能曲线,通过这个特性曲线,使用者可以了解该光学镜头的性能。图 8.10 所示为真实的光学镜头及其 MTF 曲线,横坐标是偏离镜头中心距离。由图 8.10(b)可知,红光的 MTF 最小,而蓝光的 MTF 最大,表明波长越短的光线通过光学系统时,调制度损失越小。对于每一波长的光线,镜头中央的 MTF 一般较大,一般镜头中央部分成像最好。另外,由图 8.10(b)也可以观察到,一般径向 MTF 曲线与切向 MTF 曲线并不重合,表明沿径向和切向的调制度传输并不一样。当然,理想情况是两条曲线重合,因此,可以从两条曲线的重合情况来判断镜头的优劣。一般情况下,两条曲线越接近,镜头离交成像越柔和。

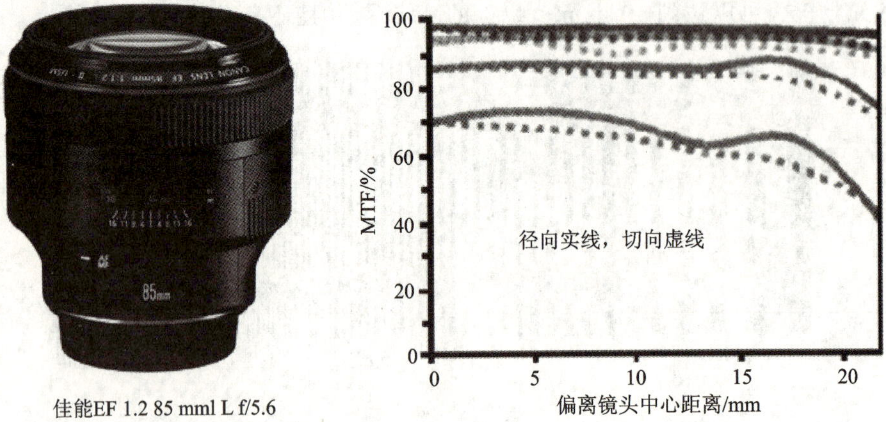

佳能EF 1.2 85 mml L f/5.6

(a) 真实的光学镜头　　(b) MTF曲线

图 8.10　佳能 EF 1.2 85 mm 镜头及其 MTF 曲线

从上述内容可以看出,MTF 已经成为光学系统(镜头)的一个重要指标,它能比较全面地揭示系统成像质量的好坏。20 世纪末,著名的瑞典哈苏实验室公布了他们从 1991 年历时 8 年在全球范围内,测试的 400 多款 35 mm 相机镜头的 MTF 数据排名，最高排名为佳能 200 mm F1.8L 镜头，其平均 MTF 达到 89%。

8.3.4　光学传递函数的特性及计算

1. 光学传递函数的特性

从光学传递函数的定义很容易得到它的一些有用的特性，具体推导可作为习题，留给读者完成。

特性 1：

$$H_o(0,0)=1 \tag{8.3.20}$$

此性质表明对于进入系统的基频，系统是完全通过的。

特性 2：

$$H_o(f_x,f_y)=H_o^*(-f_x,-f_y) \tag{8.3.21}$$

此性质说明光学传递函数是厄米函数。

特性 3：

$$|H_o(f_x,f_y)|\leqslant|H_o(0,0)| \tag{8.3.22}$$

这说明所有非零频的传递函数模都小于基频函数的模。

特性 4：

调制度传递函数是偶函数，相位传递函数是奇函数。

2. 光学传递函数的计算

由前述的光学传递函数定义式(8.3.3)可知

$$H_I(f_x,f_y)=\mathscr{F}\{\tilde{h}\tilde{h}^*\}=\mathscr{F}\{\tilde{h}^*\}*\mathscr{F}\{\tilde{h}\} \tag{8.3.23}$$

上式表明两个函数积的频谱等于两函数频谱的卷积。因为 $H_c(f_x,f_y)=\mathscr{F}\{\tilde{h}\}$，$H_c^*(-f_x,-f_y)=\mathscr{F}\{\tilde{h}^*\}$，所以

$$H_I(f_x,f_y)=H_c^*(-f_x,-f_y)*H_c(f_x,f_y) \tag{8.3.24}$$

由于两个函数的卷积与相关之间满足如下关系：

$$f^*(-x,-y)*g(x,y)=f(x,y)☆g(x,y) \tag{8.3.25a}$$

而相关的定义为

$$f(x,y)☆g(x,y)\equiv\int_{\infty}f^*(\xi,\eta)g(x+\xi,y+\eta)\mathrm{d}\xi\mathrm{d}\eta \tag{8.3.25b}$$

所以式(8.3.24)成为

$$H_I(f_x,f_y)=\int_{\infty}H_c^*(\xi,\eta)H_c(f_x+\xi,f_y+\eta)\mathrm{d}\xi\mathrm{d}\eta \tag{8.3.26}$$

我们知道相干传递函数等于相应的光瞳函数，因此点扩散函数强度谱最后写成

$$H_I(f_x,f_y)=\int_{\infty}P(\lambda d_i\xi,\lambda d_i\eta)P[\lambda d_i(f_x+\xi),\lambda d_i(f_y+\eta)]\mathrm{d}\xi\mathrm{d}\eta \tag{8.3.27}$$

基频时

$$H_1(0,0)=\int_{\infty}|H_c(\xi,\eta)|^2\mathrm{d}\xi\mathrm{d}\eta=\int_{\infty}|P(\lambda d_i\xi,\lambda d_i\eta|^2\mathrm{d}\xi\mathrm{d}\eta \tag{8.3.28}$$

根据光瞳函数的定义，很明显上式右边等于光瞳的面积 σ_0（见图 8.11(a)），即

$$H_1(0,0)=\int_P\mathrm{d}\xi\mathrm{d}\eta=\sigma_0 \tag{8.3.29}$$

由图 8.11(b)很容易得出的结果是，两个光瞳函数乘积的积分式(8.3.27)是两个错开的光瞳函数交叠的面积 σ。

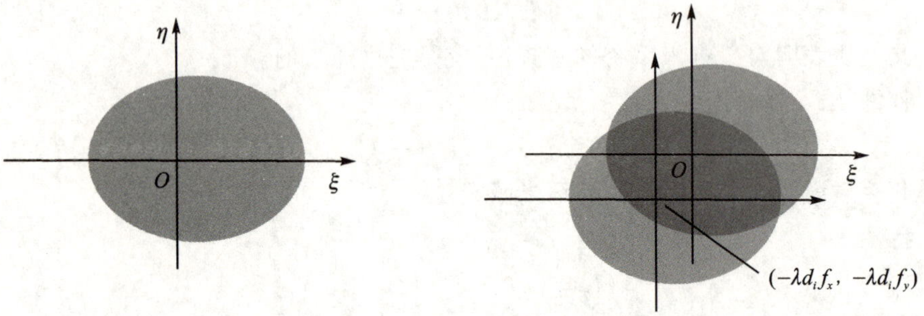

图 8.11　光瞳函数的几何意义

所以，我们最后得到的光学传递函数为

$$H_o(f_x,f_y)=\frac{H_1(f_x,f_y)}{H_1(0,0)}=\frac{\sigma(f_x,f_y)}{\sigma_0} \tag{8.3.30}$$

因此，计算光学传递函数就是要求得交错的光瞳面积占总光瞳面积的百分比。

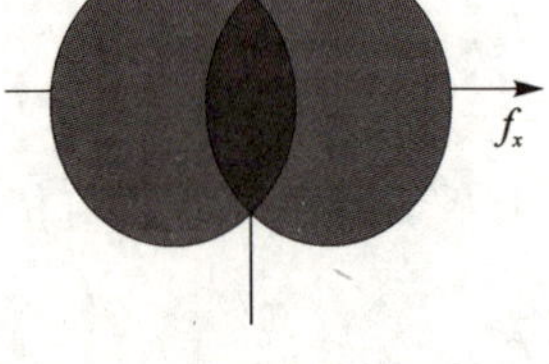

图 8.12　圆瞳的光学传递函数

3. 非相干成像截止频率

由图 8.12 可以看出，当交叠区的面积为零时，系统的光学传递函数等于零，此时对应的空间频率称为截止频率。当图 8.12 所示的交错面积为零时，两个光瞳中心最大的横、纵坐标距离分别为

$$\left.\begin{aligned}2|x_m|&=\lambda d_i f_{cx}\\2|y_m|&=\lambda d_i f_{cy}\end{aligned}\right\} \tag{8.3.31}$$

其中：f_{cx}、f_{cy}是最大坐标距离时的空间频率，即截止频率。因此

$$\left.\begin{aligned}f_{cx}&=\frac{2|x_m|}{\lambda d_i}\\f_{cy}&=\frac{2|y_m|}{\lambda d_i}\end{aligned}\right\} \tag{8.3.32}$$

对比前述的相干截止频率，非相干截止频率恰好是相干截止频率的两倍，因此将有更多高阶频率的光参与成像，从这个意义上说，非相干成像系统要比相干成像系统成像更好。

例：圆孔的光学传递函数

这里有直径为 D 的圆形光瞳，两个瞳心间距为 $\lambda d_i\left|f_x\right|$，则圆瞳面积为 $\sigma_0=\pi D^2/4$，交叠面积为

$$\sigma(f_x,f_y)=2\pi\frac{D^2}{4}\frac{2}{2\pi}\arccos\left(\frac{\lambda d_i f_x}{D}\right)-\frac{\lambda d_i f_x}{2}\sqrt{\left(\frac{D}{2}\right)^2-\left(\frac{\lambda d_i f_x}{2}\right)^2}=$$

$$\frac{D^2}{2}\arccos\left(\frac{\lambda d_i f_x}{D}\right)-\frac{\lambda d_i f_x D}{2}\sqrt{1-\left(\frac{\lambda d_i f_x}{D}\right)^2}$$

所以光学传递函数是

$$H_o(f_x,0)=\frac{\sigma(f_x)}{\sigma_0}=\frac{2}{\pi}\left[\arccos\left(\frac{f_x}{2f_0}\right)-\frac{f_x}{2f_0}\sqrt{1-\left(\frac{f_x}{f_0}\right)^2}\right]\tag{8.3.33a}$$

其中：$f_0=\dfrac{D}{2\lambda d_i}$。

圆瞳的光学传递函数如图 8.12 所示。

由于圆具有对称特性，换成极坐标则有

$$H_o(\rho)=\frac{2}{\pi}\left[\arccos\left(\frac{\rho}{2f_0}\right)-\frac{\rho}{2f_0}\sqrt{1-\left(\frac{\rho}{2f_0}\right)^2}\right],\quad \rho\leqslant 2f_0\tag{8.3.33b}$$

4. 考虑像差的光学传递函数

当系统考虑像差时，如前所述，系统的光瞳函数就是

$$P'(x,y)=P(x,y)e^{jkW(x,y)}$$

这里 $P(x,y)$ 是无像差时的光瞳函数。相应的系统相干传递函数为

$$H_c(f_x,f_y)=P(x,y)e^{jkW(\lambda d_i f_x,\lambda d_i f_y)}$$

由光学传递函数的定义和式(8.3.27)及式(8.3.28)，很快得到光学传递函数为

$$H_o(f_x,f_y)=\frac{\displaystyle\int_{\infty}P(\lambda d_i\xi,\lambda d_i\eta)P[\lambda d_i(f_x+\xi),\lambda d_i(f_y+\eta)]e^{jk\left[W\left(\lambda d_i\left(f_x+\xi\right),\lambda d_i\left(f_y+\eta\right)\right)-W\left(\lambda d_i f_x,\lambda d_i f_y\right)\right]}d\xi d\eta}{\displaystyle\int_{\infty}\left|P(\lambda d_i\xi,\lambda d_i\eta)\right|^2 d\xi d\eta}\tag{8.3.34}$$

讨论有像差和无像差时的光学传递函数，由以上结论可以得到以下简单特性：

由于像差并没有改变光瞳交叠面积的大小，因此，系统的截止频率不会发生改变；进一步分析还可看出

$$|H_o(f_x,f_y)|_{w\neq 0} \leqslant |H_o(f_x,f_y)|_{w=0} \quad (8.3.35)$$

即有像差的光学传递函数大小一般要小于无像差时的光学传递函数的值，像差使得调制度传递函数的减小，也就是使得各空间频率的可见度降低。

5. 有散焦的传递函数

所谓散焦，是由于系统的原因造成的成像焦点偏移。如图 8.13 所示，球面波本来应该汇聚到高斯面上的点 S，但由于系统的散焦原因，实际汇聚到散焦面上的点 S'。

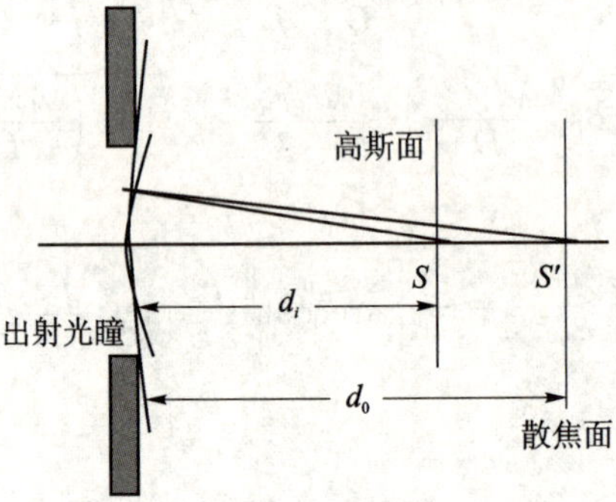

图 8.13　散焦的产生

汇聚球面波可以表示为

$$\frac{e^{-jkr}}{r} \approx \frac{e^{-jkd_i}}{d_i} e^{\frac{-j\pi}{\lambda d_i}(x^2+y^2)} \propto e^{-jk\frac{x^2+y^2}{2d_i}} \quad (8.3.36)$$

上式用到球面波的二次曲面近似表达。

由于散焦引起的光程差是

$$W(x,y) = \frac{x^2+y^2}{2}\left(\frac{1}{d_i} - \frac{1}{d_0}\right) \quad (8.3.37)$$

对边长为 $2a$ 的正方形出射瞳来说，最大光程差为

$$w_m = a^2\left(\frac{1}{d_i} - \frac{1}{d_0}\right) \quad (8.3.38)$$

则光程差为

$$W(x,y) = w_m \frac{x^2+y^2}{2a^2} \quad (8.3.39)$$

相应的相位改变为 $kW(x,y)$。代入前面相干传递函数的表达式，得到散焦情况下的相干传递函数为

$$\text{CTF} = \text{rect}\left(\frac{f_x}{2f_0}\right)\text{rect}\left(\frac{f_y}{2f_0}\right)e^{-j\frac{kw_m}{2a^2}[(\lambda d_i f_x)^2+(\lambda d_i f_y)^2]} \quad (8.3.40)$$

其中：$f_0 = a/\lambda d_i$。

同前分析得到光学传递函数为

$$\mathrm{OTF}=\Lambda\left(\frac{f_x}{2f_0}\right)\Lambda\left(\frac{f_y}{2f_0}\right)\mathrm{sinc}\left[\frac{8w_{\mathrm{m}}}{\lambda}\frac{f_x}{2f_0}\left(1-\frac{|f_x|}{2f_0}\right)\right]\mathrm{sinc}\left[\frac{8w_{\mathrm{m}}}{\lambda}\frac{f_y}{2f_0}\left(1-\frac{|f_y|}{2f_0}\right)\right] \tag{8.3.41}$$

思考题

8-1　光学传递函数和相干传递函数的物理意义是什么？如何计算系统的光学传递函数？调制度传递函数和相位传递函数在系统中的作用是什么？

8-2　什么是衍射受限系统？

8-3　为什么要在频域空间讨论成像问题？

8-4　从频域空间看相干成像与非相干成像哪个成像质量好？

8-5　衍射受限相干成像与衍射受限系统非相干成像系统的成像的物理过程有何区别？

8-6　截止频率的物理意义是什么？

8-7　阐述对比度、反差、调制度、反衬度、可见度之间的关系。

8-8　用调制度传递函数如何描述一个良好的光学镜头？

8-9　$H_1(0,0)$表示什么？为什么？

第9章　空间滤波

9.1　阿贝成像理论

9.1.1　二次衍射成像

我们知道，衍射是物体的波前上各点子波源发出的子波叠加。如菲涅耳-基尔霍夫衍射定理

$$U_P = \frac{1}{\mathrm{j}\lambda}\int_{\Sigma} U_{P_1}\ \frac{1+\cos\theta \mathrm{e}^{\mathrm{j}kr_1}}{2r_1}\mathrm{d}S$$

点 P_1 的复振幅是 Σ 上的振幅为 U_{P_1} 的子波叠加。在近场时，此结果是菲涅耳衍射，即物波是子波 U_{P_1} 与二次相位因子的卷积：

$$U(x,y) = \frac{\mathrm{e}^{\mathrm{j}kz}}{\mathrm{j}\lambda z}U_1(x,y) * \mathrm{e}^{\frac{\mathrm{j}k}{2z}(x^2+y^2)}$$

在远场时，以上结果则成为物波的频谱（不计常数），即

$$U(x,y) = \frac{\mathrm{e}^{\mathrm{j}kz}}{\mathrm{j}\lambda z}\mathrm{e}^{\frac{\mathrm{j}k}{2z}(x^2+y^2)}\mathscr{F}\{U(x_1,y_1)\}$$

对于衍射成像，则可以看成两个衍射过程的叠加，第一次是物经过透镜衍射在焦平面上形成物的频谱，第二次是这些频谱衍射在透镜的像面上形成物的像。具体就是物面上的各点子波复振幅叠加在焦平面上形成物的频谱，故焦平面就是物的频谱面，称为初级衍射像，接着是频谱面上的不同频谱叠加在像面上形成物的真实像（二次衍射像）。以上观点是阿贝提出的，因此也称为阿贝（Abbe）二次衍射成像理论。注意，在以上叙述中略去了常数因子，并不影响结论的正确性。

若用数学表达式表示，物的复振幅是 $U(x_1,y_1)$，频谱面上的一次衍射像是 $\mathscr{F}\{U(x_1,y_1)\}$，像面上则是二次衍射像 $\mathscr{F}\mathscr{F}\{U(x_1,y_1)\}$，即像的复振幅是

$$U(x,y) = \mathscr{F}\mathscr{F}\{U(x_1,y_1)\} = U(-x_1,-y_1) \tag{9.1.1}$$

其中用到连续两次傅里叶变换等于原来函数但坐标取反的傅里叶变换特性。其实，它就是物的倒立像。

9.1.2　阿贝-波特实验

最直接验证阿贝成像理论的是阿贝-波特（Abbe - Porter）实验，如图9.1所示。点光源 S 经过透镜成为平行光照亮物平面 P_1 上的孔屏，经过 L_1 后在焦平面，即频谱面上形成孔屏的频谱，一次衍射像，再经过一段距离，光波到达像面，得到二次衍射

像,即物的真实像。

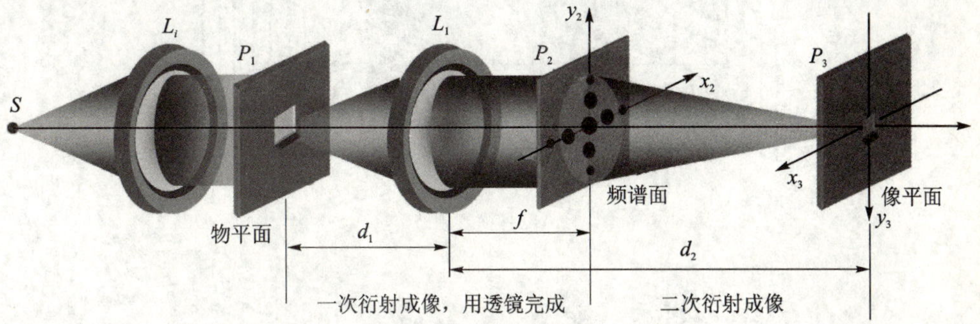

图 9.1　阿贝-波特实验

在这里,一次衍射像是经过透镜实现,二次衍射像则是经过长距离衍射(夫琅禾费衍射)实现。阿贝成像理论的意义在于,把成像过程分为空域(Spatial Domain)和频域(Frequency Domain)两个过程,一次衍射成像等同于把空域(几何空间)的物变换到频域(频率空间)物的谱,二次衍射成像等同于再从频域把谱变换回空域成为物的像。而阿贝-波特实验又表明,空域的物与像以及频域的谱三者并不在空间同一地点,即物、谱、像之间是分离的。

由于上述三者的分离,使得人们可以在成像过程中很方便地插入对原有物的谱处理,而经过处理后的谱再去成像,可能会得到一幅与物完全不同的像,这种对物的频谱进行改变后得到与原来物不同像的过程称为光学信息处理。如图 9.2 所示的实验,频谱面上放置一个遮挡装置(滤波器),在图 9.2(a)所示的实验中,装置挡住了(滤掉了)产生横条纹的频谱,像面上只呈现竖条纹;在图 9.2(b)所示的实验中,则是挡住了竖条纹的频谱,最后像面上只剩下横条纹图像。在频谱面上外加的能部分遮挡频谱(改变频谱)的装置称为空间频率滤波器,简称滤波器。由此看出,光学信息处理的核心是制作满足不同处理要求的空间滤波器。

4F 系统

阿贝-波特实验中的第二次衍射成像是通过夫琅禾费衍射来实现的,如果把这一过程换成用透镜实现,我们就可以搭建出如图 9.3 所示的 4F 成像系统。用两个焦距相同的透镜组成前、后焦平面重合的系统,系统有 4 个焦距,故称为 4F 系统。3 个平面包括物平面、频谱面和像平面。物平面在前一透镜的前焦面上,频谱面在前一透镜后焦面上,前、后透镜的焦平面重合,后一透镜的后焦面就是系统的像平面,如图 9.3 所示。

点光源 S 经过透镜 L_i 后成为平行光,照亮物平面上的物,形成物波 $U(x_1,y_1)$(即物的复振幅),设物面的透过率是 $t(x_1,y_1)$,则 $U(x_1,y_1)\propto t(x_1,y_1)$,经过透镜 L_1 后在频谱面上生成相应的频谱 $F(f_x,f_y)=\mathscr{F}\{t(x_1,y_1)\}$,最后在像面上得到

$$\mathscr{F}\{F(f_x,f_y)\} = t(x_3,y_3) \propto U(x_3,y_3) \tag{9.1.2}$$

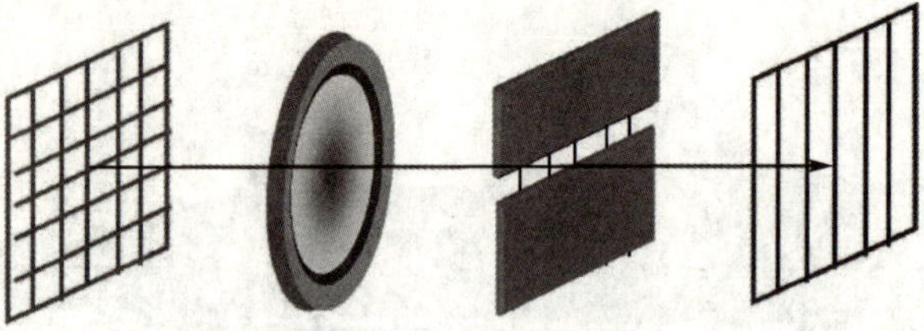

(a) 滤掉横纹频谱

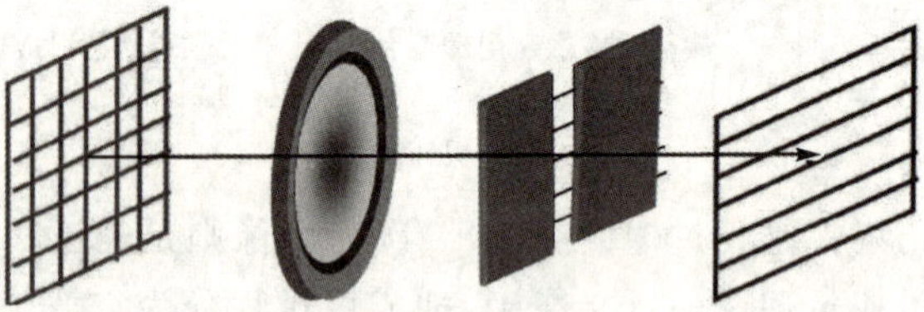

(b) 滤掉竖纹频谱

图 9.2　二次衍射成像

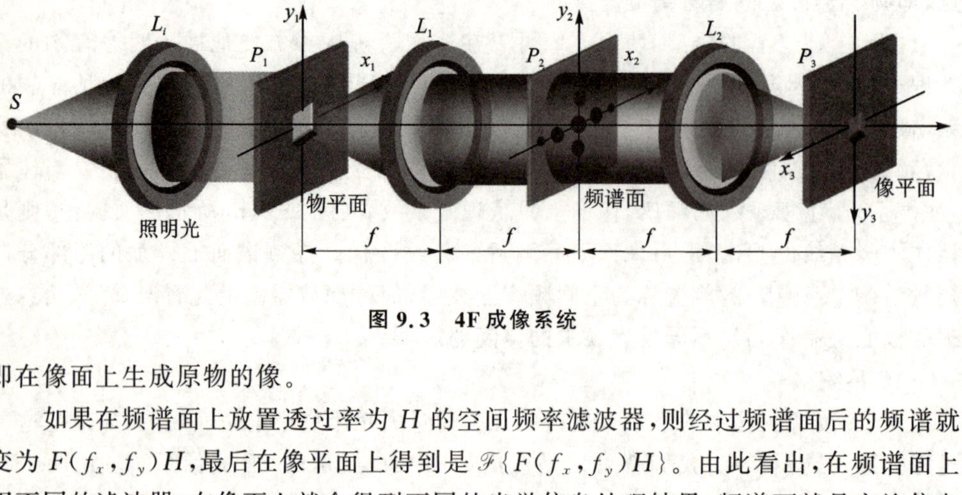

图 9.3　4F 成像系统

即在像面上生成原物的像。

如果在频谱面上放置透过率为 H 的空间频率滤波器，则经过频谱面后的频谱就变为 $F(f_x,f_y)H$，最后在像平面上得到是 $\mathscr{F}\{F(f_x,f_y)H\}$。由此看出，在频谱面上用不同的滤波器，在像面上就会得到不同的光学信息处理结果，频谱面就是实施信息处理的处理平面。因此，在光学信息处理中经常用 4F 系统来对光学信息进行频域处理加工，这种改变原有频谱的方式就是空间滤波。

9.1.3　相衬显微

作为频域分析的应用，我们看看相衬显微镜的工作原理。有一类物体它们的复振幅只有相位是空间位置的函数，我们称之为相位物体或更直接地说是“透明体”。假定相位物体的复振幅为

$$U(x,y)=\mathrm{e}^{\mathrm{j}\varphi(x,y)} \tag{9.1.3}$$

由于光学仪器只能观察到光强度,仪器观察到的光强度,即

$$I=\langle U(x,y)U(x,y)^{*}\rangle=1 \tag{9.1.4}$$

是恒定的,与位置无关,故仪器无法观察到。

在频域中

$$\mathscr{F}\{\mathrm{e}^{\mathrm{j}\varphi(x,y)}\}\approx\mathscr{F}\{1+\mathrm{j}\varphi(x,y)\}=\mathscr{F}\{1\}+\mathrm{j}\mathscr{F}\{\varphi(x,y)\} \tag{9.1.5}$$

由于

$$\mathscr{F}\{1\}=\int_{\infty}\mathrm{e}^{-\mathrm{j}2\pi(xf_x+yf_y)}\,\mathrm{d}x\mathrm{d}y=\delta(f_x,f_y) \tag{9.1.6}$$

则

$$\mathscr{F}\{\mathrm{e}^{\mathrm{j}\varphi(x,y)}\}=\delta(f_x,f_y)+\mathrm{j}\mathscr{F}\{\varphi(x,y)\} \tag{9.1.7}$$

$\delta(f_x,f_y)$是在 $f_x=0,f_y=0$,即基频处有意义,所以相位物体的频域是由不含任何信息的基频分量加上含有相位因子的高频分量构成的。从式(9.1.7)得出,基频分量与高频分量有 $\pi/2$ 的相位差。另外,成像时,只有基频分量起作用,而高频分量不起作用,所以我们看不到任何东西。

若把基频分量延迟 $\pi/2$ 或 $-\pi/2$,使基频分量与高频分量同相或反相,我们再返回空域看相位物体的复振幅就变为

$$U(x,y)\approx\mathrm{e}^{\pm\mathrm{j}\pi/2}+\mathrm{j}\varphi(x,y)=\pm\mathrm{j}+\mathrm{j}\varphi(x,y) \tag{9.1.8}$$

其强度分布为

$$I=|\pm\mathrm{j}+\mathrm{j}\varphi(x,y)|^{2}\approx1\pm2\varphi(x,y) \tag{9.1.9}$$

它包含了与位置有关的相位,强度与相位呈线性关系。使基频分量产生 $\pi/2$ 相移的装置称为变相板(Phase Changing Plane)。式(9.1.9)中的正负号分别对应正相衬和负相衬。

若采用空间滤波方式处理,我们需要制作一个滤波器,其透过率为

$$H(f_x,f_y)=\begin{cases}\pm\mathrm{j}, & f_x=f_y=0\\ 1\end{cases} \tag{9.1.10}$$

放在 4F 系统频谱面上,滤波后的频谱为

$$F(f_x,f_y)H(f_x,f_y)=\mathscr{F}\{\mathrm{e}^{\mathrm{j}\varphi(x,y)}\}H(f_x,f_y) \tag{9.1.11}$$

把 $\mathrm{e}^{\mathrm{j}\varphi}\approx1+\mathrm{j}\varphi$ 和 $H(f_x,f_y)$代入上式,频谱等于

$$F(f_x,f_y)H(f_x,f_y)=\pm\mathrm{j}\delta(f_x,f_y)+\mathrm{j}\mathscr{F}\{\varphi(x,y)\} \tag{9.1.12}$$

简单运算后,在 4F 系统像平面上得到像,即

$$\mathscr{F}\{F(f_x,f_y)H(f_x,f_y)\}=\pm\mathrm{j}+\mathrm{j}\varphi(x,y) \tag{9.1.13}$$

其强度分布与式(9.1.9)完全一样。这里的滤波器就是前面提到的变相板。

由上述内容可知,空间滤波处理的核心是制作相应的滤波器,这里制作的满足式(9.1.10)的滤波器就能完成相位物体可见的工作。

利用相衬显微原理范·泽尼克制造出世界上第一台相衬显微镜,用于观察细胞

等微小透明物体，因此，他获得了1935年的诺贝尔物理学奖。从调制角度来看，相衬显微的意义在于，把相位调制（不可见物体）转变为强度调制（可见物体），是一种调制方式的转变。基于此思想，E. H. Armstrong于1936年提出了幅度调制转变为相位调制的方式，即调幅信号转变成调相信号的机制。

9.2 空间滤波应用

9.2.1 空间滤波器

1. 振幅滤波器

振幅滤波器只改变频谱的振幅分布，并不影响相位分布。常用滤波器的透过率表示滤波性能，即

$$H(f_x, f_y) = \begin{cases} 1, & \text{孔内} \\ 0, & \text{孔外} \end{cases} \tag{9.2.1}$$

根据不同的应用可以分为高通滤波器、低通滤波器和带通滤波器等。

高通滤波器用于滤除频谱中低频部分，它可以增强图像的边缘，提高对图像的识别能力，并可以实现图像衬度反转，其结构如图9.4(a)所示。由于滤掉了基频信号，因此输出图像亮度较暗。

低通滤波器结构如图9.4(b)所示，由于越靠近光轴线，频率越低，因此只需让中央部分光通过，就构成低通滤波器，远离轴线的高频光被遮挡（滤除），达到低通滤波的效果。它主要是消除用于图像中的高频噪声。例如，视频图像照片往往含有密度较高的网点，其频谱分布集中在高频，用低通滤波器可以得到有效抑制，但缺少高频成分会使得图像边缘模糊。

带通滤波器用于选择某些特定频谱通过，滤掉其余部分，如图9.4(c)所示。

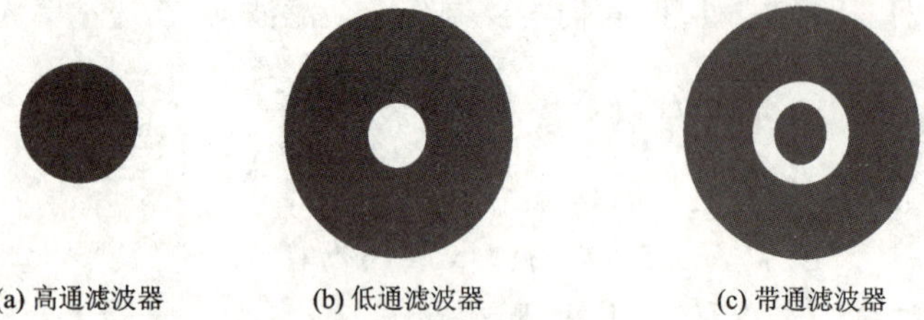

(a) 高通滤波器　　(b) 低通滤波器　　(c) 带通滤波器

图9.4　多种振幅空间滤波器

方向滤波器具有较强的方向性的带通滤波器，其应用例子如图9.5所示，去除图9.5(a)中的竖条纹，采用了图9.5(b)中的方向滤波器。

2. 相位滤波器

这种滤波器只是改变了原有图像频谱的相位分布，前面提到的用于观察相位物体的相衬显微技术，就是利用了相位滤波器，其作用主要是将相位物体转变为可见的强度型物体。从调制角度来说，就是将相位调制转换为强度调制。

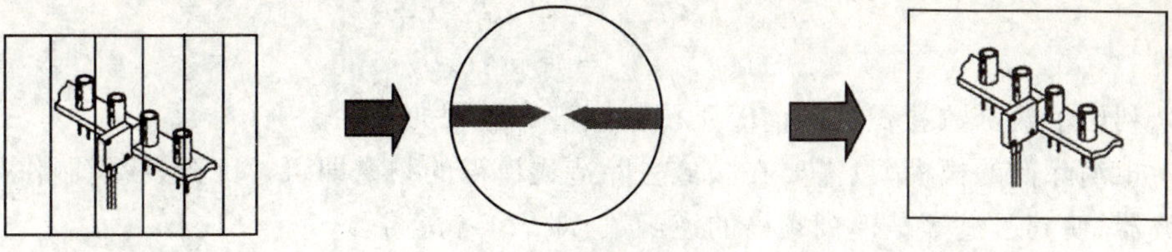

(a) 有竖直条纹　　(b) 方向滤波器　　(c) 输出图像

图 9.5 方向滤波器的工作原理

9.2.2 简单滤波运算

1. 卷积运算的实现

为了实现各种滤波要求，所以制作的空间滤波器种类繁多，但它们都是为了完成一个特定目标。如本例，要求实现两个函数的卷积运算。已知函数 $f(x,y)$ 和 $h(x,y)$，要求

$$f(x,y) * h(x,y)$$

把 $f(x,y)$ 作为物波，放置在 4F 系统的输入面上，则在频谱面上有

$$\mathscr{F}\{f(x,y)\} = \mathscr{F}(f_x, f_y)$$

为实现卷积，我们制作滤波器，即使其透过率为

$$H(f_x, f_y) = \mathscr{F}\{h(x,y)\}$$

经过滤波器的频谱就变为

$$F(f_x, f_y)H(f_x, f_y)$$

最后，在 4F 系统的像面上得到

$$\mathscr{F}\{FH\} = \mathscr{F}\mathscr{F}\{f(x,y)\} * \mathscr{F}\mathscr{F}\{h(x,y)\} = f(x,y) * h(x,y) \tag{9.2.2}$$

最后结果是应用了函数连续傅里叶变换等于坐标取反的原来函数特性。由于通常光学系统是轴对称的，所以在不影响讨论结果的前提下可以认为连续两次傅里叶变换就是原来函数，后面如不特意指出，一般都认为其成立，不再赘述。

2. 图像的消模糊

由于系统成像是物函数与系统的点扩散函数的卷积，一幅模糊图像就是将没有模糊的理想图像经过系统生成的像，类比式(8.2.5)，得到模糊图像 $g_{\mathrm{real}}(x,y)$ 是理想图像 $g_{\mathrm{ideal}}(x,y)$ 和产生模糊的点扩散函数 $h(x,y)$ 的卷积。

$$g_{\mathrm{real}}(x,y) = g_{\mathrm{ideal}}(x,y) * h(x,y) \tag{9.2.3}$$

上式两边进行傅里叶变换，得到相应频域的频谱，即

$$G_{\mathrm{real}}(f_x, f_y) = G_{\mathrm{ideal}}(f_x, f_y)H(f_x, f_y) \tag{9.2.4}$$

其中：

$$G_{\mathrm{real}}(f_x, f_y) = \mathscr{F}\{g_{\mathrm{real}}(x,y)\}$$

$$G_{\text{ideal}}(f_x, f_y) = \mathscr{F}\{g_{\text{ideal}}(x, y)\}$$

$$H(f_x, f_y) = \mathscr{F}\{h(x, y)\}$$

此处利用了两函数卷积的频谱等于函数频谱的卷积的特性。

想消除像的模糊，只需要在频域去除造成模糊的频谱即可。因此，我们制作一个滤波器，使其透过率是模糊频谱的逆函数，即 $H^{-1}(f_x, f_y)$。

在频谱面上，经过此滤波器后的频谱成为

$$G_{\text{ideal}}(f_x, f_y) H(f_x, f_y) H^{-1}(f_x, f_y) = G_{\text{ideal}}(f_x, f_y) \tag{9.2.5}$$

最后，在像面上只有无模糊的理想像的谱在成像，即

$$\mathscr{F}\{G_{\text{ideal}}(f_x, f_y)\} = g_{\text{ideal}}(x, y) \tag{9.2.6}$$

9.2.3 线性光栅成像分析

一维线性光栅的复振幅透过率为

$$t(x) = \left[\frac{1}{d}\text{rect}\left(\frac{x}{a}\right) * \text{comb}\left(\frac{x}{d}\right)\right]\text{rect}\left(\frac{x}{L}\right) \tag{9.2.7}$$

在频谱面上的频谱是

$$\mathscr{F}\{t(x)\} = \frac{aL}{d}\left\{\text{sinc}(Lf_x) + \text{sinc}\left(\frac{a}{d}\right)\text{sinc}\left[L\left(f_x - \frac{1}{d}\right)\right] + \text{sinc}\left(\frac{a}{d}\right)\text{sinc}\left[L\left(f_x + \frac{1}{d}\right) + \right] + \cdots\right\} \tag{9.2.8}$$

在大括号中，第一项就是衍射零级，第二项是衍射正一级，第三项是衍射负一级。

当在频谱面上放置的滤波器只让零级衍射通过时，频谱变为

$$F(f_x)H(f_x) = \frac{aL}{d}\text{sinc}(Lf_x)$$

得到的像是

$$\mathscr{F}\{F(f_x)H(f_x)\} = \frac{a}{d}\text{rect}\left(\frac{x}{L}\right) \tag{9.2.9}$$

因此，像面上，在 L 范围内亮度均匀，之外区域的亮度为零。

当放置的滤波器只让正、负一级衍射通过时，则频谱成为

$$F(f_x)H(f_x) = \frac{aL}{d}\text{sinc}\left(\frac{a}{d}\right)\left\{\text{sinc}\left[L\left(f_x - \frac{1}{d}\right)\right] + \text{sinc}\left[L\left(f_x + \frac{1}{d}\right)\right]\right\}$$

像面上得到的图像为

$$\mathscr{F}\{F(f_x)H(f_x)\} = \frac{2a}{d}\text{sinc}\left(\frac{2a}{d}\right)\text{rect}\left(\frac{x}{L}\right)\cos\left(\frac{2\pi x}{d/2}\right) \tag{9.2.10}$$

如果滤波器让零级、正负一级通过，则频谱变为

$$F(f_x)H(f_x) = \frac{aL}{d}\left\{\text{sinc}(Lf_x) + \text{sinc}\left(\frac{a}{d}\right)\text{sinc}\left[L\left(f_x - \frac{1}{d}\right)\right] + \text{sinc}\left(\frac{a}{d}\right)\text{sinc}\left[L\left(f_x + \frac{1}{d}\right)\right]\right\}$$

最后成像是

$$\mathscr{F}\{F(f_x)H(f_x)\} = \frac{a}{d}\mathrm{rect}\left(\frac{x}{L}\right)\left[1 + 2\mathrm{sinc}\left(\frac{a}{d}\right)\cos\left(\frac{2\pi x}{d}\right)\right] \quad (9.2.11)$$

所以,根据成像的不同需求,用不同的滤波器,会得到相应不同的像。

9.2.4　多重像产生

有时我们需要用一幅图像产生多个同样的图像,这时可以采用正交 Ronchi 光栅作为滤波器来产生多个相同的图像。在物面上输入 $g(x,y)$,它的频谱是 $G(f_x,f_y)$。Ronchi 光栅的透过率是

$$t = \left[\sum_{\infty}\mathrm{rect}\left(\frac{f_x - md}{d/2}\right)\right]\left[\sum_{\infty}\mathrm{rect}\left(\frac{f_y - nd}{d/2}\right)\right] \quad (9.2.12)$$

其中:d 是光栅常数。

如果采用卷积形式改写上式,则

$$t = \left[\frac{1}{d}\mathrm{rect}\left(\frac{f_x}{d/2}\right) * \mathrm{comb}\left(\frac{f_x}{d}\right)\right]\left[\frac{1}{d}\mathrm{rect}\left(\frac{f_y}{d/2}\right) * \mathrm{comb}\left(\frac{f_y}{d}\right)\right] \quad (9.2.13)$$

选此光栅做滤波器,即

$$H(f_x,f_y) = t$$

那么将其傅里叶变换代入式(9.2.14),可得

$$\mathscr{F}\{H(f_x,f_y)\} = \sum_{\infty}\mathrm{sinc}\left(\frac{x_3 - m/d}{2/d}\right) * \sum_{\infty}\mathrm{sinc}\left(\frac{y_3 - n/d}{2/d}\right) \quad (9.2.14)$$

通过滤波器后,频谱面上的频谱就是 GH。在像面上得到

$$\mathscr{F}\{GH\} = \mathscr{F}\{G\} * F\{H\} = g(x,y) * \mathscr{F}\{H(f_x,f_y)\}$$

经过简单数学运算,得到多个图像的表示,即

$$\mathscr{F}\{GH\} = g(x,y) * \left[\sum_{\infty}\mathrm{sinc}\left(\frac{x - m/d}{2/d}\right) * \sum_{\infty}\mathrm{sinc}\left(\frac{y - n/d}{2/d}\right)\right] \quad (9.2.15)$$

上式的物理意义是一个 sinc 函数表示的二维点阵,而在点阵的每个亮点上都有一个 $g(x,y)$图像存在,如图 9.6 所示。

图 9.6 中物与像之间是坐标互为取反的关系,所以对图中倒立的物,最后在像面上是正立的像。

9.2.5　图像之间的相减运算

在两幅构图较为接近的图像之间找出不同的地方,是一件麻烦的事情。但如果两幅图可以实现相减运算,隐去相同的部分,只留下不同之处,问题就明白多了。如何实现图像之间的相减运算呢?这里可以借用正弦滤波器来实现。

设在 x 轴上有两幅相距 $2b$ 的图 $g_A(x-b,y)$和图 $g_B(x+b,y)$,把它们同时放在

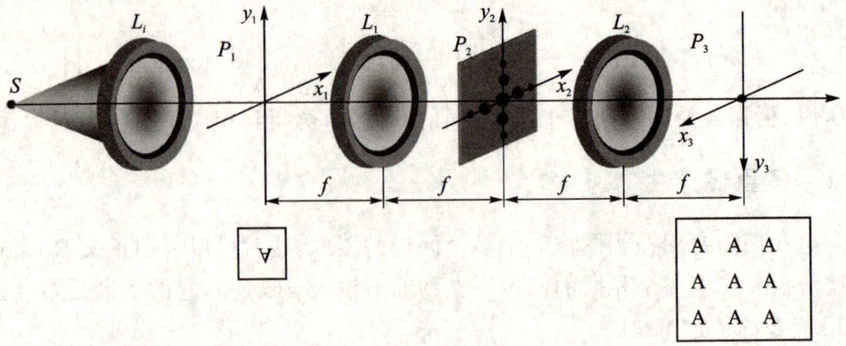

图 9.6 多重像产生

输入面上，即

$$g_A(x-b,y)+g_B(x+b,y) \tag{9.2.16}$$

选用的正弦滤波器的透过率是

$$H(f_x,f_y)=\frac{1}{2}+\frac{1}{2}\cos(2\pi f_0x+\varphi_0)=$$
$$\frac{1}{2}+\frac{1}{4}\left(e^{j(2\pi f_0x+\varphi_0)}+e^{-j(2\pi f_0x+\varphi_0)}\right) \tag{9.2.17}$$

其中：$f_0=b/\lambda f, f_x=x/\lambda f, f_y=y/\lambda f, \varphi_0$ 是光栅初相位。

正弦光栅的衍射图有三级，即中央零级、正一级和负一级，中心在 $x=b$ 的图像 g_A 经过光栅后也有三级衍射像，即 $x=0$ 的负一级、$x=b$ 的零级、$x=2b$ 的正一级图像。中心在 $x=-b$ 的图像 g_B 经光栅后的三级衍射像的位置分别在 $x=0$ 的正一级、$x=-b$ 的零级、$x=-2b$ 的负一级。分析可以看出，在 $x=0$ 处图像 g_A 的负一级衍射像与图像 g_B 的正一级衍射像重合。如果此时两图像的相位反相，则在坐标原点处可实现 g_A 和 g_B 的相减运算。

在频谱面上，两图的频谱是

$$F(f_x,f_y)=F_A(f_x,f_y)e^{-j2\pi bf_x}+F_B(f_x,f_y)e^{j2\pi bf_x} \tag{9.2.18}$$

上式中指数因子是由两图的位置偏离光轴所引起的，其中

$$F_A(f_x,f_y)=\mathscr{F}_A\{g_A(x-b,y)\}$$
$$F_B(f_x,f_y)=\mathscr{F}_B\{g_A(x-b,y)\}$$

经过滤波器后的频谱是

$$FH=\frac{F}{2}+\frac{1}{4}Fe^{j\left(2\pi f_0x+\varphi_0\right)}+\frac{1}{4}Fe^{-j\left(2\pi f_0x+\varphi_0\right)} \tag{9.2.19}$$

最后得到的像是

$$\mathscr{F}\{FH\}=\frac{1}{2}[g_A(x-b,y)+g_B(x+b,y)]+\frac{e^{j\varphi_0}}{4}[g_A(x,y)+g_B(x,y)e^{-j2\varphi_0}]+$$
$$\frac{e^{j\varphi_0}}{4}[g_A(x-2b,y)e^{-j2\varphi_0}+g_B(x+2b,y)] \tag{9.2.20}$$

当光栅的初相位 $\varphi_0=\pi/2$，即偏离光轴 1/4 时

$$\mathscr{F}\{FH\}=\frac{1}{2}[g_A(x-b,y)+g_B(x+b,y)]+\frac{\mathrm{j}}{4}[g_A(x,y)-g_B(x,y)]+ \frac{\mathrm{j}}{4}[-g_A(x-2b,y)+g_B(x+2b,y)] \tag{9.2.21}$$

或直接写为

$$\mathscr{F}\{FH\}=\frac{\mathrm{j}}{4}[g_A(x,y)-g_B(x,y)]+\cdots \tag{9.2.22}$$

其中：省略号（…）表示没有重合的各项。

上述结果表明，在沿 x 方向偏离光轴 1/4 周期的地方，两个图像实现了相减运算，其余的图像都出现在不同位置。

9.2.6　图像特征识别

光学图像特征识别是图像处理的一个重要的应用方面，识别的目的是从输出信息中识别提取感兴趣的目标信息，其关键部件是匹配滤波器。

1. 匹配滤波器

匹配滤波器是指与输入信息相匹配的滤波器。具体来说，它的透过率与特征函数频谱的共轭成比例，即透过率

$$t\propto H^*(f_x,f_y) \tag{9.2.23}$$

其中：

$$H^*(f_x,f_y)=F*\{h(-x,-y)\}$$

它是特征函数 h 的频谱的共轭。

识别过程如下：

如果待测物 $f(x,y)$ 就是特征函数 $h(x,y)$，即

$$\mathscr{F}\{f(x,y)\}=H(f_x,f_y) \tag{9.2.24}$$

则在 4F 系统的频谱面上得到频谱 $FH^*=HH^*$，而在像面上得到

$$\mathscr{F}\{HH^*\}=\mathscr{F}\{H\}*\mathscr{F}\{H^*\}= h(x,y)*h^*(-x,-y)=h(x,y)☆h(x,y) \tag{9.2.25}$$

上式用到函数相关定义，最后得到的是函数自相关，视场中将看到自相关亮斑。

如果待测物 $f(x,y)$ 中无特征函数 $h(x,y)$，则在 4F 系统的像面上得到的是

$$\mathscr{F}\{FH^*\}=f(x,y)*h^*(-x,-y)=f(x,y)☆h(x,y) \tag{9.2.26}$$

这是两个函数的相关运算，在视场中看到的是一个弥散的光斑。

如果在待测物中含有特征函数 $h(x,y)$，最后像面上是

$$\mathscr{F}\{FH^*\}=\mathscr{F}\{FHH^*+F+FH^*\mathrm{e}^{-\mathrm{j}2\pi f_x a}+FH^*\mathrm{e}^{\mathrm{j}2\pi f_x a}\} \tag{9.2.27}$$

其中：a 是制作匹配滤波器时的参数。

经过简单运算，上式结果可以表示为

$$\mathscr{F}\{FH^*\}=f(x,y)*h(x,y)☆h(x,y)+f(x,y)+ f(x,y)☆h(x,y)*\delta(x-a,y)+ f(x,y)☆h(x,y)*\delta(x+a,y) \quad (9.2.28)$$

这一结果表明在含有特征量的相应位置上可能出现相关亮斑。

在上面的推导过程中简单地认为匹配滤波器的透过率 $t=H^*$，这并不影响最终结论。

2. 匹配滤波器的制作

下面是全息匹配滤波器的制作过程。点光源 S 经过透镜 L_1 成为平行光，同时射到 L_2 和特征物 h 上，平行光经 L_2 后，变成参考点光源 S^*，经过 h 的物光与来自 S^* 的参考光在屏 P_2 上相遇产生干涉。

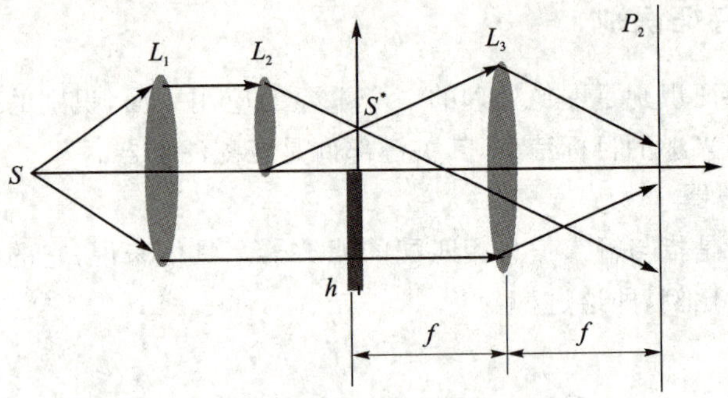

图 9.7 全系匹配滤波器制备

设参考光 S^* 的复振幅为 $\delta(x-a,y)$，其频谱

$$\mathscr{F}\{\delta(x-a,y)\}=\mathrm{e}^{-\mathrm{j}2\pi f_x a} \quad (9.2.29)$$

特征量 $h(x,y)$ 的频谱是 $H(f_x,f_y)$，在面 P_2（也就是频谱面）得到

$$G(f_x,f_y)=H(f_x,f_y)+\mathrm{e}^{-\mathrm{j}2\pi f_x a} \quad (9.2.30)$$

若在 P_2 面上放置感光胶片，其透过率比例于光强度，即

$$t=I=GG^*=HH^*+1+H\mathrm{e}^{\mathrm{j}2\pi f_x a}+H^*\mathrm{e}^{-\mathrm{j}2\pi f_x a}= |H^2|+1+2\mathrm{Re}(H^*\mathrm{e}^{-\mathrm{j}2\pi f_x a})\propto H^* \quad (9.2.31)$$

最后得到正比于特征量的频谱共轭的匹配滤波器。

图像特征识别在很多领域都有应用，例如，指纹识别，图像与文字资料中特殊信息的提取，智能机器人对目标的识别，对传送带上不合格产品的识别等。但要说明的是，傅里叶变换匹配滤波的方式有其局限性，由于匹配滤波器对被识别的图像尺寸和方位旋转都异常敏感，因而当输入图像稍有变化时，都会使正确匹配率大大下降，甚至被噪声淹没。为克服这一缺点，利用梅林变换解决物体空间尺寸改变的问题，利用圆谐展开解决物体转动的问题，利用哈夫变换实现坐标变换等，再结合匹配滤波器，可以使得识别更为准确。

思考题

9-1　如何实现图形 1 与图形 2 的卷积运算？画出光路图并写出相应的数学表达式。

9-2　怎样制成一个逆滤波器？

9-3　简述阿贝-波特实验的意义。

9-4　相机拍照时，因手动拍出重影，沿横向错开 b，为改善照片质量，拟设计一个滤波器，并给出滤波器函数。

9-5　在 4F 系统中，输入物是一个无限大的矩形光栅，光栅常数 $d=4$，$a=1$，最大透光率为 1，如果不考虑透镜尺寸的影响，请回答以下几个问题：

① 试写出系统的频谱分布；

② 计算像面上的复振幅分布和强度分布；

③ 如果在频谱面上放一个高通滤波器，滤掉基频，像面的复振幅分布又如何？

第 10 章　晶体光学

晶体是一种分子排列长程有序的结构，如图 10.1 所示的雪花结构。若物体排列是无序状态，如图 10.2 所示的无序堆积的玻璃态，虽然光可自由穿越其中，但那也不是晶体。按照晶体理论来分，自然界全部晶体可以分为七大类(七大晶系)，共 32 个点群结构。由于晶体的特殊结构，光在晶体中传播时一般呈现出各向异性的特点，即在空间不同方向上光表现出不同的特性。例如，当一束光沿某方向入射晶体时，可能出现两束折射光的光双折射现象。

图 10.1　晶体形态

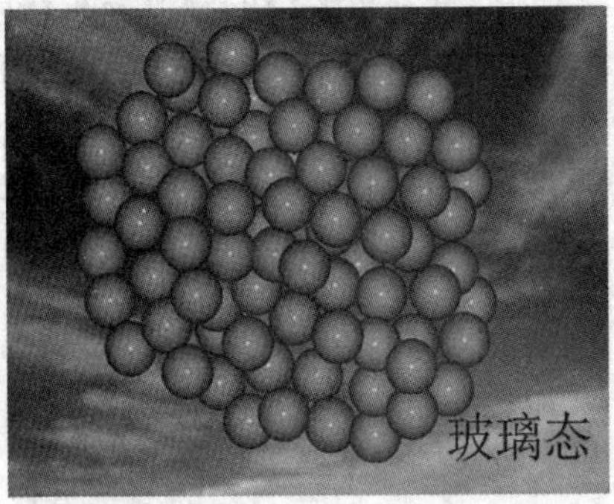

图 10.2　非晶体形态

由于晶体具有这种各向异性特点，因此可以按照对光的不同表现来划分晶体类型，如果晶体中有一个方向上的光传播不发生所谓的双折射现象，则这一方向称为晶体的晶轴。晶体如果只有一个光轴，就是单轴晶体。晶体最多有两个光轴，即双轴晶体。当然，还有无光轴的各向同性晶体。图 10.3 所示是按光学特性划分的 7 大晶系，如属于单轴晶体的晶系包括三角、正方和六角 3 个晶系，双轴类晶体包括单斜晶系、三斜晶系和正交晶系，而各向同性的晶体只有立方晶系，其最典型的代表是氯化钠晶体。

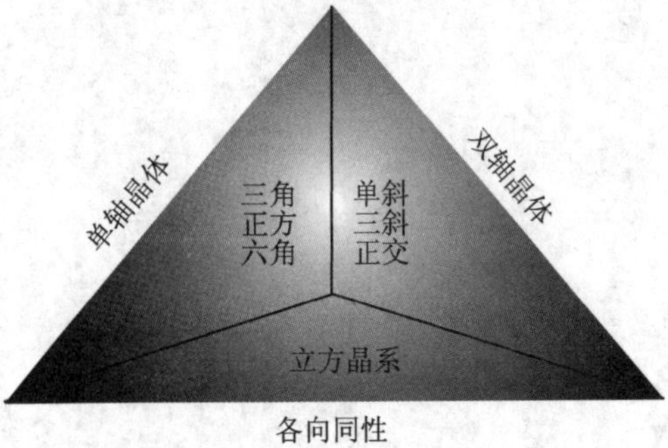

图 10.3　晶体光学分类与晶系关系

10.1　晶体双折射

10.1.1　双折射现象

具有各向异性特点的晶体最明显的表现就是光的双折射(Birefringence)现象。如图 10.4 所示的冰洲石晶体，一束入射光通过晶体后出射了两束折射光。其中一束折射光满足折射定律，称为寻常光(Ordinary Light)，用 o 光表示；另一束光不满足折射定律，称为非寻常光(Extra - ordinary Light)，用 e 光表示。当自然光入射时，出射的两束折射光则是不同的偏振光。

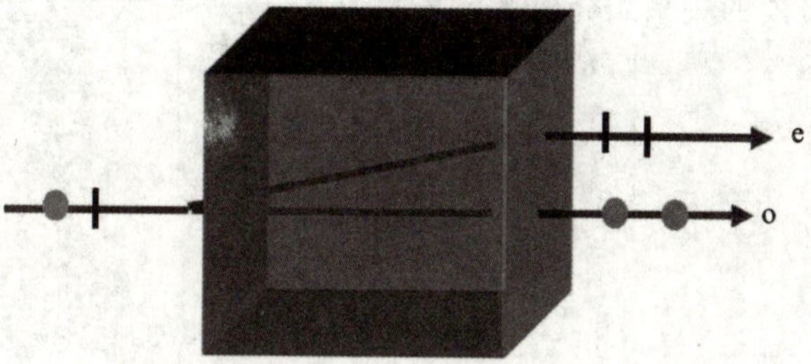

图 10.4　冰洲石晶体的双折射现象

在这个晶体中，当入射光沿光轴方向入射时，双折射现象消失，以上两束光合为一束光。我们把晶体表面法线和光轴所成的平面称为晶体的主截面(Principal Section)，而把入射光与光轴所成平面称为光的主平面(Principal Plane)。

e 光通常不与 o 光在同一平面，只有当光的入射面与晶体的主截面重合时，e 光才与 o 光都在入射面内。但需要注意的是，如果 e 光与 o 光在一个平面内时，入射面并不一定与主截面重合。

10.1.2　介电张量

1. 二阶介电张量

要解释晶体的双折射现象，就要了解电磁场在晶体中发生了什么变化。我们知道描述电场的两个物理量分别是电位移矢量 $\boldsymbol{D}$ 和电场强度矢量 $\boldsymbol{E}$，它们之间满足的关系是

$$\boldsymbol{D}=\varepsilon\boldsymbol{E} \tag{10.1.1}$$

其中：$\varepsilon=\varepsilon_r\varepsilon_0$，称为介电系数，$\varepsilon_r$ 是相对介电系数，ε_0 是绝对介电系数。在各向同性的物质中 ε 是个纯数，即 $\boldsymbol{D}$ 和 $\boldsymbol{E}$ 之间是线性关系，但在各向异性的晶体中 $\boldsymbol{D}$ 和 $\boldsymbol{E}$ 之间就不是简单的线性关系了。

为以后叙述方便，下面做一些简单约定，把 $\boldsymbol{D}$ 和 $\boldsymbol{E}$ 的直角坐标分量用下标 1、2、3 替代，这样 D_x、D_y、D_z 对应 D_1、D_2、D_3，E_x、E_y、E_z 对应 E_1、E_2、E_3。如此，式(10.1.1)

可以写为

$$D_i = \varepsilon E_i,\quad i = 1,2,3 \tag{10.1.2}$$

在晶体中，介电系数不是单纯的数，而是介电张量，介电张量是含有 9 个分量的三阶矩阵，称为二阶张量。张量描述了矢量之间的复杂关系，它不像矢量那样自身有明确的意义，即有大小和方向，满足一定运算法则的量是矢量。张量只有与矢量作用后才有意义。二阶介电张量定义为

$$[\varepsilon] = \begin{bmatrix} \varepsilon_{11} & \varepsilon_{12} & \varepsilon_{13} \\ \varepsilon_{21} & \varepsilon_{22} & \varepsilon_{23} \\ \varepsilon_{31} & \varepsilon_{32} & \varepsilon_{33} \end{bmatrix} \tag{10.1.3}$$

这样，晶体中 $\boldsymbol{D}$ 和 $\boldsymbol{E}$ 的关系用介电张量表示为

$$\begin{bmatrix} D_1 \\ D_2 \\ D_3 \end{bmatrix} = \begin{bmatrix} \varepsilon_{11} & \varepsilon_{12} & \varepsilon_{13} \\ \varepsilon_{21} & \varepsilon_{22} & \varepsilon_{23} \\ \varepsilon_{31} & \varepsilon_{32} & \varepsilon_{33} \end{bmatrix} \begin{bmatrix} E_1 \\ E_2 \\ E_3 \end{bmatrix} \tag{10.1.4}$$

简单记为

$$D_i = \sum_{j=1}^{3} \varepsilon_{ij} E_j,\quad i = 1,2,3 \tag{10.1.5a}$$

更为简单的记法是

$$D_i \equiv \varepsilon_{ij} E_j \tag{10.1.5b}$$

约定：连续出现两个一样的下标时，表示对这个下标求和，不说明时，下标从 1 到 3 展开。

我们知道三阶矩阵可以经过主轴化，可以将非对角线的元素转变成零，即

$$\begin{bmatrix} \varepsilon_{11} & \varepsilon_{12} & \varepsilon_{13} \\ \varepsilon_{21} & \varepsilon_{22} & \varepsilon_{23} \\ \varepsilon_{31} & \varepsilon_{32} & \varepsilon_{33} \end{bmatrix} \xrightarrow{\text{主轴化}} \begin{bmatrix} \varepsilon_1 & & \\ & \varepsilon_2 & \\ & & \varepsilon_3 \end{bmatrix} \tag{10.1.6}$$

因此，当晶体主轴化时

$$D_i = \varepsilon_{ij} E_j \rightarrow \varepsilon_i E_i \tag{10.1.7}$$

这时 $\boldsymbol{D}$ 和 $\boldsymbol{E}$ 的各分量之间才是线性关系。

2. 对称张量

介电张量是以对角线为轴的对称张量，如下式：

$$\varepsilon_{ij} = \varepsilon_{ji} \tag{10.1.8}$$

因此，二阶张量的 9 个分量中只有 6 个是独立的，即

$$[\varepsilon] = \begin{bmatrix} \varepsilon_{11} & \varepsilon_{12} & \varepsilon_{13} \\ \varepsilon_{21} & \varepsilon_{22} & \varepsilon_{23} \\ \varepsilon_{31} & \varepsilon_{32} & \varepsilon_{33} \end{bmatrix}$$

下面将证明这一点。

首先在无电荷源的晶体空间中，场力做功为零，即 $\boldsymbol{J} \cdot \boldsymbol{E} = 0$，电磁场连续性方

程(3.1.30)变为

$$\frac{\partial w}{\partial t}+\nabla\cdot\boldsymbol{S}=0 \tag{10.1.9}$$

电磁场能量是电场能量与磁场能量之和，即 $w=w_e+w_m$，将其展开可得

$$w=\frac{1}{2}\boldsymbol{E}\cdot\boldsymbol{D}+\frac{1}{2}\boldsymbol{B}\cdot\boldsymbol{H}=\frac{1}{2}E_iD_i+\frac{1}{2}\mu H^2 \tag{10.1.10}$$

为了方便，约定物理量对时间的导数以物理量上点标替代，如$\partial w/\partial t=\dot{w}$。将式(10.1.10)两边对时间求导，可得

$$\dot{w}=\frac{1}{2}\frac{\partial}{\partial t}(E_iD_i)+\frac{1}{2}\frac{\partial}{\partial t}(\mu H^2)=\frac{1}{2}\frac{\partial}{\partial t}(E_i\varepsilon_{ij}E_j)+\mu H\dot{H}=$$

$$\frac{1}{2}(E_i\varepsilon_{ij}\dot{E}_j+\dot{E}_i\varepsilon_{ij}E_j)+\mu H\dot{H} \tag{10.1.11}$$

由于 $i,j=1,2,3$，展开共 9 项，i、j 位置互换不影响等式，则能量对时间的导数为

$$\dot{w}=\frac{1}{2}(E_i\varepsilon_{ij}\dot{E}_j+\dot{E}_j\varepsilon_{ji}E_i)+\mu H\dot{H} \tag{10.1.12}$$

而

$$\nabla\cdot\boldsymbol{S}=\nabla\cdot(\boldsymbol{E}\times\boldsymbol{H})=\boldsymbol{H}\cdot(\nabla\times\boldsymbol{E})-\boldsymbol{E}\cdot(\nabla\times\boldsymbol{H}) \tag{10.1.13}$$

利用麦克斯韦方程$\nabla\times\boldsymbol{E}=-\dot{\boldsymbol{B}}$,$\nabla\times\boldsymbol{H}=\dot{\boldsymbol{D}}$，展开上式右边得

$$-\boldsymbol{H}\cdot\dot{\boldsymbol{B}}-\boldsymbol{E}\cdot\dot{\boldsymbol{D}}=-\mu H\dot{H}-E_i\dot{D}_i=-E_i\varepsilon_{ij}\dot{E}_j-\mu H\dot{H} \tag{10.1.14}$$

连续性方程(10.1.9)可化简为

$$\dot{w}+\nabla\cdot\boldsymbol{S}=\frac{1}{2}\dot{E}_j\varepsilon_{ji}E_i-\frac{1}{2}E_i\varepsilon_{ij}\dot{E}_j=0 \tag{10.1.15}$$

整理后就得到式(10.1.8)的结论。

10.1.3　折射率椭球

1. 椭球方程

由于任意二次椭球曲面方程可以写为

$$a_{11}x_1^2+a_{22}x_2^2+a_{33}x_3^2+2a_{12}x_1x_2+2a_{13}x_1x_3+2a_{23}x_2x_3=1 \tag{10.1.16}$$

即

$$\sum_{i,j=1}^{3}a_{ij}x_ix_j=1,\quad a_{ij}=a_{ji} \tag{10.1.17}$$

其系数矩阵经过主轴化可得

$$\begin{bmatrix}a_{11}&a_{12}&a_{13}\\a_{21}&a_{22}&a_{23}\\a_{31}&a_{32}&a_{33}\end{bmatrix}\to\begin{bmatrix}a_1&&\\&a_2&\\&&a_3\end{bmatrix} \tag{10.1.18}$$

式(10.1.17)可化简为

$$\sum_{i=1}^{3}a_ix_i^2=1 \tag{10.1.19}$$

而电场能量密度 $w_e = \frac{1}{2}\boldsymbol{E}\cdot\boldsymbol{D} = \frac{1}{2}\sum_i E_i D_i = \sum_{i,j}\frac{1}{2\varepsilon_{ij}}D_i D_j$，可以写为

$$\sum_{i,j}\frac{D_i D_j}{2\varepsilon_{ij} w_e} = 1 \tag{10.1.20}$$

同样，把介电张量矩阵主轴化可得

$$\begin{bmatrix} \varepsilon_{11} & \varepsilon_{12} & \varepsilon_{13} \\ \varepsilon_{21} & \varepsilon_{22} & \varepsilon_{23} \\ \varepsilon_{31} & \varepsilon_{32} & \varepsilon_{33} \end{bmatrix} \rightarrow \begin{bmatrix} \varepsilon_1 & & \\ & \varepsilon_2 & \\ & & \varepsilon_3 \end{bmatrix}$$

这样式(10.1.20)变为

$$\sum_i \frac{D_i^2}{2\varepsilon_i w_e} = 1 \tag{10.1.21}$$

与式(10.1.19)比较可以看出，晶体中电位移矢量分布是一个二次椭球曲面。

由于

$$\varepsilon_i = \varepsilon_0 \varepsilon_{ri} = \varepsilon_0 n_i^2 \tag{10.1.22}$$

令

$$\frac{D_i}{\sqrt{2w_e\varepsilon_0}} = x_i$$

式(10.1.21)化简为

$$\sum_i \frac{x_i^2}{n_i^2} = 1 \tag{10.1.23}$$

这是一个标准的椭球面，称为折射率椭球。

2. 单轴晶体折射率椭球

在只有一个光轴的单轴晶体中，取 $n_1 = n_2 = n_o$，即等于寻常光折射率，$n_3 = n_o$ 是非寻常光折射率。如图 10.5 所示，取 x_3 轴为光轴方向，则折射率椭球方程为

$$\frac{x_1^2 + x_2^2}{n_o^2} + \frac{x_3^2}{n_e^2} = 1 \tag{10.1.24}$$

此椭球是以 x_3 为轴的旋转椭球，当 $n_e > n_o$，即 $v_e < v_o$ 时，称为正晶体；而 $n_e < n_o$，即 $v_e > v_o$ 时，称为负晶体。

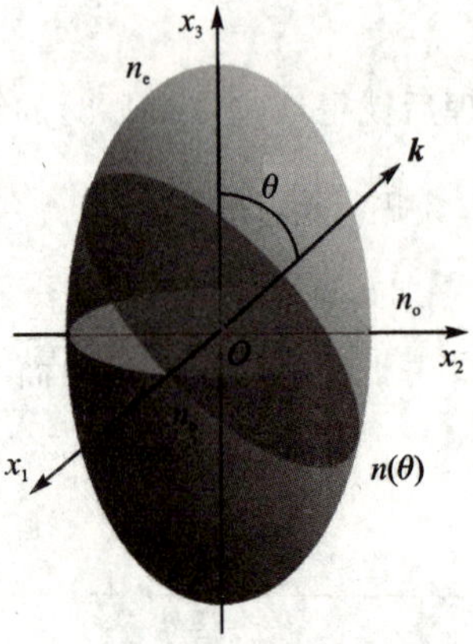

图 10.5　单轴晶体折射率椭球

椭球上任意点到原点的距离是此连线方向的折射率，例如沿着 $\boldsymbol{k}$ 方向传播的光，其折射率是 $n_e(\theta)$。在 x_3-$\boldsymbol{k}$ 平面内，即光轴与入射光决定的平面——主平面内，椭圆方程为

$$\frac{x_2^2}{n_o^2} + \frac{x_3^2}{n_e^2} = 1 \tag{10.1.25}$$

由图 10.5 可知，$x_2 = n_e(\theta)\sin\theta$，$x_3 = n_e(\theta)\cos\theta$，联立两式，可以解得

$$n_e(\theta)=\frac{n_o n_e}{\sqrt{n_e^2\cos^2\theta+n_o^2\sin^2\theta}} \tag{10.1.26}$$

当光沿光轴 x_3 方向入射时，由上式可得 $n_e(\theta=0)=n_o$，o 光与 e 光两光束的速度相同，不发生双折射现象。

表 10.1 所列为所有晶系的介电性。

表 10.1　晶系的介电性

晶　系	介电张量	折射率椭球	光学特性
三斜 单斜 正交	$\begin{bmatrix}\varepsilon_1 & & \\ & \varepsilon_2 & \\ & & \varepsilon_3\end{bmatrix}$		双光轴
三角 正方 六角	$\begin{bmatrix}\varepsilon_1 & & \\ & \varepsilon_1 & \\ & & \varepsilon_3\end{bmatrix}$		单光轴
立方	$\begin{bmatrix}\varepsilon & & \\ & \varepsilon & \\ & & \varepsilon\end{bmatrix}$		各向同性

10.2　晶体中的电磁波

10.2.1　晶体中的电磁场方向

1. 光波法线与射线方向

现在讨论光在晶体中的传播，同样从单色平面波入手。设：$\boldsymbol{E}=\boldsymbol{E}_0 e^{j(\boldsymbol{k}\cdot\boldsymbol{r}-\omega t)}$，$\boldsymbol{D}=\boldsymbol{D}_0 e^{j(\boldsymbol{k}\cdot\boldsymbol{r}-\omega t)}$，$\boldsymbol{H}=\boldsymbol{H}_0 e^{j(\boldsymbol{k}\cdot\boldsymbol{r}-\omega t)}$，应用麦克斯韦方程 $\nabla\times\boldsymbol{E}=-\dot{\boldsymbol{B}}$ 和 $\nabla\times\boldsymbol{H}=\dot{\boldsymbol{D}}$ 可得

$$\left.\begin{aligned} j\boldsymbol{k}\times\boldsymbol{E}&=j\mu_0\omega\boldsymbol{H}\\ j\boldsymbol{k}\times\boldsymbol{H}&=-j\omega\boldsymbol{D}\end{aligned}\right\} \tag{10.2.1}$$

在上式中，光学中的一般物质满足 $\boldsymbol{B}=\mu\boldsymbol{H}\approx\mu_0\boldsymbol{H}$，即 $\mu_r\approx 1$。

从式(10.2.1)可得

$$\boldsymbol{D}=-\frac{\boldsymbol{k}\times\boldsymbol{H}}{\omega} \tag{10.2.2a}$$

$$\boldsymbol{H}=\frac{\boldsymbol{k}\times\boldsymbol{E}}{\mu_0\omega} \tag{10.2.2b}$$

由式(10.2.2a)得到的结论是 $\boldsymbol{D}$ 垂直于 $\boldsymbol{k}$ 和 $\boldsymbol{H}$，由式(10.2.2b)得到的结论是 $\boldsymbol{H}$ 垂直于 $\boldsymbol{k}$ 和 $\boldsymbol{E}$。另外，从坡印亭矢量 $\boldsymbol{S}=\boldsymbol{E}\times\boldsymbol{H}$ 得到的结论是 $\boldsymbol{H}$ 垂直于 $\boldsymbol{S}$。因为 $\boldsymbol{H}$

同时垂直于矢量 $\boldsymbol{k}$、$\boldsymbol{E}$、$\boldsymbol{D}$、$\boldsymbol{S}$，所以简单分析后得到以下结论。

① 矢量 $\boldsymbol{k}$、$\boldsymbol{E}$、$\boldsymbol{D}$、$\boldsymbol{S}$ 在同一平面内。

② 矢量 $\boldsymbol{E}$、$\boldsymbol{H}$、$\boldsymbol{S}$，以及矢量 $\boldsymbol{k}$、$\boldsymbol{H}$、$\boldsymbol{D}$ 分别构成右手系。

③ $\boldsymbol{S}$ 与 $\boldsymbol{k}$ 并非同方向。

以上关系表示在图 10.6 中。$\boldsymbol{S}$ 表示光能量传播方向，称为光射线方向；$\boldsymbol{k}$ 是等相面法线方向，代表光传播方向，称为波法线方向。上述第三个结论表示，一般情况下光的能量传播与光传播并不是同方向。针对这两个方向的速度，一个是相速度或波法线速度 v_{p}，一个是射线速度 v_{r}，从图 10.6 中可以得到

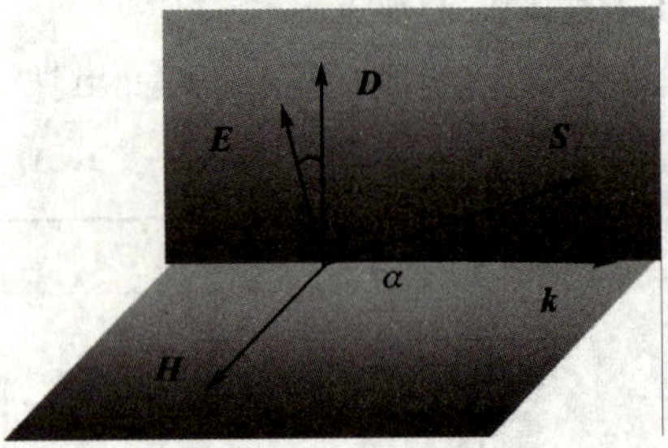

图 10.6　晶体中电磁波方向

$$v_{\mathrm{p}} = v_{\mathrm{r}} \cos \alpha \tag{10.2.3}$$

2. 电位移矢量和电场强度矢量

由式(10.2.1)中的第一式得到 $\boldsymbol{H}=(\boldsymbol{k}\times\boldsymbol{E})/(\mu_0\omega)$，代入式(10.2.2a)，可得

$$\boldsymbol{D} = \frac{-1}{\mu_0\omega^2}\boldsymbol{k}\times\boldsymbol{k}\times\boldsymbol{E} = \frac{1}{\mu_0\omega^2}[k^2\boldsymbol{E} - \boldsymbol{k}(\boldsymbol{k}\cdot\boldsymbol{E})] \tag{10.2.4}$$

因为 $\boldsymbol{k}=k\boldsymbol{k}_0=\dfrac{\omega}{v}\boldsymbol{k}_0=\dfrac{\omega n}{c}\boldsymbol{k}_0=\omega n\sqrt{\mu_0\varepsilon_0}\boldsymbol{k}_0$，$\boldsymbol{k}_0$ 是单位矢量，所以

$$\boldsymbol{D} = \frac{k^2}{\mu_0\omega^2}[\boldsymbol{E} - \boldsymbol{k}_0(\boldsymbol{k}_0\cdot\boldsymbol{E})] = \varepsilon_0 n^2[\boldsymbol{E} - \boldsymbol{k}_0(\boldsymbol{k}_0\cdot\boldsymbol{E})] \tag{10.2.5}$$

上式给出晶体里 $\boldsymbol{D}$ 与 $\boldsymbol{E}$ 的关系，一般情况下，$\boldsymbol{D}$ 并不与 $\boldsymbol{E}$ 同方向。参照图 10.7，$\boldsymbol{D}$ 与 $\boldsymbol{E}-\boldsymbol{k}_0(\boldsymbol{k}_0\cdot\boldsymbol{E})$ 同方向，由于 $\boldsymbol{k}_0\cdot\boldsymbol{E}$ 是 $\boldsymbol{E}$ 在 $\boldsymbol{k}$ 方向的投影，因此图中 3 个矢量成直角三角形，$\boldsymbol{D}$ 与 $\boldsymbol{k}$ 方向垂直。

若 $\boldsymbol{E}$ 垂直于 $\boldsymbol{k}$，即与 $\boldsymbol{D}$ 同方向时，由式(10.2.5)可得在各向同性介质中熟悉的关系，即

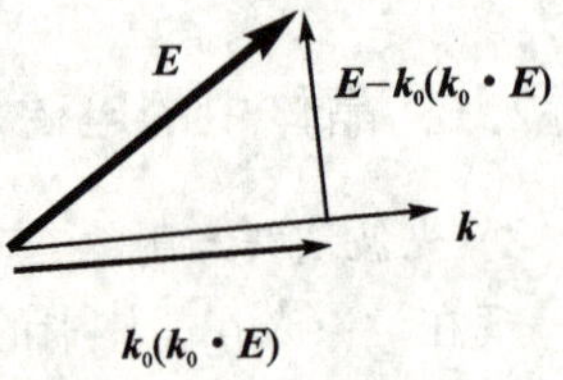

图 10.7　$\boldsymbol{E}$ 与 $\boldsymbol{D}$ 的关系

$$\boldsymbol{D} = \varepsilon_0 n^2\boldsymbol{E} = \varepsilon_0\varepsilon_{\mathrm{r}}\boldsymbol{E} = \varepsilon\boldsymbol{E}$$

10.2.2　波法线菲涅耳方程

在晶体主轴化情况下，$D_i=\varepsilon_i E_i$，式(10.2.5)变为

$$D_i = n^2[\varepsilon_0 E_i - \varepsilon_0 k_{0i}(\boldsymbol{k}_0\cdot\boldsymbol{E})] = n^2\left[\frac{D_i}{\varepsilon_{\mathrm{r}i}} - \varepsilon_0 k_{0i}(\boldsymbol{k}_0\cdot\boldsymbol{E})\right]$$

因为 $n_i=\sqrt{\varepsilon_{\mathrm{r}i}}$ 是晶体主轴折射率，所以解出

$$D_i = \frac{\varepsilon_0 k_{0i}(\boldsymbol{k}_0\cdot\boldsymbol{E})}{1/n_i^2 - 1/n^2} \tag{10.2.6}$$

由 $\nabla\cdot\boldsymbol{E}=0$ 得到 $\boldsymbol{D}\cdot\boldsymbol{k}=0$，主轴下

$$\sum_i D_i k_{0i} = 0 \tag{10.2.7}$$

最后得到波法线菲涅耳方程为

$$\sum_i \frac{k_{0i}^2}{1/n_i^2 - 1/n^2} = 0 \tag{10.2.8}$$

这一方程给出了单色平面波在晶体中传播时波法线 $\boldsymbol{k}_0$、折射率 n 和主折射率 n_i 之间的关系。它是关于 n 的二次方程，可以解出两个实根 n，对应得到两个 $\boldsymbol{D}$，或者说得到了两个偏振态，对应的有两个光传播速度，出现双折射现象。

类似地，对光射线 $\boldsymbol{S}$ 来说，也有相应的光射线菲涅耳方程(留作练习)。设 $\boldsymbol{s}_0$ 表示光射线方向单位矢量，则光射线菲涅耳方程为

$$\sum_i \frac{s_{0i}^2}{n_i^2 - n_r^2} = 0 \tag{10.2.9}$$

其中：n_r 是光射线折射率。

单轴晶体

对于 $n_1 = n_2 = n_o, n_3 = n_e$ 的单轴晶体，由波法线菲涅耳法线方程(10.2.8)可得

$$\frac{k_{01}^2}{1/n_o^2 - 1/n^2} + \frac{k_{02}^2}{1/n_o^2 - 1/n^2} + \frac{k_{03}^2}{1/n_e^2 - 1/n^2} = 0 \tag{10.2.10}$$

解上方程可得

$$n' = n_o$$

$$n'' = \frac{n_o n_e}{\sqrt{n_o^2(k_{01}^2 + k_{02}^2) + n_e^2 \hat{k}_{03}^2}} = \frac{n_o n_e}{\sqrt{n_o^2 \sin^2\theta + n_e^2 \cos^2\theta}} \tag{10.2.11}$$

上式中第二式的最后一步参看图 10.8，绕 x_3 轴转动坐标系，使 $\boldsymbol{k}$、x_2、x_3 共面，这时 $k_{01} = 0, k_{02}^2 = k_0^2 \sin^2\theta = \sin^2\theta, k_{03}^2 = k_0^2 \cos^2\theta = \cos^2\theta$，得到的结果与采用折射率椭球得到的式(10.1.26)完全一致。

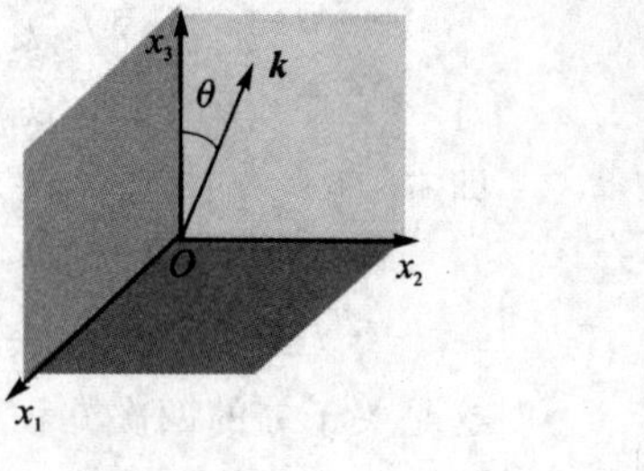

图 10.8　单轴晶体

10.2.3　晶体中的偏振态

对应于同一个入射光 $\boldsymbol{k}$，在晶体中的 $\boldsymbol{D}'$ 和 $\boldsymbol{D}''$ 之间的关系为

$$\boldsymbol{D}' \cdot \boldsymbol{D}'' = \sum_i D_i' D_i'' = \sum_i \frac{\varepsilon_0 k_{0i}(\boldsymbol{k}_0 \cdot \boldsymbol{E}')}{1/n_i^2 - 1/n'^2} \times \frac{\varepsilon_0 k_{0i}(\boldsymbol{k}_0 \cdot \boldsymbol{E}'')}{1/n_i^2 - 1/n''^2} =$$

$$\varepsilon_0^2 (\boldsymbol{k}_0 \cdot \boldsymbol{E}')(\boldsymbol{k}_0 \cdot \boldsymbol{E}'') \sum_i \frac{k_{0i}}{1/n_i^2 - 1/n'^2} \times \frac{k_{0i}}{1/n_i^2 - 1/n''^2} \tag{10.2.12}$$

因为

$$\frac{k_{0i}}{1/n_i^2 - 1/n'^2} \times \frac{k_{0i}}{1/n_i^2 - 1/n''^2} = \frac{n'^2 n''^2}{n'^2 - n''^2}\left(\frac{k_{0i}}{1/n_i^2 - 1/n'^2} - \frac{k_{0i}}{1/n_i^2 - 1/n''^2}\right) \tag{10.2.13}$$

所以

$$\boldsymbol{D}'\cdot\boldsymbol{D}''=\varepsilon_0^2(\boldsymbol{k}_0\cdot\boldsymbol{E}')(\boldsymbol{k}_0\cdot\boldsymbol{E}'')\frac{n'^2n''^2}{n'^2-n''^2}\left[\sum_i\frac{k_{0i}}{1/n_i^2-1/n'^2}-\sum_i\frac{k_{0i}}{1/n_i^2-1/n''^2}\right]=0 \tag{10.2.14}$$

式(10.2.14)应用了波法线菲涅耳方程,方括号中各项分别为零。

所以,同一法线 $\boldsymbol{k}$ 方向的两个偏振态 $\boldsymbol{D}$ 是相互正交的。同理还可以得到,同一射线 $\boldsymbol{S}$ 方向的两个偏振态 $\boldsymbol{E}$ 也互相正交。

10.2.4 晶体中的电场强度

在主轴下 $D_i=\varepsilon_i E_i=\varepsilon_0 n_i^2 E_i$,将其代入式(10.2.5)可得

$$n_i^2E_i=n^2[E_i-k_{0i}(k_{01}E_1+k_{02}E_2+k_{03}E_3)] \tag{10.2.15}$$

整理上式得

$$\begin{bmatrix} n_1^2-n^2(1-k_{01}^2) & n^2k_{01}k_{02} & n^2k_{01}k_{03} \\ n^2k_{02}k_{01} & n_2^2-n^2(1-k_{02}^2) & n^2k_{02}k_{03} \\ n^2k_{03}k_{01} & n^2k_{03}k_{02} & n_3^2-n^2(1-k_{03}^2) \end{bmatrix}\begin{bmatrix}E_1\\E_2\\E_3\end{bmatrix}=0 \tag{10.2.16}$$

要使以上齐次方程组有非零解,需要系数行列式为零,即

$$\begin{vmatrix} n_1^2-n^2(1-k_{01}^2) & n^2k_{01}k_{02} & n^2k_{01}k_{03} \\ n^2k_{02}k_{01} & n_2^2-n^2(1-k_{02}^2) & n^2k_{02}k_{03} \\ n^2k_{03}k_{01} & n^2k_{03}k_{02} & n_3^2-n^2(1-k_{03}^2) \end{vmatrix}=0$$

即有

$$(n_1^2k_{01}^2+n_2^2k_{02}^2+n_3^2k_{03}^2)n^4-[n_2^2n_3^2(k_{02}^2+k_{03}^2)+n_3^2n_1^2(k_{03}^2+k_{01}^2)+n_1^2n_2^2(k_{01}^2+k_{02}^2)]n^2+n_1^2n_2^2n_3^2=0 \tag{10.2.17}$$

这是关于 n 的四次方程,至少有两个实数解,进而得到晶体中的两个 $\boldsymbol{E}$ 矢量。

10.3 线性电光效应

10.3.1 电光效应

当光通过外加电场作用的晶体时,晶体除了自身的双折射现象外,还存在与外电场有关的双折射现象,也就是说,在外场作用下的晶体出现的双折射现象。

电光效应本质是因为晶体的折射率随外加电场 $\boldsymbol{E}$ 发生了变化,折射率与外加电场的关系为

$$n=n_0+aE+bE^2+\cdots \tag{10.3.1}$$

其中:n_0 是没加外场时的折射率。

从上式得到加外场后折射率的改变是

$$\Delta n=n-n_0=aE+bE^2+\cdots \tag{10.3.2}$$

当这种改变与电场呈线性关系时，则是线性电光效应，如泡克耳斯(Pockels)效应。当改变与外加电场的平方有关时，则是二次电光效应，如克尔(Kerr)效应。本书主要介绍线性电光效应。如图 10.9 所示，在泡克耳斯盒两端加电压 V 后，经过两个正交偏振片后有光输出。原因是，该盒中沿垂直于光传播横截面上的两个主折射率有了差别，即

$$\Delta n = aE \tag{10.3.3}$$

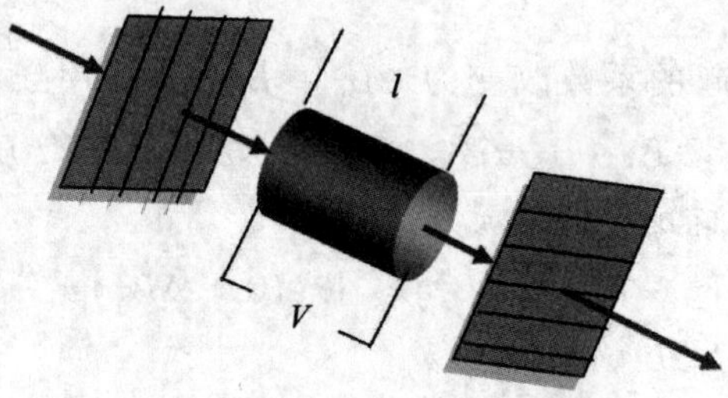

图 10.9 泡克耳斯效应

这时通过晶体的光在两个主折射率方向的光振动产生了相应的光程差：

$$\Delta = kl\Delta n = \frac{2\pi}{\lambda}alE \tag{10.3.4}$$

当 $\Delta=\pi$ 时，光的振动面转过 $\pi/2$，因此，光将全部通过后面的偏振片。此时外加电压称为半波电压 V_π，即

$$\pi = kl\Delta n = \frac{2\pi}{\lambda}alE_\pi = \frac{2\pi}{\lambda}aV_\pi \tag{10.3.5}$$

泡克耳斯效应的折射率的改变与外加电场呈线性关系(见式(10.3.3))，所以是线性电光效应。而克尔效应中的折射率的改变为

$$\Delta n = bE^2 \tag{10.3.6}$$

它与电场平方有关。

10.3.2 折射率椭球的改变

无外电场时，在主轴下的晶体折射率椭球是

$$\sum_i \frac{x_i^2}{n_i^2} = 1$$

令 $B_i^0=1/n_i^2$，表示无外场时的椭球方程系数，则上式变形为

$$\sum_i B_i^0 x_i^2 = 1 \tag{10.3.7}$$

在施加外场作用后，椭球方程变为

$$B_{11}x_1^2 + B_{22}x_2^2 + B_{33}x_3^2 + B_{12}x_1x_2 + B_{13}x_1x_3 + B_{21}x_2x_1 + B_{23}x_2x_3 + B_{31}x_3x_1 + B_{32}x_3x_2 = 1 \tag{10.3.8a}$$

或简单记为

$$\sum_{i,j=1}^{3} B_{ij} x_i x_j = 1 \tag{10.3.8b}$$

因为介电张量有对称性，即 $\varepsilon_{ij} = \varepsilon_{ji}$，所以同样有 $B_{ij} = B_{ji}$。由于对称，下标(ij)可做重新组合，(11)→1，(22)→2，(33)→3，(23，32)→4，(13，31)→5，(12，21)→6。所以式(10.3.8a)变为

$$B_1 x_1{}^2 + B_2 x_2^2 + B_3 x_3^2 + 2B_4 x_2 x_3 + 2B_5 x_3 x_1 + 2B_6 x_1 x_2 = 1 \tag{10.3.9}$$

只有 6 个系数。

在外场作用下引起的系数改变为 $\Delta B_{ij} = B_{ij} - B_{ij}^0$，用新的下标表示有 $\Delta B_1 = B_1 - B_1^0$，$\Delta B_2 = B_2 - B_2^0$，$\Delta B_3 = B_3 - B_3^0$，$\Delta B_4 = B_4$，$\Delta B_5 = B_5$，$\Delta B_6 = B_6$。

这样，晶体折射率椭球可以表示为

$$(B_1^0 + \Delta B_1) x_1^2 + (B_2^0 + \Delta B_2) x_2^2 + (B_3^0 + \Delta B_3) x_3^2 + 2\Delta B_4 x_2 x_3 + 2\Delta B_5 x_3 x_1 + 2\Delta B_6 x_1 x_2 = 1 \tag{10.3.10}$$

10.3.3 线性电光系数

对于线性电光效应，折射率椭球系数的改变与外场的关系是

$$\Delta B_{ij} = \sum_{k=1}^{3} \gamma_{ijk} E_k, \quad i,j,k = 1,2,3 \tag{10.3.11}$$

其中：γ_{ijk} 是线性电光系数，从下标可以看出它有 27 个分量，是三阶张量。由于对称性 $B_{ij} = B_{ji}$，导致 $\Delta B_{ij} = \Delta B_{ji}$，进而有 $\gamma_{ijk} = \gamma_{jik}$，所以 γ_{ijk} 只有 18 个独立量。重新分配下标，使 $i=1,2,3,4,5,6$；$j=1,2,3$。

电光系数张量可以表示为

$$[\gamma_{ij}] = \begin{bmatrix} \gamma_{11} & \gamma_{12} & \gamma_{13} \\ \gamma_{21} & \gamma_{22} & \gamma_{23} \\ \vdots & \vdots & \vdots \\ \gamma_{61} & \gamma_{62} & \gamma_{63} \end{bmatrix} \tag{10.3.12}$$

重写式(10.3.11)，即

$$\Delta B_i = \sum_{j=1}^{3} \gamma_{ij} E_j, \quad i = 1,2,3,4,5,6 \tag{10.3.13}$$

展开即

$$\begin{bmatrix} \Delta B_1 \\ \Delta B_2 \\ \vdots \\ \Delta B_6 \end{bmatrix} = \begin{bmatrix} \gamma_{11} & \gamma_{12} & \gamma_{13} \\ \gamma_{21} & \gamma_{22} & \gamma_{23} \\ \vdots & \vdots & \vdots \\ \gamma_{61} & \gamma_{62} & \gamma_{63} \end{bmatrix} \begin{bmatrix} E_1 \\ E_2 \\ E_3 \end{bmatrix} \tag{10.3.14}$$

KDP 晶体(磷酸二氢钾)

对于常用到的 KDP(KH_2PO_4)晶体，电光系数为

$$[\gamma_{ij}]=\begin{bmatrix}0&0&0\\ \vdots&\vdots&\vdots\\ \gamma_{41}&0&0\\ 0&\gamma_{41}&0\\ 0&0&\gamma_{63}\end{bmatrix}\begin{matrix}\\ \\ \\ \gamma_{41}=8.77\\ \gamma_{63}=26.4\end{matrix} \tag{10.3.15}$$

得到椭球系数的改变为

$$\left.\begin{aligned}&\Delta B_1=\Delta B_2=\Delta B_3=0\\ &\Delta B_4=\gamma_{41}E_1\\ &\Delta B_5=\gamma_{41}E_2\\ &\Delta B_6=\gamma_{63}E_3\end{aligned}\right\} \tag{10.3.16}$$

而无外场作用的折射率椭球系数为

$$B_i^0=1/n_i^2\begin{cases}1/n_1^2=1/n_0^2\\ 1/n_2^2=1/n_0^2\\ 1/n_3^2=1/n_e^2\end{cases} \tag{10.3.17}$$

最后得到折射率椭球方程为

$$\frac{x_1^2}{n_0^2}+\frac{x_2^2}{n_0^2}+\frac{x_3^2}{n_e^2}+2\gamma_{41}E_1x_2x_3+2\gamma_{41}E_2x_3x_1+2\gamma_{63}E_3x_1x_2=1 \tag{10.3.18}$$

如果外加电场与光方向同向——纵向电光效应，取 x_3 与光轴平行，则

$$\left.\begin{aligned}&E_1=E_2=0\\ &E_3=E\end{aligned}\right\} \tag{10.3.19}$$

相应的折射率椭球为

$$\frac{x_1^2+x_2^2}{n_o^2}+\frac{x_3^2}{n_e^2}+2\gamma_{63}E_3x_1x_2=1 \tag{10.3.20}$$

如以 x_3 为轴逆时针转 45°得到新坐标系 x'（见图 10.10），取如下坐标变换：

$$\left.\begin{aligned}&x_1=\frac{1}{\sqrt{2}}(x_1'+x_2')\\ &x_2=\frac{1}{\sqrt{2}}(x_2'-x_1')\\ &x_3=x_3'\end{aligned}\right\} \tag{10.3.21}$$

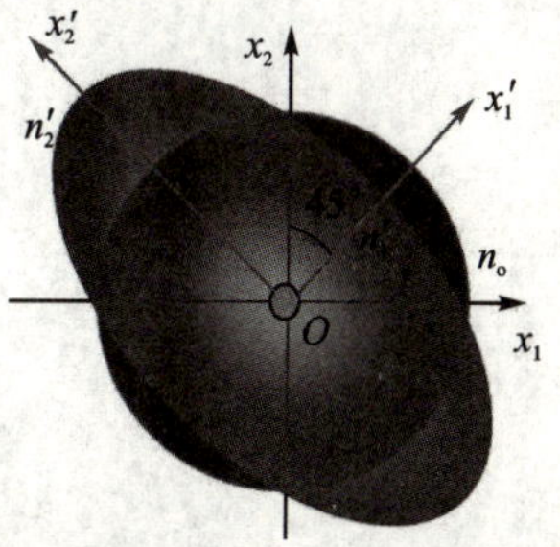

图 10.10　化简坐标

则折射率椭球为

$$\frac{x_1'^2}{1\Big/\left(\dfrac{1}{n_o^2}+\gamma_{63}E_3\right)}+\frac{x_2'^2}{1\Big/\left(\dfrac{1}{n_o^2}-\gamma_{63}E_3\right)}+\frac{x_3'^2}{n_e^2}=1 \tag{10.3.22}$$

那么在新坐标系下的主折射率为

$$\left.\begin{aligned}\frac{1}{n'^2_1}&=\frac{1}{n_o^2}+\gamma_{63}E_3\\\frac{1}{n'^2_2}&=\frac{1}{n_o^2}-\gamma_{63}E_3\\n'_3&=n_3\end{aligned}\right\}\tag{10.3.23}$$

如果 $\gamma_{63}E_3\ll\frac{1}{n_o^2}$,就有

$$\left.\begin{aligned}n'_1&=n_o-\frac{n_o^3}{2}\gamma_{63}E_3\\n'_2&=n_o+\frac{n_o^3}{2}\gamma_{63}E_3\\n'_3&=n_3=n_e\end{aligned}\right\}\tag{10.3.24}$$

思考题

10－1　试述晶体中出现双折射现象的原因。

10－2　试推导晶体的波法线菲涅耳方程。

10－3　证明:二阶介电张量是对称张量。

10－4　证明:对于给定的光线方向,单轴晶体中允许的两个 $\boldsymbol{E}$ 的方向 $\boldsymbol{E}'$ 和 $\boldsymbol{E}''$ 是互相垂直的。

参考文献

[1] 陈家壁，苏显渝. 光学信息技术原理及应用[M]. 北京：高等教育出版社，2002.

[2] 苏显渝，李继陶. 信息光学[M]. 北京：科学出版社，1999.

[3] 谢建平，明海，王沛. 近代光学基础[M]. 北京：高等教育出版社，2006.

[4] Goodman J W. 傅里叶光学导论[M]. 秦克诚，刘培森，陈家壁，等译. 北京：电子工业出版社，2006.

[5] 季家镕. 高等光学教程[M]. 北京：科学出版社，2008.

[6] 刘继芳. 现代光学[M]. 西安：西安电子科技大学出版社，2004.

[7] 是度芳. 现代光学导论[M]. 武汉：湖北科技出版社，2003.

[8] 钟锡华. 现代光学基础[M]. 北京：北京大学大出版社，2012.

[9] 廖延彪. 光学原理与应用[M]. 北京：电子工业出版社，2006.

[10] Hecht E，Zajac A. Optics[M]. London：Addison-Wesley Publishing Company，1974.

[11] French A P. 物理学导论[M]. 张大卫，译. 北京：人民教育出版社，1979.

[12] Keisor G. 光纤通信[M]. 李玉权，译. 北京：电子工业出版社，2002.

[13] Born M，Wolf E. 光学原理[M]. 杨葭荪，译. 北京：电子工业出版社，2005.

[14] 陈军. 光学电磁理论[M]. 北京：科学出版社，2005.

[15] 赵建林. 高等光学[M]. 北京：国防工业出版社，2002.

[16] Guru B S，Hiroglu H R. Electromagnetic Fild Theory Fundamentals[M]. 影印版. 北京：机械工业出版社，2002.

[17] 劳兰 P，考森 D R. 电磁场与电磁波[M]. 陈成均，译. 北京：人民教育出版社，1982.

[18] 梁昆淼. 数学物理方法[M]. 北京：高等教育出版社，1998.

[19] 羊国光，宋非君. 高等物理光学[M]. 合肥：中国科技大学出版社，2008.

[20] 叶玉堂，肖峻，饶建珍. 光学教程[M]. 北京：清华大学出版社，2011.

[21] 林强，叶兴浩. 现代光学基础与前沿[M]. 北京：科学出版社，2010.